U0321566

城市更新系列丛书

城市更新之
商业综合体不停业升级改造

The Upgrade of Commercial Complex with
Its Business Operation in Urban Renewal

郁凤兵　龙莉波　马跃强　主编

图书在版编目(CIP)数据

城市更新之商业综合体不停业升级改造 / 郁凤兵，龙莉波，马跃强主编. -- 上海：同济大学出版社，2017.8

(城市更新系列丛书)

ISBN 978-7-5608-7272-8

Ⅰ.①城… Ⅱ.①郁…②龙…③龙… Ⅲ.①商业建筑—改造—经验—上海 Ⅳ.①TU247

中国版本图书馆 CIP 数据核字(2017)第 191655 号

城市更新之商业综合体不停业升级改造

郁凤兵　龙莉波　马跃强　主编

责任编辑　马继兰　　　责任校对　徐春莲　　　封面设计　陈益平

出版发行　同济大学出版社　　　www.tongjipress.com.cn

(地址:上海市四平路 1239 号　邮编:200092　电话:021-65985622)

经　　销　全国各地新华书店

印　　刷　上海安兴汇东纸业有限公司

开　　本　787 mm×1 092 mm　1/16

印　　张　18.5

字　　数　462 000

版　　次　2017 年 8 月第 1 版　　2017 年 8 月第 1 次印刷

书　　号　ISBN 978-7-5608-7272-8

定　　价　218.00 元

编　委　会

序　一

在当前城市发展高歌猛进的时代，城市土地利用面临“天花板”，我们不再拥有更多新建空地，延伸扩建已发展到了城市边缘，此时的城市发展只能转为“内向”，这种转向标志着城市更新浪潮的开始。城市建设将摆脱规模扩张和大拆大建，城市更新成为未来城市建设的重要发展方向。

在大规模的城市更新中，历史与商业的相遇绝非偶然。每一座城市在特定的历史时期都会留下具有特殊历史印记的建筑。特别是拥有深厚近代历史文化底蕴的上海，原有的经典商业建筑一方面承载着城市的文化和记忆，同时又被多层级、多业态、多功能的体验式商业所冲击。在适应新常态、推进转向升级的背景下，一些重要商业建筑的更新不仅赋予了融入区域发展的重任，更承担了引领转型、创新价值的使命。以文化和展示中心为标志形象，以历史经典建筑为载体，重视历史风貌特征，保护商业持续的消费习惯，延续、创新和整合可利用空间资源，这些才是城市商业建筑更新需要表达的理念。

当真正的商业变革时代来临，上海建工集团仍然是走在行业前端的创新践行者。2016 年 7 月 1 日，上海建工二建集团承担起第一八佰伴的不停业升级改造，开启了上海第一八佰伴开业以来最大规模的转型升级重要使命。工程采用 EPC 管理模式，进行不停业改造，仅用 6 个月时间就实现了结构优化、功能拓展、业态调整、体验升级等全方位的华丽蜕变。这是一个重新认识和发掘的过程，也是一个重新创造与构建的过程。对时代记忆的延续和包容，对城市精神的尊重和保护，对潮流理念和生活方式的糅合与再生，成就了第一八佰伴整体商业升级改造这一经典案例。

上海建工二建集团实践并总结了第一八佰伴功能更新改造项目的施工技术及经验，形成了一套较为完整的城市更新中商业综合体不停业升级改造体系，并取得多项科研成果和发明专利。希望通过本书，能够对现在乃至将来城市更新中商业综合体的不停业升级改造提供一定的借鉴和参考价值。

上海建工集团董事长

序　二

从东海之滨的小渔村到现在的国际化大都市，上海城市格局的演变经历了复杂的历程。改革开放至今，上海已经走过了城市空间的迅速扩张期，面临着建设用地的"天花板"。在此背景下，上海规划土地工作会议明确提出了"上海规划建设用地规模要实现负增长"，要求"通过土地利用方式转变来倒逼城市转型发展"。接下来，城市更新将成为上海城市空间发展的主要方式，通过盘活存量来获得城市的进一步发展。

与城市的发展节律相呼应，上海第一八佰伴有限公司的发展模式也面临着相似的转型。上海第一八佰伴有限公司是国内第一家经国务院批准的中外合资商业零售企业，目前是百联集团旗下重点骨干企业。公司所属的新世纪商厦于1995年12月20日正式开业，当日创下一天光临同一店铺107万人次的吉尼斯世界纪录。开业二十余年来，第一八佰伴秉承"新世纪商厦，新生活启示"的经营理念，凭借多元的品牌文化，独到的营销创意，精细的服务管理，以及区别于普通百货公司的较大体量及全品类优势、能基本解决一站式购物需求的多功能业态优势，聚集了一批以"轻熟家庭"、中高收入者为主的忠实客户，连续多年蝉联沪上单体百货年销售额榜首。然而，在宏观经济调整、电子商务冲击、境外消费分流、多元业态影响的新常态下，第一八佰伴也面临着日益白热化的竞争态势，加上配套设施老旧、业态布局与品牌结构欠合理等掣肘，进行主动调整和脱胎换骨的改造从而获得跨越提升的新动力迫在眉睫。按照百联集团"十三五"战略规划的部署，2016年，第一八佰伴开启了开业以来最大规模的转型升级，经过6个月的不停业改造，第一八佰伴通过环境形象改善、品牌布局优化、设施设备改造、服务能级提升、数字化门店场景打造等手段，将线上线下的优势有机结合，在实现了"打造具有购物中心功能的现代名品百货商厦"这一转型目标的同时，也获得了众多消费者，特别是年轻消费者的好评。

在本次高难度的升级改造工作中，感谢项目参与人员投入了大量的智慧和汗水，不仅圆满达到了改造目标，也形成了一系列非常宝贵的经验。衷心希望在今后可以有机会和各位同行以及社会各界同仁一起，将城市更新事业进一步发扬光大，让城市因为我们的努力而更加美好！

上海百联集团董事长

目　　录

绪　论

现代意义上的城市更新起源于美国。早在1949年，美国国会通过的《全国住宅法》引发了持续近四分之一个世纪之久的大规模城市更新运动，并由此建立了一门新兴社会工程学科——城市更新学。韦氏词典将“Urban Renewal”定义为“在都市区重建或修复不合规格建筑的建造计划”。

当前，我国国民经济产业结构开始调整升级，由工业化阶段逐步迈入后工业化初期阶段。在城市快速发展过程中，城市更新作为城市改造、再生和复兴的重要手段，逐渐受到地方政府和专业技术人员的关注。《十三五期间建筑技术发展纲要》明确提出，将城市更新作为建筑行业和城市发展的主要课题。2016年5月20日，上海市规划和国土资源管理局（规土局）发布“行走上海”品牌，启动城市更新四大行动计划。北京、深圳等也先后出台了一系列的城市更新政策。在当今中国的各大城市，古老的城市更新课题又迎来了新的机遇和挑战。在此背景下，上海建工集团加快了向建筑全生命周期服务商迈进的步伐，力争将城市更新打造成集团核心业务。

曾经的辉煌

上海作为中国的经济中心，在20世纪就已建成了相当数量的大型商场，如第一百货、东方商厦、第一八佰伴等。这些大型商场作为当时上海的一座座时尚地标，为上海带来了繁荣和商机。上海第一八佰伴有限公司是中国第一家中外合资大型商业零售企业。1991年4月，日本八佰伴国际流通集团总裁和田一夫率团抵沪考察，欲与上海市第一百货商店在浦东合资开办一家大型零售企业。经与市政府财贸办公室洽谈成功，签订了承办合资企业的意向书。1995年12月20日第一八佰伴、新世纪商厦开业迎客，当天共有107万消费者进入商厦购物，创造了吉尼斯世界纪录。

然而，经过二十多年的运营，这些老牌大型商场虽具有地段和知名度的优势，但商场的商务业态、内部装修和机电设备容量已逐渐落后于时代的发展和顾客的需求。面对来自新时代大型商场及电商产业的冲击，在近些年的市场竞争中，老牌商场已经处于被动，其中部分商场甚至已处在亏损运营状态。

将这些老商场拆除重建显然是极大的浪费。但另一方面，如果进行功能升级改造，由于改造内容繁多，包括外立面效果、内部装修、机电设备更换和扩容、广场改造，等等，势必造成长时间的停业。这意味着进行改造的商场将遭受巨额的停业损失，还面临小型业主的撤柜等不良后果。何去何从，曾经辉煌的老牌商场已经走到了命运的十字路口。

新生:不停业升级改造

面对商业形势的剧烈变革,辉煌二十余载的第一八佰伴没有停滞不前,而是又一次成为新时代的创新践行者。为了摆脱传统百货商场单一、老化、沉闷的形象,保持公司在上海的地标地位,百联集团决定对旗下的浦东第一八佰伴商圈、徐家汇东方商厦商圈、南京路市百一店商圈陆续进行升级改造,第一八佰伴项目作为三大商圈改造的首个项目率先启动。2016 年 7 月 1 日,第一八佰伴开启了开业以来最大规模的转型升级,以打造具有购物中心功能的现代名品百货商厦为目标,对商场外墙立面、广场及内部进行装饰,并对配套设施和运行设备进行升级、维修。

工程采用 EPC 设计施工一体化管理模式进行不停业改造,仅仅用了 6 个月便实现了结构优化、功能拓展、业态调整、体验升级等全方位的华丽蜕变。由于总体进度十分紧迫，从项目策划阶段到施工实施阶段，各个环节均需项目参与人员周密计划、强力推进，并根据现有条件及时调整。短短6个月，商场更新的每一步都凝结着项目工作人员的智慧和汗水。

预则立

在策划阶段，首要问题是项目报建的定性。该项目可按改造工程或装修工程进行报建。如按改造工程报建，虽然可进行较大规模的重新设计，但前期报审报批程序多，仅报审阶段就需8～10个月，时间过长；而如按装修工程报建，前期报批流程相对简单，仅需要完成招投标流程，并通过消防局审图、外立面规划申报即可取得施工许可。经综合比较并结合项目整体要求，最终确定按照装修工程性质报建，并开展设计及报审报批工作。但施工许可证按室内装修和外立面装修分别办理。

其次则是招标方式的选定。如按常规招标流程，先进行设计招标，设计完成后再进行施工招标，则至少需要5个月的时间；如进行EPC设计施工一体化招标，虽需协调审批部门予以特批，但合并了设计、施工招标流程，大大节约前期工作时间，使得施工单位可以尽早介入。经综合比较，并与政府部门进行协调沟通，最终采用设计施工一体化EPC招标模式。

此外，为了缩短施工周期，对商场经济效益影响最小化，在项目策划阶段管理人员还进行了优化施工标段、制定进度计划以及建立适合项目的管理架构等工作，大大减少了项目的前期工作时间以及后期协调工作量，为项目总体目标实现奠定了坚实的基础。

用人不疑:全生命周期管理

本工程参建单位众多，各单位的组织协调和界面管理工作十分复杂。建设单位在通过EPC设计施工一体化招标，选择了具有专业优势的EPC总承包单位后，本着用人不疑，疑人不用的原则，给予了EPC总承包单位足够的信任，充分发挥了其主观能动性和总调配优势。事实证明，这种管理方式极大地提高了管理效率，真正实现了工程项目的全生命周期无缝管理。

重中之重

第一八佰伴作为浦东新区地标性建筑，施工安全自然成为重中之重。项目部严格把控消防安全关。在施工改建区域建立临时防火区，并与营业场所形成防火隔离，隔离均由防火卷帘、石膏板以及广告布组成，在安全施工的同时实现现场文明标准化管理。同时，项目坚持了绝不占用消防通道的原则。在保证商场正常营业楼层原有消防系统正常使用的同时，在每个楼层再增加10个手推车干粉灭火器及50个手提式干粉灭火器，外墙脚手架内也均设有喷淋系统。此外，在人员管理方面，项目部在北广场设置安全闸机，对每天进入现场的工人进行安检，严禁将易燃易爆物品带进施工现场，并实行全场禁烟制度。各楼层配置3个专职消防安全员24小时轮岗，每小时巡视楼层一次。

为了更好地控制项目风险，保证施工安全，项目部还引进了风险控制系统和专用监控设备，能够及时发现安全问题或消防隐患，并且将项目上的突发状况、风险提示在第一时间更新发布（下图为移动式监控视频指挥系统）。

运行如常

为了保证改造期间商场能够正常运营，经过和业主协商及现场排摸，项目部对施工区域和正常营业区域进行了有效隔离，对施工人流及顾客人流也进行了精细化的分离。施工人员一律由北广场进入施工现场，成功避免了施工人流和顾客人流的互相干扰。

改造期间外立面脚手架商场广告

为了防止改造施工影响商场的广告视觉效果而导致商场客流减少，项目部在外立面盘口脚手架外侧设置冲孔钢板网或不透尘阻燃安全网布，使施工面与外界完全隔离，外部悬挂改造前原广告板，保持了商场在改造施工期间的外立面装饰广告效果。

此外，项目部还对临时用水用电、机电系统切换施工等方案进行了论证优化，有效保证了改造期间商场的正常运营。在整体装修竣工交付使用运行期间，商场业务基本正常，系统运行基本正常。最终，改造期间正常运营楼层的月销售额基本保持正常水平。

机能再造

通过改造，第一八佰伴环境形象改善、品牌布局优化、多元业态嵌入、服务设施提升、数字场景打造，商场被赋予了全新的机能。项目对运行了二十余年的老旧设备进行了全面升级换代，为商场的安全、低碳运营及顾客更好地体验保驾护航。

同时，为了顺应当前电商业务迅速发展的潮流，商场引入了虚拟货架、Omni-到家服务、导购机器人、智能停车等元素，提升消费者实体店购物体验，并实现全渠道销售。消费者步入商场，感受到的是柔和的灯光、舒适的温度、清洁的通风，生命的活力扑面而来。

虚拟货架

立面改妆

通过对立面的改造，建筑的历史痕迹得以最大限度地保留和传承。标志性的十二生肖拱门加入光影技术营造“幻影光壁”，外立面被打造成为亚洲最大的光电幕墙。经典元素在焕然一新的空间中，碰撞出浓烈的时尚气息。

空间生长

内部空间的改造，使得建筑本身被赋予新的生命力，公共体验、艺术形式、使用功能得到了多维度的生长。项目通过挖掘场地潜力新置换出的 971 m^2 经营面积，以深厚的人文关怀为背景，为顾客提供了更加舒适、温馨的购物环境。

商场中庭改造前后对比（左图为改造前，右图为改造后）

新增母婴休息室(左图)和儿童盥洗室(右图)

停车场转角改造前后对比(左图为改造前)

商场新增了盥洗室、母婴休息室,2 层、3 层、4 层楼中庭公共空间被整体打通;置换出近千平方米经营面积,将原先的 1 700 个餐饮座位增加到 2 500 个;商场零售比例从原先的75%降低到 70%,餐饮娱乐、服务休闲等设施的比例从 25%增加至 30%。

此外,项目完美改造了“沪上十大难驾驭车库”之一的第一八佰伴车库,将原来的 180°大转角改造为 3 个 90°转角,同时新增约 10%的停车位,商场焕发出精致、优雅、大气的新生模样。

硕果累累

项目的实施过程中引入了大量创新优化的施工技术,包括不停业专项改造技术,不停业风险管控技术,材料物流管理技术,高效安全拆除和垃圾快速运输技术,新型全封闭脚手架技术,保护墙面原位修复技术,垃圾收集处理技术等。伴随着改造项目的成功竣工,也形成了大量专利、论文,并综合形成了既有大型商场不停业运营时功能更新改造综合技术,为今后同类工程打下了坚实的技术储备。

结　语

2016 年 12 月 25 日，由上海建工二建集团改造的浦东第一八佰伴新世纪商厦在经历了为期 6 个月不停业施工后隆重开业。配合改建工程时间节点，商场策划了“念过去、爱现在、梦未来”系列推广活动，通过微信平台号召广大市民征集第一八佰伴老照片、发现改造后商场亮点，并最后在 2016 年年底通过圣诞集市、焕新启幕、岁末酬宾等节庆营销，将整个推广活动推向高潮。

推广活动号召市民收集第一八佰伴商场老照片

第一八佰伴整体改造是城市更新的经典案例。这种对时代记忆的延续和包容，对城市精神的尊重和保护，对潮流理念和生活方式的糅合与再生，共同成就了上海这座城市不凡的魅力。

改造后第一八佰伴商场夜景

1　项目概述篇

1.1　工程概况

1.2　建筑结构概况

1.3　机电安装概况

1.4　室内装饰概况

1.5　外立面概况

1.6　室外总体概况

1.1 工程概况

第一八佰伴位于上海浦东核心地区，辐射浦东及浦江两岸。第一八佰伴是上海百联集团股份有限公司旗下的核心企业。作为国务院批准的中国第一家中外合资商业零售企业，第一八佰伴是上海改革开放的象征，曾经享有亚洲第一百货的美誉。商场1995年12月20日正式开业时，创下了一天107万人次客流的吉尼斯世界纪录。

第一八佰伴地处闹市区，人流量大，施工可用场地小(图1-1)。项目东侧为南泉北路及远东大厦，南泉北路是主要的运输车辆进口；远东大厦毗邻第一八佰伴商厦、华润时代广场，商业配套齐全，主体高100 m，为23层5A级智能化商办商住综合楼。地下2层车库，100个车位(图1-2)。

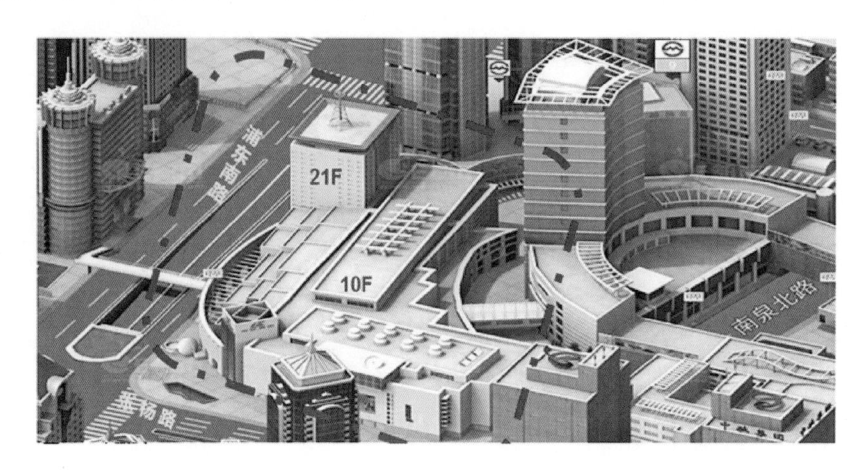

图1-1　项目地理位置图

图1-2　项目东侧环境(左图为远东大厦，右图为南泉北路)

项目南侧为华润时代广场，华润时代广场高 155 m，由 34 层塔楼、10 层裙房和 2 层地下车库组成，是集百货、娱乐、餐饮、展示、办公等为一体的综合性智能大厦（图 1-3）。

图 1-3 项目南侧环境（左图为华润时代广场，右图为张杨路）

图 1-4 项目北侧环境（新梅联合广场）

项目北侧为新梅联合广场，新梅联合广场面积约 2 万 m^2，是一个多种业态混合、多功能时尚购物广场的综合体。新梅联合广场在项目改造中起到了十分巨大的作用，满足了工程运输车辆通行、材料垃圾堆放等需求（图 1-4）。

项目西侧为浦东南路以及人行天桥，浦东南路是上海浦东新区乃至上海最重要的干道之一，南北走向，北起滨江大道黄浦江边，南至上南路和耀华路相接。全长 9 000 m左右，浦东南路是进入第一八佰伴地下车库的必经之路，施工期间必须保证其畅通。由于浦东南路人流量比较大，工程在改造的同时在西侧搭建安全通道供行人通行（图 1-5）。

然而，经过二十余年的时间，第一八佰伴虽具有地段和知名度的优势，但商场的商务业态、内部装修和机电设备容量已跟不上时代发展的需要和顾客的需求，业绩增长逐现减弱。为了打造具有购物中心功能的现代名品百货商厦，第一八佰伴于2016年7月1日开始进行大规模转型升级。

通过本次升级改造，扩大客户群体，吸引包括儿童少年、青年到中老年在内的全客层人群，满足家庭型消费客群“一次购足、游乐整天、吃喝玩乐”一站式购物需求。通过“六大举措、四项集合、九个支撑”，在11个楼层呈现不同的经营特色。达到体验升级、功能优化，打造具有购物中心功能的现代名品百货的目标(图1-6)。

图1-5　项目西侧环境(左图为浦东南路，右图为人行天桥)

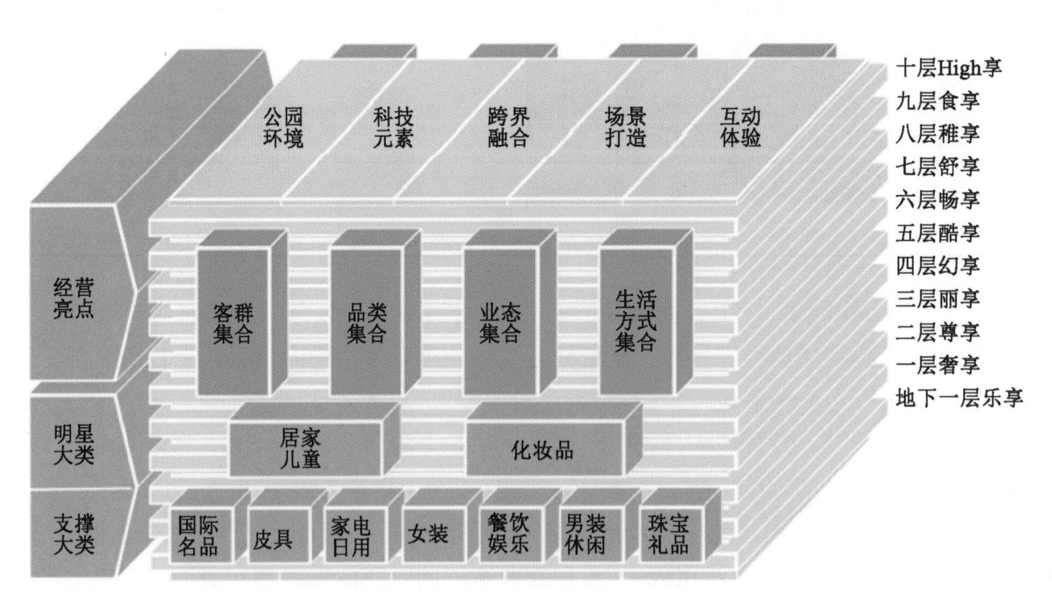

图1-6　第一八佰伴改造战略图

1.2 建筑结构概况

第一八佰伴占地约 2 万 m^2，总建筑面积约 14.5 万 m^2，由高 99.9 m 的 21 层主楼以及 10 层裙房组成。商厦共有 10 个楼面商场，每个楼面近 1 万 m^2。本结构为钢筋混凝土框架结构，柱距 8.5 m。裙房框架抗震等级为三级，剪力墙抗震等级为二级；主楼框架及剪力墙抗震等级都为二级，结构混凝土强度为 C30—C50。结构柱的尺寸为 600 mm×600 mm—1 200 mm×1 200 mm(图 1-7、图 1-8)，具体信息如表 1-1、表 1-2 所示。

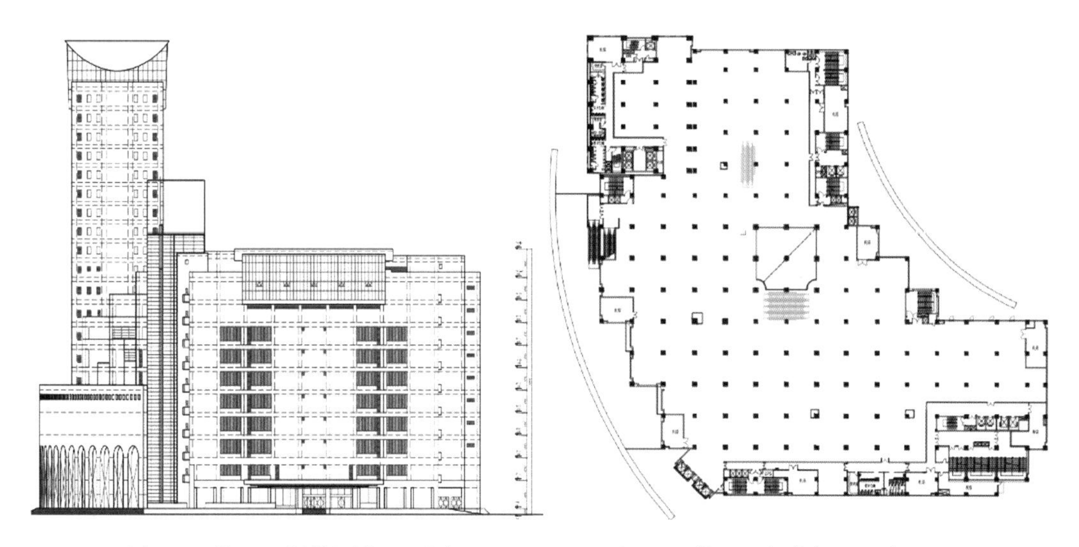

图 1-7 第一八佰伴原南立面图

图 1-8 第一八佰伴标准层建筑平面图

表 1-1 第一八佰伴建筑信息一览表

占地面积	2 万 m^2			
总建筑面积	14.5 万 m^2			
地上建筑	位置	高度	层数	功能
	主楼	99.9 m	21	办公
	裙房	54.1 m	10	商场
地下建筑		高度	功能	
	地下一层	3.8 m	商场、设备用房、停车库	
	地下二层	3.7m	设备用房、停车库	

表 1-2　　原室内业态分布表

楼层分布	业态大类	所占比例	楼层分布	业态大类	所占比例
一层	国际名品	64.4%	五层	男正装	19.8%
	化妆品	22.1%		男鞋/男包	15.1%
	钟表礼品	8.8%		男士内衣/单品	4.1%
	轻餐饮	4.7%		手表配饰	1.8%
二层	国际名品	38.8%	六层	运动户外	45.1%
	女鞋女包	28.2%		黄金珠宝/钟表饰品	33.3%
	餐饮/功能配套	13.6%		居家生活	21.6%
	淑女装	8.8%	七层	餐饮	39.1%
	黄金珠宝	7.1%		家电数码	20.9%
	饰品/时尚表	3.5%		服务功能配套	18.3%
三层	淑女装/设计师女装	77.5%		厨房日用	16.5%
	文胸内衣	10.7%		特卖场	5.2%
	餐饮	5.2%	八层	儿童	85.6%
	饰品/女杂/时尚表	4.4%		游乐互动	7.3%
	针织羊绒	2.2%		儿童功能配套	7.1%
四层	少女装	67.9%	九层	餐饮	100%
	时尚品牌集合店	28.8%	十层	娱乐	100%
	女杂饰品	3.3%	地下一层	超市	34.7%
五层	男士休闲	36.5%		车库	65.3%
	牛仔潮牌	22.7%	地下二层	车库	100%

1.3　机电安装概况

由于第一八佰伴从建成至今已有二十余年，内部设备老化及机电系统功能都有不同程度的损坏，已无法满足当前及未来的运营需求。此次第一八佰伴改造是将内部机电系统重新改造，使其具有新的生命力和生产力。

本工程机电改造范围为一至十层商场区域和地下一层至地下二层区域的机电系统，建筑面积约 10 万 m²。机电系统包括空调一至十系统、防排烟系统、给水及排水系统、电气系统、消防系统、机电综合布线系统、广播系统、BA 系统、安防系统、消防报警系统和机房系统等。

1.3.1　电气系统概况

本工程由电业部门提供 2 组(共 4 路)10 kV 独立市政电源进线，10 kV 用户变配电所设置于地下二层。低压变电室共有 4 个,分别是位于地下二层的 A 站(变电量)、十层的 B 站和 D 站变电室、屋面的 C 站变电站。电气系统改造前缺陷及改造后效果对比如表 1-3 所示。

表 1-3　　电气系统改造前缺陷及改造后效果对比表

序号	电气分项	改造前缺陷	改造后效果
1	动力系统	动力设备链式供电	链式供电和放射式供电相结合
		消防设备末端无法双电源自切	消防设备电源末端实现自切
		防火卷帘和空调设备电源混合在一个配电箱	防火卷帘单独从变电所引出双电源供电
		自动扶梯单电源供电	根据规范,此类二级负荷提供双电源供电
2	照明系统	应急照明末端没有双电源自切	新增一路电缆,实现应急照明末端双电源自切
		原应急照明配电箱和普通照明配电箱为同一个配电箱	普通照明配电箱和应急照明配电箱分开设置
3	备用及不间断电源	疏散照明供电电源不符合消防双电源要求	增加 EPS 系统
		原大厦弱电系统只有单电源供电	增加不停电装置

1.3.2　暖通系统概况

本工程集中空调冷源设置于地下二层,采用 5 台单台制冷量为 1 000 RT 和 1 台制冷量 700 RT 的离心式冷水机组,总装机容量为 5 700 RT。冷却塔选用 10 台单台容量为 700 RT,流量 422 m^3/h,放置于裙房屋顶。目前空调制冷系统尚能基本满足大厦制冷需求,但设备老化,管路锈蚀,需进行系统的优化和改造设计。本工程原始设计采暖热源为城市集中蒸汽系统,现已不再使用,商场营业区无采暖热源。

原整栋大厦商业、办公等功能空调风系统全部采用集中处理的低速定风量全空气系统。往年对部分空调系统进行过改造,空调箱增加了一路新风支管和排风机,在过渡季对空调系统进行全新风节能运行模式,另外有部分空调机增设变频器,根据运行情况进行手动设置空调风机的运行频率(表 1-4)。

表 1-4　　暖通系统改造前缺陷及改造后效果对比表

序号	通风与空调分项	改造前缺陷	改造后效果
1	空调系统	裙房和塔楼冷热源系统共用	裙房和塔楼冷热源分离
		空调风系统不平衡,气流组织不均匀,部分区域空调效果不佳	根据装饰调整空调风,调整风管布局和管路
2	通风系统	通风系统管线多次改造已混乱	根据各功能区要求,设置相应通风方式
3	防排烟系统	防排烟系统无法满足现行规范要求	根据规范要求,重新设计防排烟系统

1.3.3 给排水系统概况

1. 给水系统

(1) 水源:原大楼从市政管网引入 1 根 DN300 总管,地下二层清水池作为供水水源。

(2) 屋顶水箱:置于屋顶,水箱容量 200 m^3。

(3) 给水系统:原大楼通过地下二层提升泵将清水池水送至屋面水箱,以自然重力方式,为整个商场的供水。原大楼预留 3 根厨房用给水立管。

2. 排水系统

原大楼室内一般生活排水以污、废水合流排入污水处理池,经处理后再用泵打到室外。原大楼停车场排水在地下二层汇入集水井再用泵提升到室外。原大楼屋面雨水排水为重力方式排水,雨水立管数量约 35 根(表 1-5)。

1.3.4 消防系统概况

此次改造保留原有消防系统主管线及设备,对装饰变动后的消火栓及支管按照规范要求进行调整。保留原有喷淋系统主管线及设备,对装饰变动后的喷淋点位及支管按照规范要求进行调整(表 1-6)。

表 1-5 给排水系统改造前缺陷及改造后效果对比表

序号	给排水系统分项	改造前缺陷	改造后效果
1	给水系统	给水立管已经更换过	保持原状
2	排水系统	排水立管严重腐蚀	更换立管

表 1-6 消防系统改造前缺陷及改造后效果对比表

序号	消防系统分项	改造前缺陷	改造后效果
1	消火栓系统	消火栓数量不足,不满足消防规范	增加消火栓,在两根立管内增加水平横管,局部形成环管
2	喷淋系统	每层只有 1 套湿式报警阀,喷淋头有 800 个	增加 1 套湿式报警阀组
		水流指示器没有按照防火分区设置	增加喷淋总管,增加水流指示器

1.3.5 弱电系统概况

1. 弱电机房

大楼现无弱电间,弱电设备和桥架分布在每层五个强电间内。强电间空间局促,无法满足改造后弱电系统需求。

2. 消防控制中心

由于改造期间新老系统需要并行,且现有消防控制中心面积过小,故大楼原消防控制中心不再继续使用。新消防控制中心建议面积大于 200 m^2。

3. 安防监控

原有200多路视频监控体系为模拟系统。以“模拟摄像机+矩阵+硬盘录像机+监视器+客户端”的模式，依托专用视频线缆进行模拟图像的互联互通。由于系统老旧、功能落后，已无法达到现代视频监控系统的智能化、科技化的要求，所以对现有监控系统进行高清化、智能化改造已势在必行。

4. 消防报警系统

大楼消防报警系统现使用的是早期已老化的消防产品，此产品已经使用多年，管线和设备都已老化。

5. 楼宇自动化系统

由于原有设备已经停产，且基本都已超过使用年限。

6. 背景音乐兼消防广播系统

现有的广播系统都是模拟系统，必须更换为数字系统。数字系统的控制简便，能快速响应消防联动，具有联网接口。

通过对机电系统的改造，建筑被赋予了新的机能。对运行了二十余年的老旧设备进行了全面升级换代，为商场的安全、低碳运营及顾客更好地体验保驾护航。消费者步入商场，感受到的是柔和的灯光、舒适的温度、清洁的通风，生命的活力扑面而来。

1.4 室内装饰概况

室内装饰的范围主要包括：一至八层营业场所及后方区域装修；九至十层公共场所装修；地下一层为食品城、消控中心、信息机房装修；地下车库装修；自动扶梯装饰设计。一至八层装修地面主要以人造石和地砖为主，顶面为双层石膏板吊顶为主；首层店招由镀钛不锈钢、艺术玻璃、白色人造石为主，其余楼层店招均为轻质不燃板基层和防火板饰面；后勤区均为简约装修，地砖和乳胶漆；地下一层、地下二层均为简单装修，地坪漆、墙地砖和乳胶漆。

此外还新增了盥洗室、母婴休息室、跨品牌公共试衣间，二层、三层和四层中庭公共空间被整体打通；置换出近千平方米经营面积，将原先的1 700个餐饮座位增加到2 500个；商场零售比例从原先的75%降低到70%，餐饮娱乐、服务休闲等设施的比例从25%增加至30%。

另外，室内装饰部还改造了号称“沪上十大难驾驭车库”之一的第一八佰伴车库，将原来的180°大转角改造为3个90°转角，同时新增约10%停车位。

内部空间的改造，使建筑本身被赋予新的生命力，公共体验、艺术形式、使用功能得到了多维度的生长。

1.5 外立面概况

上海第一八佰伴外立面改造方案以通过高质量的城市战略规划为依托，改善位于浦东新区核心商业地段的这一商业建筑地标，旨在维持原有主要标志性的建筑形象和风格，对老旧立面更新，强化沿街商业氛围，提升商业界面品质，打造上海城市形象更新和提升市民休闲体验的新地标(图 1-9—图 1-13)。

图 1-9 外立面改造前后效果对比(左图为改造前，右图为改造后)

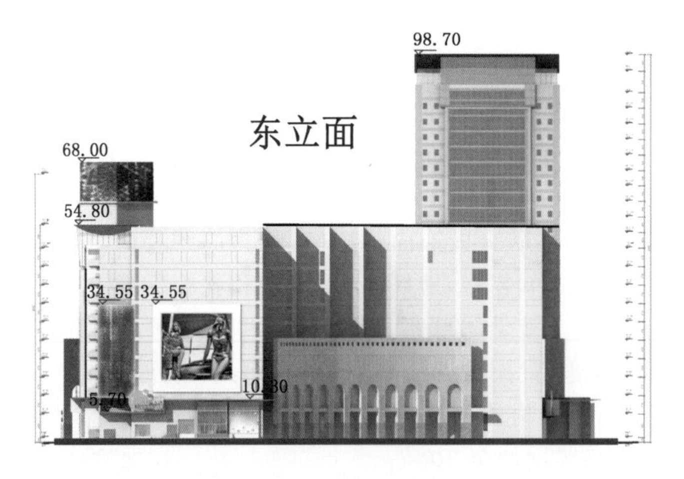

部位	第一八佰伴			
	放工内容	面积/m²	放工内容	面积/m²
东位面	石材幕墙	2 153	涂料	3 950
	广告牌	260	外墙清洗	4 900
	广告橱窗	175	雨篷	110

图 1-10 东立面施工区域图

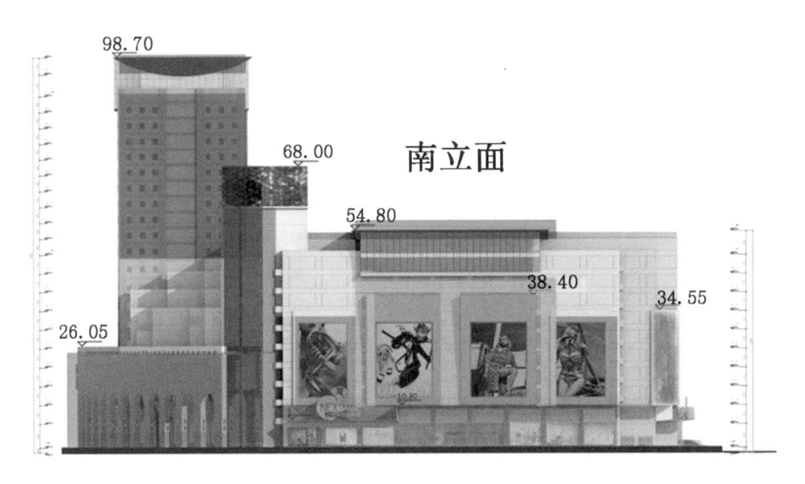

部位	第一八佰伴			
	放工内容	面积/m^2	放工内容	面积/m^2
南位面	石材幕墙	3 050	涂料	1 450
	广告牌	650	红顶铝板	1 500
	广告橱窗	530	外墙清洗	1 850
	雨篷	240		

图 1-11　南立面施工区域图

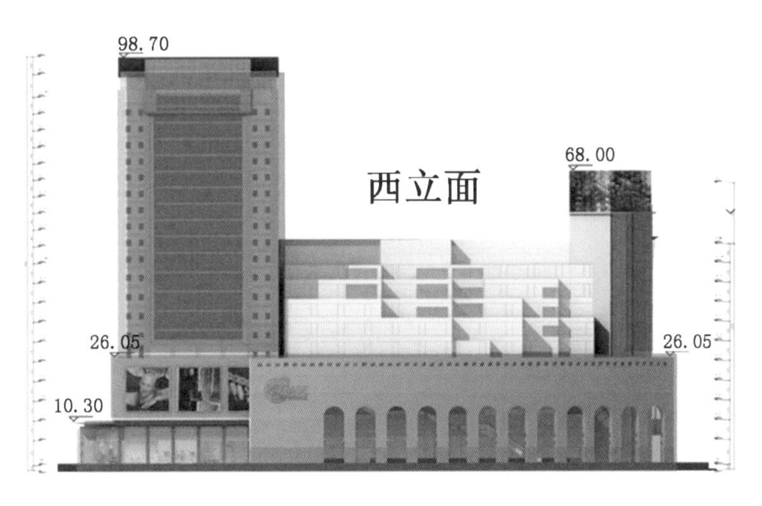

部位	第一八佰伴			
	放工内容	面积/m^2	放工内容	面积/m^2
西位面	石材幕墙	3 100	外墙清洗	2 800
	广告牌	390	采光天棚	900
	广告橱窗	530	雨篷	320
	涂料	5 000		

图 1-12　西立面施工区域图

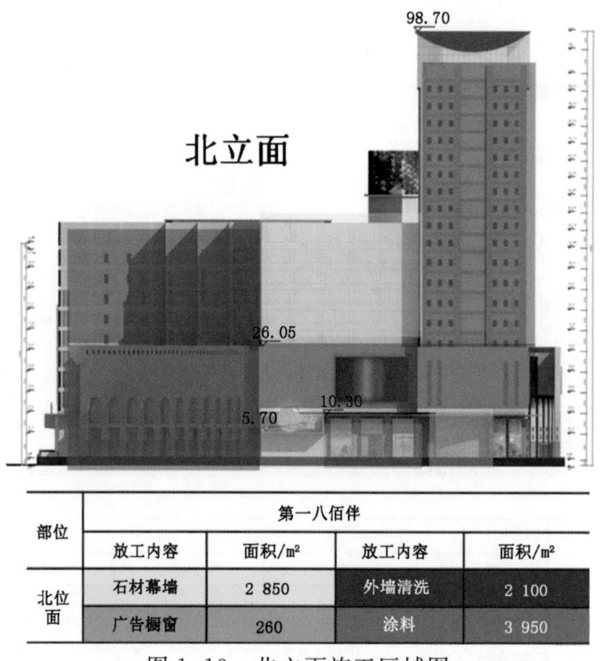

部位	第一八佰伴			
	放工内容	面积/m²	放工内容	面积/m²
北位面	石材幕墙	2 850	外墙清洗	2 100
	广告橱窗	260	涂料	3 950

图 1-13　北立面施工区域图

1.6　室外总体概况

室外整体翻新场地，整合流线，强化商业入口，设计雕塑结合原通风口，优化种植景观，增加休闲坐凳，使广场更具舒适性，同时提升城市形象(图 1-14—图 1-18)。

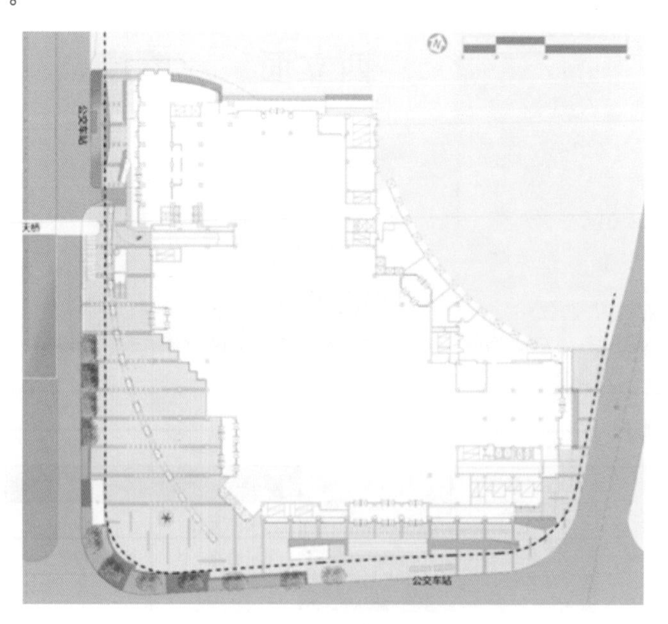

图 1-14　外总体平面图

图 1-15　外总体效果图

图 1-16　入口台阶改造前后对比(左图为改造前,右图为改造后)

图 1-17　大弯壁水景改造前后对比(左图为改造前,右图为改造后)

图 1-18　花坛改造前后对比（左图为改造前，右图为改造后）

2 项目咨询篇

2.1 总体策划

2.1.1 项目总进度分析

根据对项目总体进度的分析，预判施工工期十分紧迫，前期阶段、施工阶段均需要进行周密计划，并采取有效措施，保证工期按时完成(表 2-1)。

2.1.2 项目前期策划

1. 项目定性及审批流程分析

通过对改造工程和装修工程两个方案做一个对比，分析其优点和缺点，最终确定按照方案二，即按照装修工程性质报建，并开展设计及报审报批工作(表 2-2)。

2. 招标方式选定

对常规项目招标流程和设计施工一体化招标进行比较，分析其优点和缺点，采用设计施工一体化招标模式，大大减少项目前期工作时间，为项目总体目标实现奠定了基础(表 2-3)。

表 2-1 总体进度分析表

总工期	2016 年 1 月 15 日—2016 年 12 月 20 日(含春节)总工期约 11 个月，分前期阶段、施工期阶段两阶段进行分析	
进度	施工期阶段： 考虑分楼层翻交施工至少 6 个月施工期	前期阶段： 扣除施工期 6 个月，前期阶段最多仅有 5 个月时间(包括完成从立项、招标、设计、报审报批等一系列流程)
对策	项目总体进度十分紧迫，前期阶段、施工阶段均需要进行周密计划，并采取超常规措施方有可能实现	

表 2-2 项目定性及流程分析表

	方案一	方案二
报建性质	改造工程	装修工程
优点	可以进行较大规模的重新设计，优化商场整体结构布局	前期报批流程相对简单，仅需要完成招投标流程，并通过消防局审图即可取得施工许可
缺点	前期报审报批程序多，时间长。需按照方案设计→总体设计→施工图设计三阶段进行报审，常规周期需要 8～10 个月	不能对商场原有结构进行调整，不允许产生建筑面积增减
总结	经比较，并结合项目整体要求，最终确定按照方案二，暨按照装修工程性质报建，并开展设计及报审报批工作。但施工许可证按室内装修和外立面装修分别办理	
备注	由于外立面装修及外立面规划许可证办理，并且外立面橱窗外凸墙面 1 m，通过各方努力和设计优化，最终符合外立面装修规划要求，于 7 月 28 日取得规划许可证	

表 2-3　　招标方式对比表

	方案一	方案二
招标方式	常规项目招标流程	设计施工一体化招标
优点	先进行设计招标，设计完成后再进行施工招标。常规流程，便于审批，从设计到施工各项工作循序渐进	合并了设计、施工招标流程，大大节约前期工作时间，使得施工单位可以尽早介入
缺点	整体工作流程长，从设计招标→施工图设计、报批→施工单位招标→施工许可证办理，环节多，控制难度高，5 个月内难以完成前期阶段工作	设计施工一体化招标非常规审批流程，本工程涉及室内装修和外立面装修等多项工程内容，采用一体化招标模式需协调审批部门予以特批。而且一体化招标对投标单位要求更高
总结	经综合比较，并与政府部门进行协调沟通，最终采用设计施工一体化招标模式，大大减少项目前期工作时间，为项目总体目标实现奠定了基础	

3. 主要项目招标时间安排及中标金额(表 2-4)

表 2-4　　招标进度节点一览表

序号	项目名称	招标类别	开标时间（2016 年）	评标时间（2016 年）	发放中标通知书时间（2016 年）
1	设计施工一体化（总包）	施工	4/26	4/27	5/11
2	工程监理	服务	5/11	5/18	6/3
3	项目管理	服务	6/1	6/1	6/6
4	拆除工程	施工	6/6	6/6	6/12
5	消防火灾自动报警系统（专业分包）	施工	7/5	7/7	7/22
6	安防工程系统（专业分包）	施工	7/15	7/18	7/21
7	风机采购（甲定乙办材料）	货物采购	7/19	7/22	7/25
8	楼层配电柜及租户配电箱采购	货物采购	7/25	7/26	7/29
9	泛光照明（专业分包）	施工	8/16	8/19	8/22
10	离心式冷水机组、冷冻水泵及冷却水泵、冷却塔采购	货物采购	9/19	9/19	9/29

(续表)

序号	项目名称	招标类别	开标时间(2016年)	评标时间(2016年)	发放中标通知书时间(2016年)
11	垃圾房设备	货物采购	10/31	10/31	10/31
12	柴油发电机大修	货物采购	9/14	9/14	9/29
13	电梯大修	货物采购及大修	9/13	9/13	9/29
14	室内标示标牌	货物采购	9/14	9/14	9/29
15	收银台	货物采购	9/13	9/13	9/29
16	地下车库画线	货物采购	9/18	9/18	9/29
17	地下一层至十层绿植规划	货物采购	11/7	11/7	11/7
18	VIP 家具	货物采购	12/12	12/12	12/12
19	固定景观及固定道具采购	货物采购	11/7	11/7	11/7
20	外墙店招及精神塔	货物采购	11/15	11/15	11/15

4. 现场施工组织及标段划分

经综合比较,并结合项目整体进度要求,最终确定项目现场划分为两个标段进行施工。

经过以上分析,确定以下总体目标与原则,项目整体交付开业日期为 2016 年 12 月 20 日(表 2-5)。

表 2-5 项目总体原则表

阶段	内容
前期阶段(1 月 15 日—6 月 20 日)	1. 按装修性质报建
	2. 采用设计施工一体化招标模式
施工阶段(6 月 21 日—12 月 23 日)	1. 室内装修一至五层(6 月 21 日—9 月 21 日)
	2. 室内装修六至十层(9 月 22 日—12 月 20 日)
	3. 外立面装修(8 月 1 日—12 月 20 日)
项目整体交付开业时间	

5. 项目证照办理内容及节点目标(表2-6和表2-7)

表2-6 室内装修开工前各类手续办理进度计划

序号	工作事项	责任单位、部门	完成时间	备注
01	室内装修业主业态确认	业主	2016年5月19日	业主方商业业态调整、确认
02	室内装修施工图设计(消防工程)	都市设计公司、建工设计公司	23天 (5月1日—23日)	
03	室内装修施工图(消防工程)报消防审批	项目管理部、新区公安消防支队	15天 (5月24日—6月7日)	
04	室内装修施工图(消防工程)审图修改	都市设计公司、建工设计公司	4天 (6月8日—6月11日)	6月9日—11日放假
05	取得室内装修施工图消防审核意见书	浦东新区公安消防支队	5个工作日 (6月12日—6月16日)	
06	设计、施工、监理合同审核、签订、盖章、备案	业主、大镜、都市、上海建工二建集团、建科、投资监理、项目管理	26天 5月20日—6月15日	
07	室内装修施工许可证网上填报、受理	项目管理部	1天 6月16日	申请表、四方责任主体承诺书签章、扫描上传材料
08	室内装修施工报监、现场审核、信息系统确认	总包、监理部、项目管理部、新区质监站第一分站	1天 6月17日	
09	室内装修施工许可证窗口办理	项目管理公司、新区建设和交通委员会	1天 6月20日	申请表、产权证、规划许可证、资金入账凭证、安质监站审核表、施工条件承诺书
10	核发室内装修施工许可证	浦东新区建设和交通委员会、项目管理公司	5个工作日 (6月21日—27日)	设计、施工、监理中标通知书、合同备案

编制说明:
1. 5月20日新区陆家嘴管委会现场专题会明确外立面装修和室内装修分开申报施工许可证。
2. 室内装修施工图设计(消防工程)须先行出图报消防部门审批并取得消防审批意见书。
3. 四方责任主体单位:建设单位、设计单位(大镜设计公司、都市设计公司、上海建工二建设计公司)、施工单位(上海建工二建施工单位)、监理单位(建科)。
4. 各参建需提前做好盖公章流程准备工作

表 2-7　　外立面装修开工前各类手续办理进度计划

序号	工作事项	责任单位、部门	完成时间	备注
01	外立面方案向区职能部门汇报	迪蓝荣设计公司、业主	2016年5月18日 2016年5月20日	
02	外立面方案设计调整	大镜设计公司、都市设计公司	6天 （5月21—26日）	面积平衡
03	外立面方案设计规划审批	浦东新区陆家嘴管委会规划建设管理科	20天 （5月27日—6月15日）	（含13天公示）
04	外立面施工图设计	大镜设计公司	24天 （5月21日—6月13日）	幕墙、泛光照明、橱窗广告
05	外立面施工图审图单位合同签订	项目管理公司、指定的审图单位、业主	19天 （5月23日—6月10日）	
06	外立面施工图审图、取得审图合格证	大镜设计公司、审图公司	5个工作日 （6月14日—6月20日）	
07	办理外立面装修建设工程规划许可证	浦东新区陆家嘴管委会规划建设管理科、项目管理公司	20个工作日 （6月20日—7月15日）	
08	外立面施工许可证网上填报、受理	项目管理部	1天 7月18日	申请表、四方责任主体承诺书签章、扫描上传材料
09	外立面施工报监、现场审核、信息系统确认	总包、监理部、项目管理部、新区质监站第一分站	1天 7月19日	
10	外立面施工许可证窗口办理	项目管理公司、新区建设和交通委员会	1天 7月20日	申请表、产权证、规划许可证、资金入账凭证、安质监站审核表、施工条件承诺书
11	核发外立面施工许可证	浦东新区建设和交通委员会	5个工作日 （7月21—27日）	设计、施工、监理中标通知书、合同备案

编制说明：
1. 5月20日新区陆家嘴管委会现场专题会明确外立面装修和室内装修分开申报施工许可证。
2. 外立面施工图设计同步方案报批及修改，幕墙施工图先行出图并提交审图。
3. 四方责任主体单位：建设单位、设计单位（大镜设计公司、都市设计公司、上海建工二建设计公司）、上海建工二建施工单位、建科监理单位。

2.2 投资策划及控制管理

2.2.1 项目估算内容

第一八佰伴的项目估算分以下几类工程费用：建安费、二类费、不可预见费、甲供设备采购费、品牌补贴费和项目总投资，格式如表 2-8 所示。

表 2-8　第一八佰伴整体装饰项目估算表　万元

序号	工程费用名称	建筑工程费	设备购置费	设备安装费	其他费用	合价
1	建安费					
1.1	外立面装饰工程					
1.2	室内装修工程					
1.3	机电工程					
2	二类费					
3	不可预见费					
4	甲供设备采购费					
5	品牌补贴费					
6	项目总投资					

2.2.2 建安费用估算内容

1. 外立面装饰工程

(1) 外立面裙楼石材工程。除石材幕墙外，还包括脚手架搭拆费用、室外维护搭设、安全文明施工四项费用、材料仓库堆场搭设、民工宿舍搭设、垂直运输、吊篮租赁、石材采购安装、预埋件制作安装、钢架制作安装等。

(2) 主楼幕墙修缮及屋面铝板工程。除屋面铝板更换和外立面修缮外，还包括脚手架搭拆费用、室外维护搭设、安全文明施工四项费用、材料仓库堆场搭设、民工宿舍搭设、垂直运输、吊篮租赁、石材采购安装、预埋件制作安装、钢架制作安装等。

(3) 泛光照明工程包括泛光照明灯具采购安装、电缆敷设、泛光照明渲染系统的安装等。

(4) 室外景观小品工程包括台阶石材的铺设、广场地面石材的铺设、喷水池、花坛砌筑、部分绿化种植、拱门外立面涂料修缮、拱门顶棚更新、满堂脚手架等。

（5）橱窗及广告灯箱工程包括橱窗边框及灯箱的制作安装。

（6）雨篷及玻璃篷包括6个大门的雨篷制作安装及楼层玻璃栏板的制作安装。

2. 室内精装修工程

（1）地下室装饰工程包括电梯厅、超市前公共走道区域、车库公共区域等地面环氧树脂地坪漆、墙面涂料、局部地砖铺设等。

（2）1—10层装饰工程包括门厅、电梯厅、商场主通道公共部位、半开放式固定范围店招、中岛开放式分割范围租户、物流/支援/后勤办公室、楼梯前室通道以及卫生间装饰等。工作内容详见室内精装修工程估算明细表。

（3）机电工程包括照明灯具插座安装及管线安装、卫生间洁具及管道工程、楼层平面喷淋系统以及消火栓的改造更新。

（4）工程项目措施费用包括安全文明等四项费用、夜间施工、成品保护、垂直运输、脚手架、所有拆除工程和垃圾外运费用。

（5）其他费用包括自动扶梯配合装饰和地下食品城改造。

3. 机电工程

（1）地上建筑给排水、雨水系统包括水平给水管改造、雨水立管更新、污水立管更新。

（2）地上建筑消防工程包括喷淋立管、消火栓立管、消防火灾自动报警及应急广播更新。

（3）地上建筑暖通工程包括原冷水机组的大修、一层热泵机组配套管网安装、冷却水管更新、消防排烟系统和厨房排烟系统更新、冷冻水管和风管的保温工程、楼层末端设备的局部更新大修、末端金属软风管及风口安装。

（4）地上建筑强电工程包括低压配电柜元器件改造、变配电室至楼层配电箱的电缆敷设、桥架铺设、楼层配电箱至边厅配电箱的电缆敷设和桥架安装、强电井的装饰、屋面防雷接地等。

（5）地上建筑弱电工程包括综合布线系统（收银、内网）、安防系统（防盗、门禁、监控）、BA系统（包括暖通、电梯等）、信息机房装饰工程、消控中心装饰工程、楼层弱电井装饰、公共广播系统。具体内容如下：

① 综合布线系统包括机柜、机架式跳线架、模块、配线架、大对数电缆、面板、六类非屏蔽模块、六类非屏蔽数据跳线、电线管、弱电桥架，综合布线包括收银和管理内网和外网三部分内容。

② 安防工程监控系统包括监控前端部分（半球摄像机）、存储部分（硬盘录像机、硬盘录像机存储硬盘）、传输部分（电源线、信号线、光纤、光端机）、机房部分（LED显示条屏、电视墙、视频分配器、矩阵（数字式）、矩阵键盘）、网络设备（视频管理服务器（含软件）、管理主机、显示器、核心交换机）、配套弱电桥架。防盗系统：包括报警主机、模块、线缆、探测器、紧急报警按钮。门禁系统包括门禁中央服务器、门禁管理工作站、操作系统、主控制器、读卡器、磁力锁、电动逃生装置、网络交换机（8路）。安防平台集成管理系统包括安防集成管理服务器、安防集成管理平台、服务器

系统软件、数据库、打印机、管理软件等。

③ BA系统包括电动调节阀、温度传感器、管理软件、集成管理平台、服务器、显示器、梯控模块、消防排烟控制模块等。

④ 信息机房、消防控制中心装饰工程包括防静电地板、防尘涂料、轻钢龙骨吊顶等。

(6) 地下室污水处理系统包括地下室潜水泵更新和管理整修。

(7) 地下室喷淋系统包括消防喷淋头更新、管道整修和刷漆。

(8) 地下室暖通工程包括消防排烟、车库排风风机更新及风管整修。

(9) 地下室强电工程包括地下食品城配电箱更新、车库配电箱更新以及相应电缆敷设和电缆桥架铺设。

(10) 地下室弱电工程包括地下食品城监控系统的整改。

(11) 措施费包括安全文明等四项费用、夜间施工、成品保护、垂直运输、脚手架、确保商场不停业措施等。

4. 未包括的费用

(1) 现有钢制防火卷帘门改造费用包括帘布、箱罩、防火电机、不锈钢导轨、传动轴、消防智能电控箱、安装费等所有费用。防火门监控、消防电源监控。

(2) 主楼屋面三侧的显示屏及配套电气安装费用。

2.2.3 甲供设备采购费用内容

(1) 空调冷水机组大修。

(2) 空调冷冻水泵更新。

(3) 冷却塔更新。

(4) 楼层配电箱。

(5) 边厅租户配电箱。

(6) 垃圾房设备(含垃圾房、设备采购安装调试、配套电气工程)。

(7) 柴油发电机设备大修。

(8) 垂直梯控制系统改造及自动扶梯维保。

(9) 室外LOGO。

(10) 室内标示标牌。

(11) 收银台。

(12) 地下室车库画线。

2.2.4 投资控制管理工作

1. 管理职能

(1) 甲方负责对各参建单位提交的项目资金使用计划、概算、预算、进度款、变更、索赔、决算进行审核、上报、执行和控制。

(2) 项目管理公司协助甲方开展项目投资管理工作,负责对项目资金使用计划表概算、预算、进度款、变更、索赔、决算进行审核和控制。

(3) 招标代理单位代理甲方对于公开招标工作的落实和具体实施,负责编制工程量清单工作。同时根据需要对投标文件做出分析比较,并出具回标分析报告。

(4) 造价咨询单位为甲方提供投资控制决策依据,主要有编制建设项目投资概算;对项目投资控制工作提供准确的动态数据和专业建议;对合同双方的进度款进行审核,并出具书面意见;对设计(技术)变更、技术变更和现场签证等工作,提供概算指标依据以及可供参考的市场价格信息等决策依据。

(5) 设计施工承包商按限额设计要求进行设计,并负责编制设计概算;负责编制施工图预算,编制竣工结算资料(包括相关竣工资料和竣工图)。

(6) 工程监理负责见证施工进度款的工程量,评定工程质量,复核变更和索赔的工程量。

2. 资金使用计划表编制与审核

资金使用计划表由造价咨询根据本工程的投资估算表和进度计划表等相关资料结合项目进度情况编制。

资金使用计划表编制完成先由项目管理公司审核,经审核确认后由项目管理公司提交给甲方审核。

3. 投资控制目标的跟踪

1) 合同执行跟踪

在合同执行的过程中,可能对结算价造成影响的因素进行跟踪、控制,将结算价的变动控制在合理的范围之内。项目管理部依据合同法、建筑法、建筑施工质量验收规范对各类合同进行复核并提出补充意见。本工程合同审核达77份。

2) 合同付款管理

(1) 进度款申报:当设计施工承包商完成一定的工程形象进度后,按已完成工程量填写《工程量清单》和《合同款进度用款审核表》报送施工监理总监,并附请款依据(合同)、施工月度完成统计表和合同进度款状态内容。

(2) 进度款审核:施工监理总监对清单上的工程量进行认证、计量,在《合同进度用款审核表》上签署审核意见,然后报造价咨询单位对工程款和设备材料款的支付进行审核,出具《付款建议书》,然后将经监理、造价咨询审核签认的进度款审核表报项目管理公司审核,项目管理公司审核通过后报甲方审核。项目实施过程中遇到特殊原因造成投资超过批准投资额的,必须办理项目追加调整费用手续才能支付。

(3) 付款预算申请及投资统计:由造价咨询单位在每月25日前编制完成下月用款计划,交项目管理公司审核后交甲方审核,同时对上月付款情况进行统计。

4. 签证管理

由于工程采用了设计施工一体化招标方式,项目各方对项目前期排查及概念方案早期参与和论证，对项目的技术要求和业主需求明确并切合实际，所以承包商的方案设计和施工措施针对性强，因此投标方案与实施较相符，没有重大变更，所以该部分无签证。这也是 EPC 总承包管理模式的优势体现。

由于招商要求地下超市等(合同一览表)的实施要求超出了招标要求，需动用不可预见费用，该部分必须进行签证管理，具体管理如下：

(1) 由设计施工承包根据需要以《签证审核表》向施工监理提出签证申请。

(2) 施工监理对签证申请内容的必要性以及签证工程量进行审核。

(3) 项目管理公司接到施工监理审核通过的《签证审核表》，对签证申请进行编号登记，并转交造价咨询单位。

(4) 造价咨询单位根据施工监理审核过的签证申请对签证的单价、计价方式和总价进行审核。

(5) 项目管理公司信息联系人将造价咨询单位的审核意见转交给甲方。

(6) 甲方审核通过后确认签证，交项目管理公司，项目管理公司将最后签证结果传递给设计施工总承包、施工监理、造价咨询备案后，由设计施工承包执行。

(7) 如甲方审核不通过，则由项目管理公司组织各方专题会审；甲方、项目管理公司设计施工承包、施工监理、造价咨询单位通过专题会议形成会审统一意见，由各方会签《签证审核表》交项目管理公司传递给各方备案、执行。

2.3 招标管理

2.3.1 EPC 招标申请

1. 政策依据

根据沪建市管〔2012〕68 号文的精神，本工程符合文件第三条第七款(设计施工一体化资质承包范围明确的专业工程包括建筑幕墙工程、建筑智能化工程、建筑装饰装修工程、消防设施工程)，属于适用一体化招标的范围。

2. 申请理由

(1) 工程量大，外墙立面装饰面积为 40 000 m^2，商场内部装饰面积为 89 430.29 m^2，其他还有配套设施和运行设备的大修。

(2) 配套设施和运行设备的大修涉及对原有设备管线和设备性能的排查、检测，时间紧任务重，同时这类数据又是深化设计的依据。

(3) 为了更好地控制成本，对现有商场装饰面的损坏程度需要进行排查，严格区分必须拆除的区域和可以保留的区域，这项工作需要较长时间，并且需要设计施工密切配合。

（4）由于要求边营业边施工，承包商不仅要有丰富的类似工程经验还要有丰富的深化设计能力，同时还有大量的专项方案需要编制和审批，如拆除方案、施工期间的消防方案、石材幕墙深化设计及设计审核、高排架方案等。

（5）项目当时外墙立面装饰方案已确定，内装饰方案处于需要完善和确认中，规划审批及消防审批尚未开始，前期手续办理需要有相当深度的设计配合。

3. EPC 招标资质条件

1）设计资质

建筑行业建筑工程设计专业甲级资质或建筑装饰工程设计与施工一体化一级资质。

2）施工资质

（1）房屋建筑工程施工总承包一级及以上资质、建筑装饰一级及以上资质（新标准）。

（2）房屋建筑工程施工总承包一级及以上资质、建筑装饰一级及以上资质（老标准）。

（3）房屋建筑工程施工总承包一级及以上资质、建筑装饰工程设计与施工一体化一级资质（新标准）。

（4）房屋建筑工程施工总承包一级及以上资质、建筑装饰工程设计与施工一体化一级资质（老标准）。

以上施工资质要求，投标人只要符合任何一条，但同一条中的多项资质要求需同时满足。

3）项目负责人资格

（1）设计项目负责人应具备一级注册建筑师执业资格。

（2）施工项目负责人应具备建筑工程专业一级注册建造师执业资格。

（3）项目负责人为施工项目负责人。

4）其他

如联合体投标，需以施工单位为牵头方。

5）投标报价要点

（1）本工程投标报价中设计费用采用总价合同形式，施工合同采用总价合同形式。

（2）措施费项目清单主要是指发生于施工准备和施工过程中的技术、生活、安全、文明、环境保护等方面的非工程实体的项目。一经中标，该费用视作已包含中标单位完成本工程所需的全部措施费用不作调整。

（3）中标人必须确保施工图纸通过施工图审查要求。

（4）投标人所供货物（材料、配件、备品等）的价格均为货物到现场的价格（包括本身已经支付或将支付的关税、增值税、销售税和其他税费以及保险费），并由投标人自行负责卸车、保管、检验等相关费用。

（5）由于招标人原因而带来提高或降低，以经过技术和商务谈判所确定的价格为准。由中标人自身设计错误引起修改而增加的费用，由中标人自负，招标人不予以补偿。

6）评标办法

采用综合打分，其中技术标设计部分评分表（20～45 分）、技术标施工部分评分表（14～25 分）、设计商务标（3～5 分）、施工商务标（11～25 分）。

2.3.2 EPC 招标文件编制

1. 设计内容

1）室内部分

室内部分主要包含：业主对房间功能的需求，房间平面功能布局（1～8 层根据业主提供的各楼层经营品类比例表布局），2～4 楼的中庭，满足各商户立面店面招商位置，铺面门头特点以及与公共区域的接口，各层空间净高的要求，中庭附近和公共走道上空吊顶需设置线条流畅的造型，具备较强的导向性、根据业主要求设置服务台与收银区、卫生间（按规范要求的男女比例设置卫生间和洗手区，设置残疾人独立卫生间，设置母婴独立卫生间，设置独立污洗间）。

2）外立面部分

原有外墙为面砖，本次装修主楼荷载不得超过 50 kg/m^2，其中商场外墙面积约 30 000 m^2。办公塔楼外墙面积约 7 000 m^2。同时根据道路红线，重新设置橱窗、此外还有电子广告屏、泛光照明、屋顶设置 LED 显示屏。室外绿化景观面积约 6 600 m^2。

3）机电工程

（1）强电系统。基于原大楼机电系统现状，本次室内和外立面装修，需对原有机电系统适应性进行更新设计；同时需对装修改造范围内小租户自行安装的机电系统进行预留量设计。对于商场外的机电设备老化、管线腐蚀严重的系统进行更新设计。商场内公共区域照明需满足中高档照度标准。其中，商场内公共走道照度标准为 250～300 lx、中庭为 400 lx、500 lx（举办活动时为 600～800 lx）；车库电梯厅（包括扶梯厅）为 250 lx；公共场所的楼梯间及前室为 50～75 lx、电梯厅（轿箱内部）为 150～200 lx、公共走道为 75 lx；公共场所的主入口及自动扶梯上下口为250～300 lx。

（2）弱电系统。根据现有规范要求，对所有弱电间进行更新改造，主要有综合管线、安防系统、公共广播系统（所有扬声器平时播放背景音乐和事务性广播，当发生火灾或突发事件时按消防要求强行切换到火灾应急广播）、消防报警系统（消防控制中心设在地下一层，各层设置消防接线端子箱，具有火灾报警和灭火联动功能）、BA 系统（在物业办公室设置控制中心，对大楼各类设备的运行、安全状况、能源使用状况及节能实现综合自动监测、控制与管理）。

（3）通风与空调系统。根据新的平面布局，设置送风、回风口。消防排烟系统并对塔楼（办公区）空调冷热源进行改造。

（4）给排水系统。包括卫生间和消防喷淋系统。

（5）机房系统。按规范要求，对现有的消控中心、信息机房等进行更新。

2. 施工内容

本工程为不停业施工项目，并且招标单位不提供施工人员的住宿及餐饮，由投标单位自行解决，所需费用包含在投标报价中。招标方提供两部电梯，方便施工材料的运输，但电梯的日常维护及开启管理费用需包含在投标报价中。施工内容包括外立面设计的所有内容、室内精装修工程的所有内容、机电设计的所有内容等。

2.4 管理策划

根据项目特点以及政府部门和业主对参建各方提出的管理职责要求，项目管理部制定了项目管理服务职责和主要内容。

2.4.1 前期管理

办理各类征询手续、工程设计和施工审批手续，取得施工许可证。

1. 前期证照办理

（1）负责项目立项、报建手续。

（2）负责办理建设工程规划许可证。

（3）负责办理开工前安全质量监督手续。

（4）负责办理施工许可证。

2. 配套工程申请

负责与配套工程单位的沟通、协调，按照要求办理相关手续。

2.4.2 管理流程

项目管理部根据计划、组织、控制、检查程序起草项目文件审核流程、工程管理流程，并参与了第一八佰伴整体装修项目参建单位文件审批流程和合同、财务审核流程以及工程管理流程专题会，确定了本工程的文件审核、审批管理流程、工程管理流程。经实际运行，此策划程序与第一八佰伴的管理运作模式基本相匹配。

1. 文件管理流程

文件管理流程如图 2-1 所示。

2. 合同审核流程

合同审核流程图如图 2-2 所示。

3. 付款流程

总承包单位月进度付款流程如图 2-3 所示，由甲方供货的付款流程如图 2-4 所示，其他方式如图 2-5—图 2-8 所示。

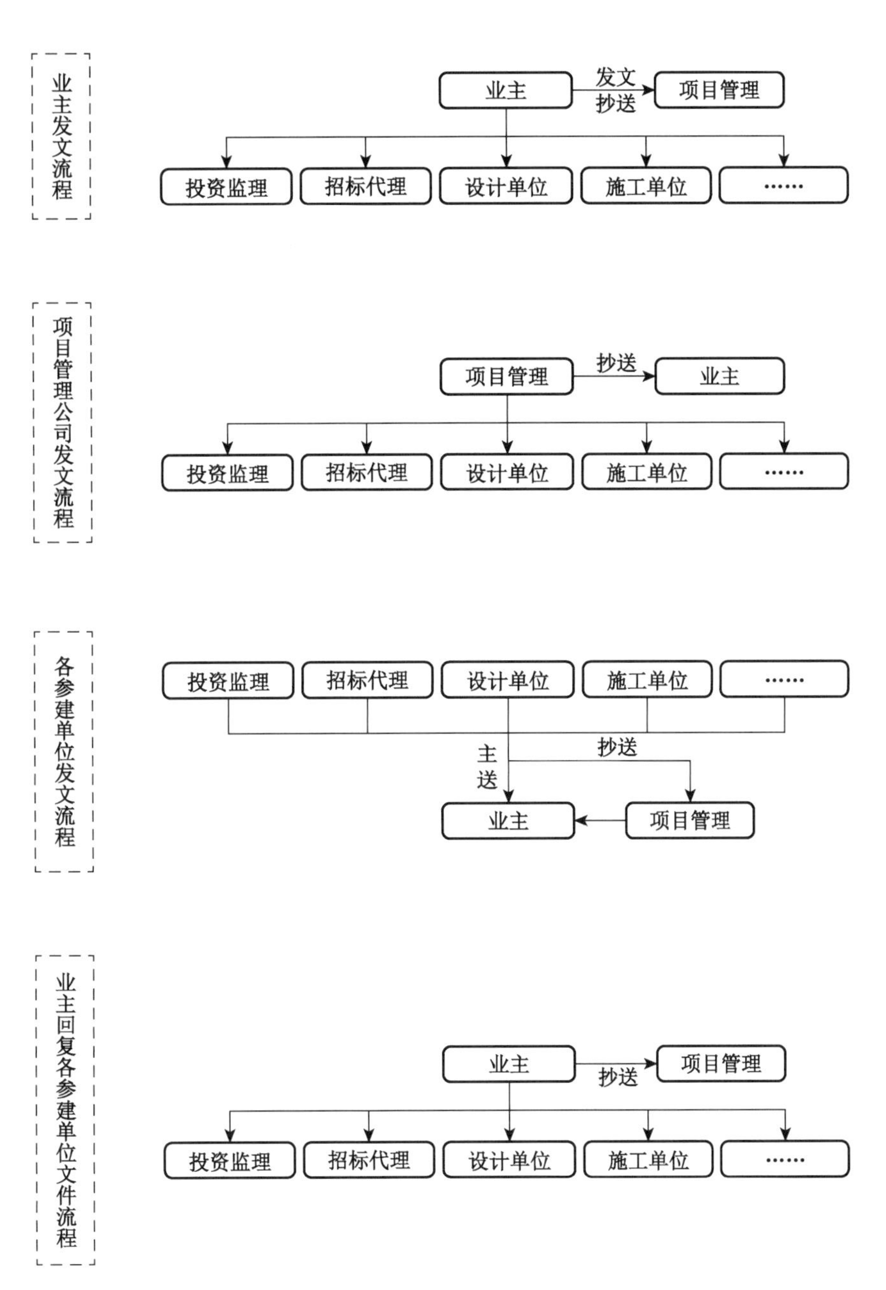
业主发文流程
业主
发文
抄送
项目管理
投资监理
招标代理
设计单位
施工单位
……
项目管理公司发文流程
项目管理
抄送
业主
投资监理
招标代理
设计单位
施工单位
……
各参建单位发文流程
投资监理
招标代理
设计单位
施工单位
……
主送
抄送
业主
项目管理
业主回复各参建单位文件流程
业主
抄送
项目管理
投资监理
招标代理
设计单位
施工单位
……

图 2-1 文件管理流程图

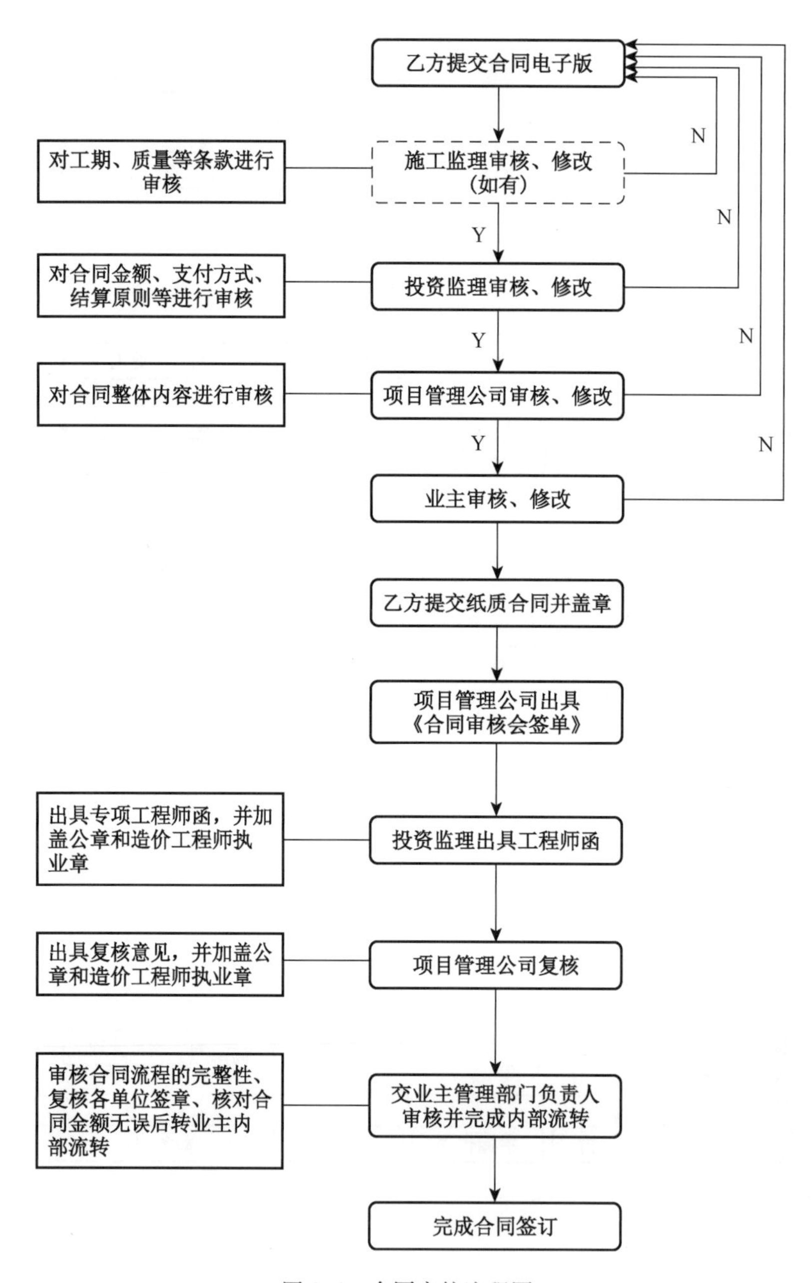

乙方提交合同电子版
对工期、质量等条款进行审核
施工监理审核、修改（如有）
N
Y
对合同金额、支付方式、结算原则等进行审核
投资监理审核、修改
N
Y
对合同整体内容进行审核
项目管理公司审核、修改
N
Y
业主审核、修改
N
乙方提交纸质合同并盖章
项目管理公司出具《合同审核会签单》
出具专项工程师函，并加盖公章和造价工程师执业章
投资监理出具工程师函
出具复核意见，并加盖公章和造价工程师执业章
项目管理公司复核
审核合同流程的完整性、复核各单位签章、核对合同金额无误后转业主内部流转
交业主管理部门负责人审核并完成内部流转
完成合同签订

图 2-2　合同审核流程图

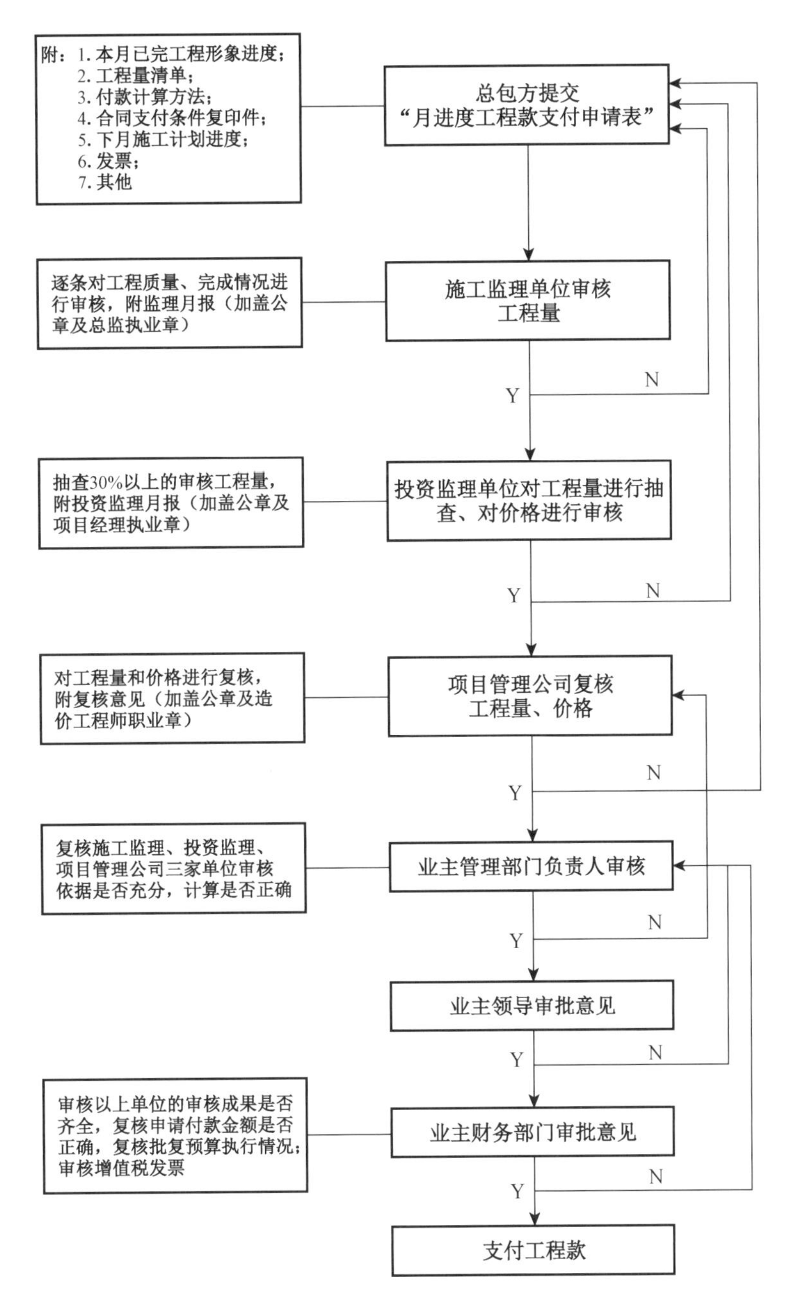
附：1. 本月已完工程形象进度；
2. 工程量清单；
3. 付款计算方法；
4. 合同支付条件复印件；
5. 下月施工计划进度；
6. 发票；
7. 其他
总包方提交
“月进度工程款支付申请表”
逐条对工程质量、完成情况进行审核，附监理月报（加盖公章及总监执业章）
施工监理单位审核
工程量
Y
N
抽查30%以上的审核工程量，附投资监理月报（加盖公章及项目经理执业章）
投资监理单位对工程量进行抽查、对价格进行审核
Y
N
对工程量和价格进行复核，附复核意见（加盖公章及造价工程师职业章）
项目管理公司复核
工程量、价格
Y
N
复核施工监理、投资监理、项目管理公司三家单位审核依据是否充分，计算是否正确
业主管理部门负责人审核
Y
N
业主领导审批意见
Y
N
审核以上单位的审核成果是否齐全，复核申请付款金额是否正确，复核批复预算执行情况；审核增值税发票
业主财务部门审批意见
Y
N
支付工程款

图 2-3　总承包单位月进度工程款支付流程

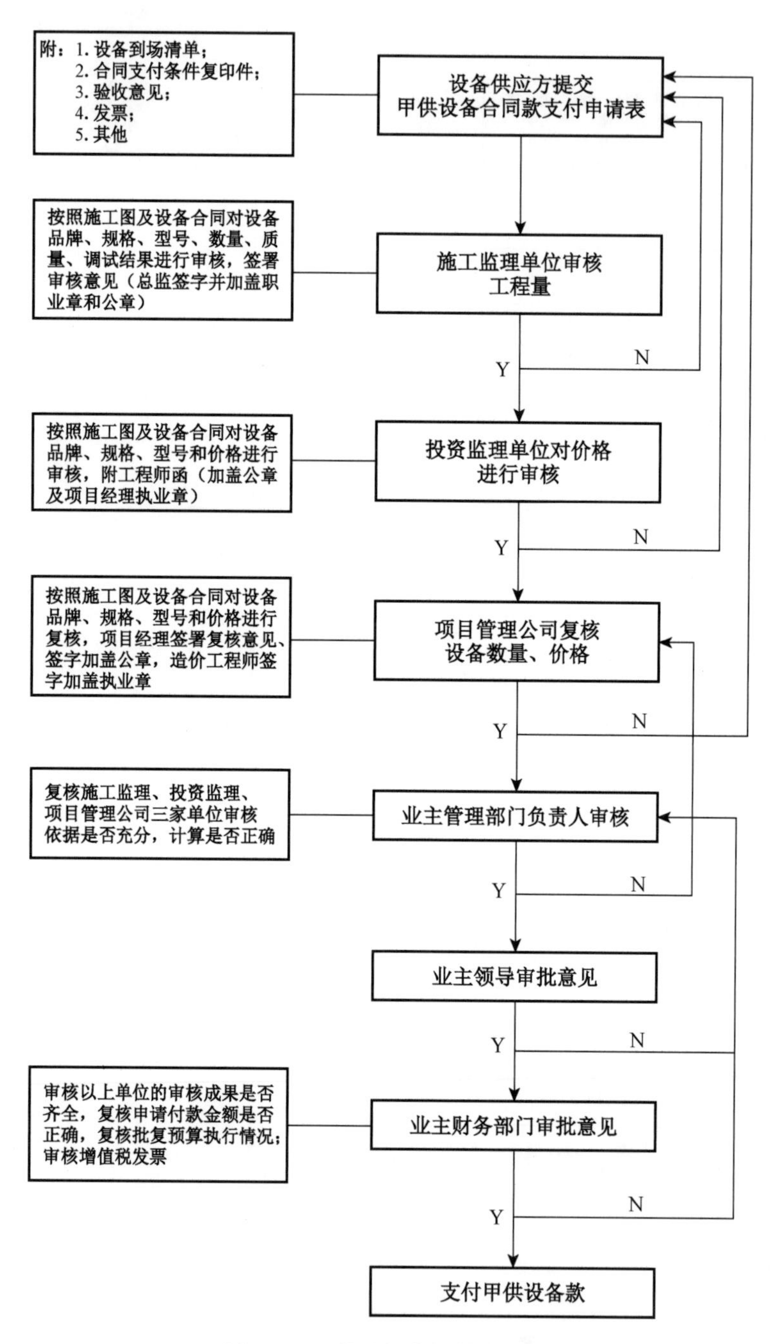

图 2-4　甲供设备合同付款流程

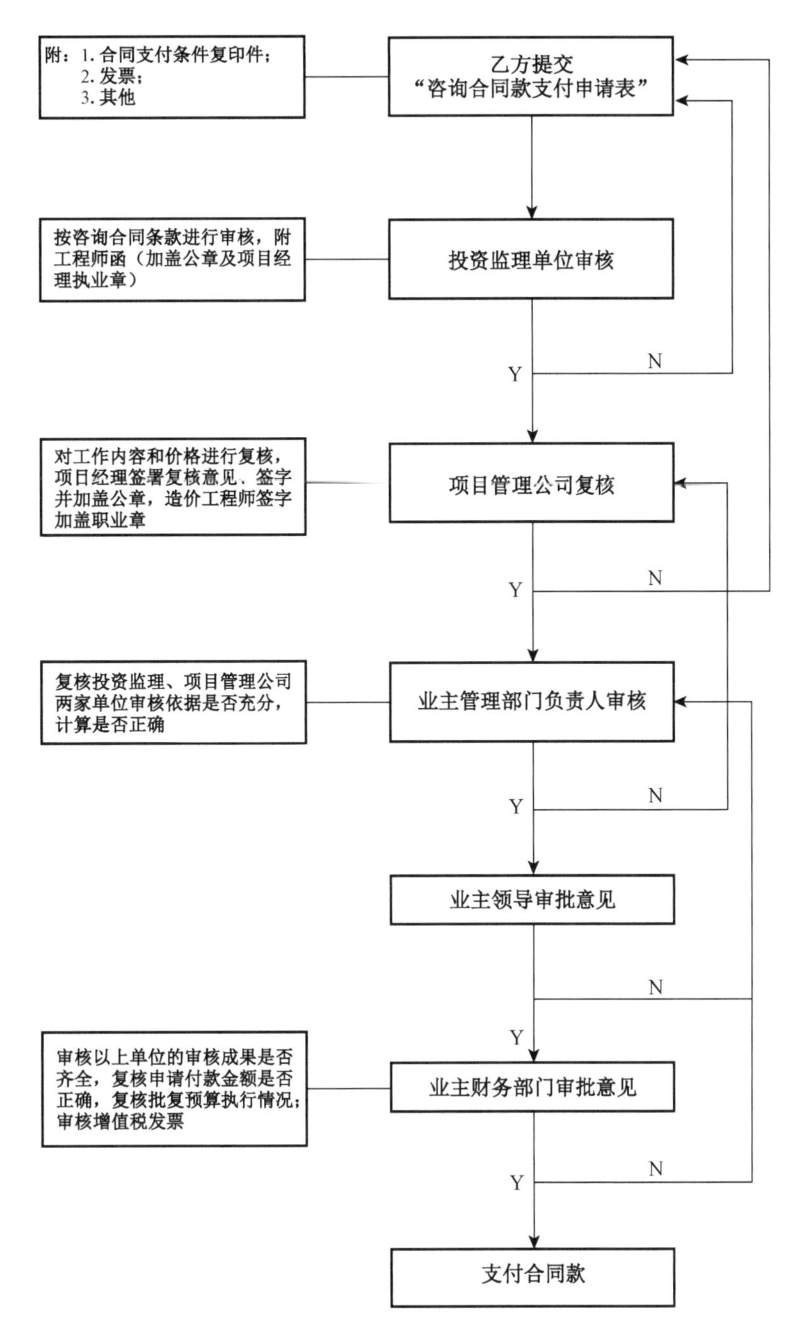

图 2-5　咨询合同支付流程

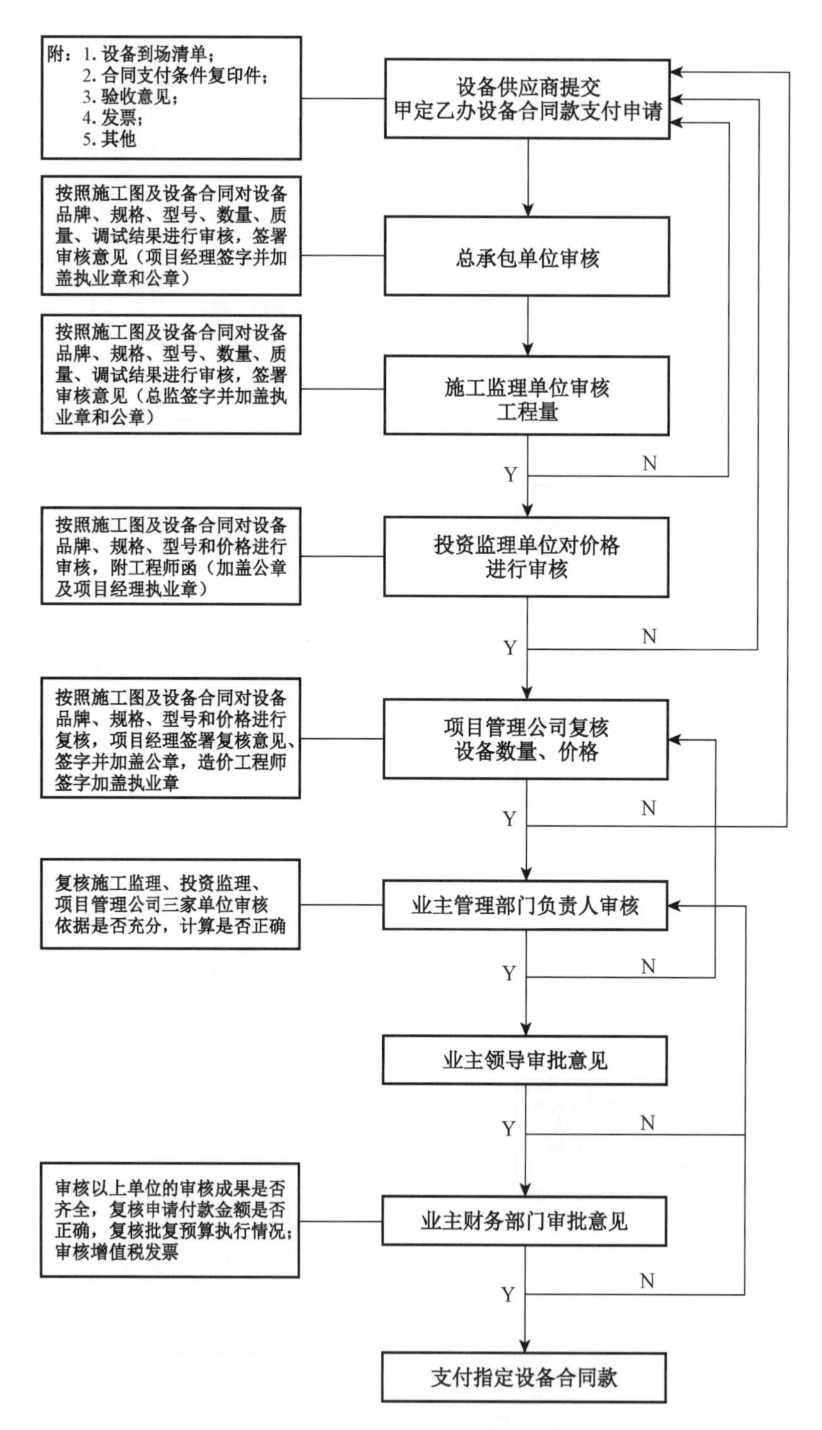

图 2-6　甲定乙办设备合同款支付流程

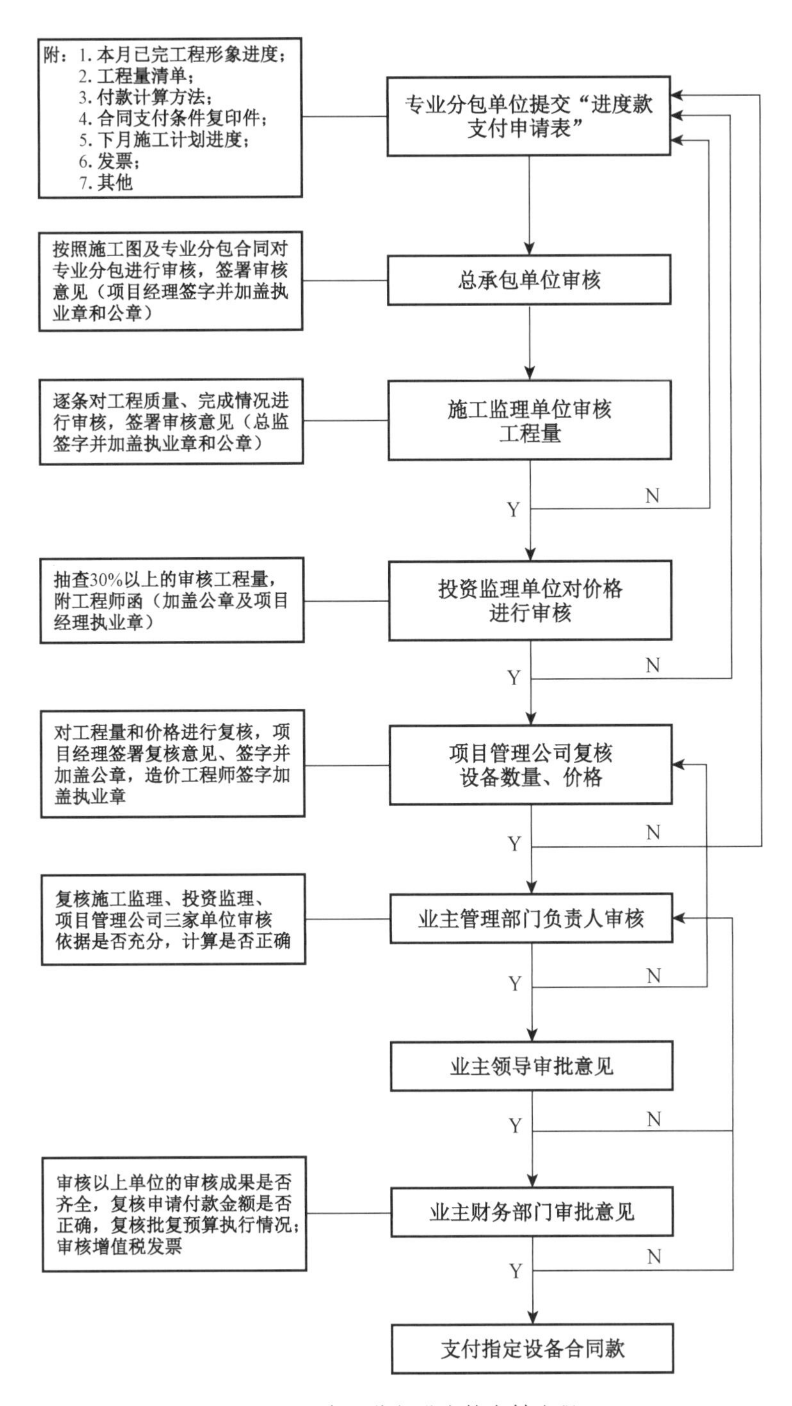
附：1. 本月已完工程形象进度；
2. 工程量清单；
3. 付款计算方法；
4. 合同支付条件复印件；
5. 下月施工计划进度；
6. 发票；
7. 其他
专业分包单位提交“进度款支付申请表”
按照施工图及专业分包合同对专业分包进行审核，签署审核意见（项目经理签字并加盖执业章和公章）
总承包单位审核
逐条对工程质量、完成情况进行审核，签署审核意见（总监签字并加盖执业章和公章）
施工监理单位审核工程量
Y
N
抽查30%以上的审核工程量，附工程师函（加盖公章及项目经理执业章）
投资监理单位对价格进行审核
Y
N
对工程量和价格进行复核，项目经理签署复核意见、签字并加盖公章，造价工程师签字加盖执业章
项目管理公司复核设备数量、价格
Y
N
复核施工监理、投资监理、项目管理公司三家单位审核依据是否充分，计算是否正确
业主管理部门负责人审核
Y
N
业主领导审批意见
Y
N
审核以上单位的审核成果是否齐全，复核申请付款金额是否正确，复核批复预算执行情况；审核增值税发票
业主财务部门审批意见
Y
N
支付指定设备合同款

图 2-7　专业分包进度款支付流程

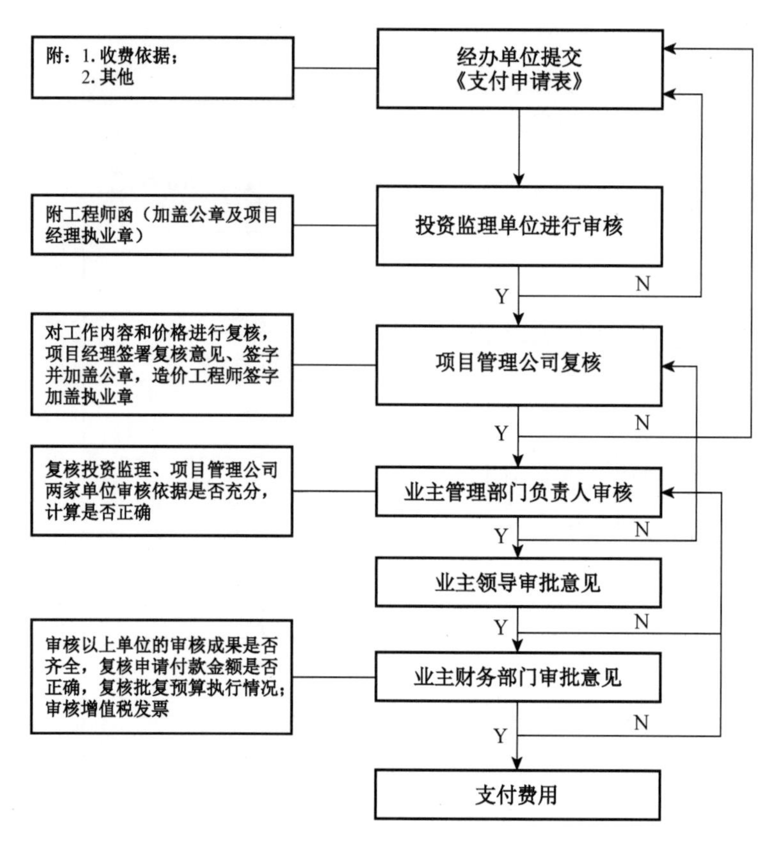

图 2-8　非合同款支付流程

4. 工程及设计变更计价工作程序

工程及设计变更计价工作程序如图 2-9、图 2-10 所示。

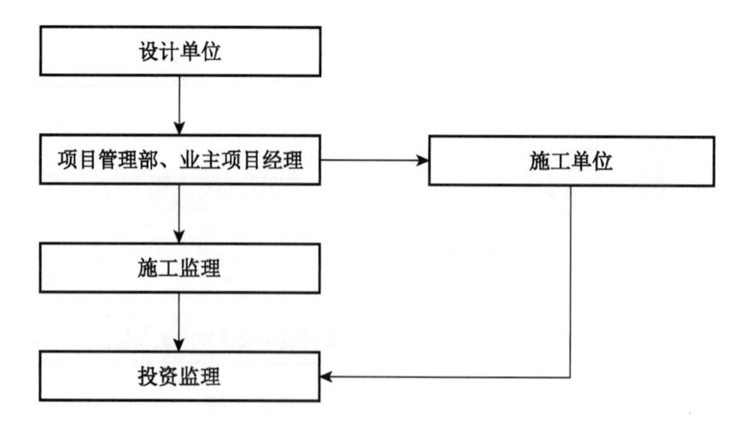

图 2-9　业主及设计单位提出工程及设计变更工作程序

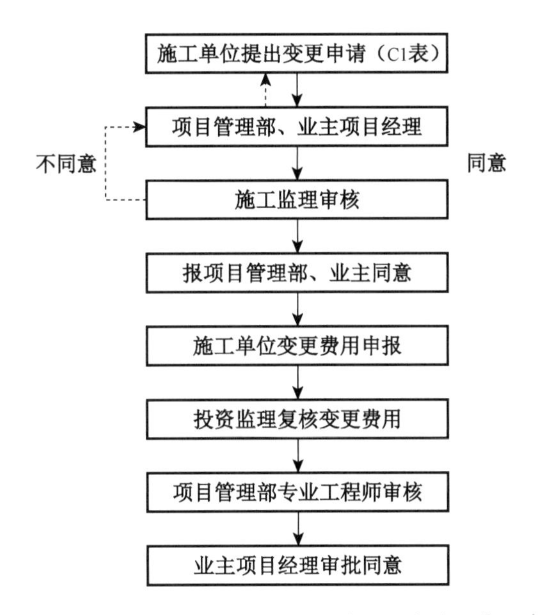

图 2-10　施工单位提出工程变更确认及索赔工作程序

5. 材料、设备选型确认单(表 2-9)

表 2-9　　材料、设备选型确认表

封样编号：________

提交单位	
材料、设备名称	
规格型号	
技术参数	
生产单位	
供应单位	
使用部位	
质保资料	
供货期	
价格	
设计单位意见	负责人签名：________ 日期：________
总包单位意见	负责人签名：________ 日期：________
工程监理单位意见	负责人签名：________ 日期：________
投资监理单位意见	负责人签名：________ 日期：________
项目管理公司意见	负责人签名：________ 日期：________
业主确认意见	负责人签名：________ 日期：________

6. 甲供设备交接、验收程序(表 2-10、表 2-11)

7. 资料管理策划

项目管理为项目全过程管理，经现场项目管理部全体人员共同努力，完成了各类资料的收集、整理、归档，主要工作有：

(1) 建立档案管理制度，设置专人进行档案资料收发管理。

(2) 按照文件形成的顺序和文件类别分别进行立卷和编号。

(3) 做好档案的移交和借阅登记。

表 2-10 甲供设备要料清单表

序号	设备名称	型号	数量	拟到货时间

表 2-11 甲供设备开箱验收单

设备名称	
规格型号	
数量	
使用部位	
生产单位	
供应单位	
文件资料	
供应单位意见	负责人签名:________ 日期:________
施工单位意见	负责人签名:________ 日期:________
工程监理单位意见	负责人签名:________ 日期:________
投资监理单位意见	负责人签名:________ 日期:________
项目管理公司意见	负责人签名:________ 日期:________
业主意见	负责人签名:________ 日期:________

(4) 合理制定各类信息的处理流程,保证各类信息可以及时、完整送达各类信息需求者。

(5) 及时备份、建档和妥善保管与工程建设有关的所有报告和文件,以备业主及有关部门随时查阅和调用。

(6) 建立工程统计台账、变更台账和结算台账,如实反映整个建设工程的进展情况。

(7) 建立周报、月报制度,向业主汇报周、月工程进展情况及下周、月代建管理工作计划和重点工作内容,以便业主对项目管理工作进行审核、指导。

(8) 负责工程及领导视察等大事记,各类例会、专题会等会议纪要及记录视频,各重大工程节点、现场工地施工照片视频采集等。

(9) 负责按照《上海市建设工程竣工档案编制及报送规定》和业主的要求整理档案资料,组织有关各方对工程档案进行收集和整理,配合专业单位对工程档案进行检查和验收,检查各方落实整改。协助甲方及专业单位办理有关移交验收手续。

2.4.3 会议及报告制度(表 2-12)

表 2-12 会议及报告制度

序号	制度名称	内 容
1	会议制度	1. 管理例会 管理例会为甲方与管理公司之间的定期会议。 会议内容:主要是对项目前期配套、设计、招标采购、投资控制、工程实施等各方面工作进行商议。总结上周工作落实情况,布置本周工作安排,对项目实施重点事项进行研究,拟定解决方案。 会议时间:每周召开一次。 会议组织:管理公司组织,管理公司及甲方人员参加。 2. 工程例会 工程例会为施工期间定期会议。 会议内容:主要协调施工期间的进度、质量、安全管理各项工作。总结上周施工情况,对未完成事项做出说明,落实补救措施,布置本周工作,协调施工中有关事项。 会议时间:会议每周一次。 会议组织:由监理单位总监主持召开,甲方、项目管理方、监理单位总监、质量、安全管理人员,施工单位的项目经理、总包技术负责人、安全员、质量员参加会议。 3. 专题会议 专题会议主要针对工程项目的各种经济、技术、外协、配套、申报、验收等问题进行专项研究,提出解决方案。会议不定期召开,由甲方或管理公司或监理单位或施工单位项目负责人召开并主持,相关单位有关人员参加

（续表）

序号	制度名称	内　　容
2	报告制度	1. 周报制度 周报内容：管理公司每周向甲方汇报本周工作，总结上周工作落实情况，计划下周工作安排，对重点事项进行说明。 2. 月报制度 月报内容：管理公司每月向甲方汇报本月工作，总结上月工作落实情况，计划下月工作安排，对重点事项进行说明。 3. 重大事件报告制度 项目上遇到突发重大事件，管理公司应第一时间立即向甲方进行汇报，汇报应以书面形式为主，如情况紧急，可以以其他形式先告知甲方，事后再以书面报告形式补发

2.4.4 现场实施管理

1. 施工准备

（1）组织进行环境调查工作，调查并分析现场情况。

（2）确保工程开工条件。

2. 进度管理

（1）根据甲方要求负责编制总进度计划、分阶段进度计划及分阶段验收计划。

（2）主持工程计划有关方面协调会议。

（3）审核设计施工承包商制订的经工程监理审核的施工总进度计划，年度、季度、月度施工计划，分阶段协调施工计划，并及时提出整改意见。

（4）每月向甲方提供单位工程计划完成报表、工程实际完成报表和建设动态。

（5）将甲方自行采购的设备、原材料（包括需用量、采购及供应时间、所需资金等）列入进度计划。

3. 质量管理

（1）检查设计施工承包商按甲方认可的进度计划出图，审核施工图的设计深度，确保达到行政部门报批和施工要求。

（2）检查设计施工承包商建立施工管理制度、施工安全措施和质量保证体系，如发现有不符合相关规定，组织监理单位对设计施工承包商进行整改，并检查监督整改落实情况。

（3）审查监理单位编制的建设监理实施规划、细则，检查监理单位按监理合同约定的工作内容开展工作；检查工程监理严格按现行规范、规程、强制性质量控制标准和设计要求对设计施工承包商加强管理，控制工程质量。

（4）审查设计施工承包商提交的经监理单位审核的施工组织计划、施工技术方案。

（5）审查经监理单位审核的项目建设工程使用的原材料、半成品、成品和设备的数量和质量。

(6) 参与分部分项工程和隐蔽工程的检查、验收。

(7) 审核监理单位提交的质量评估报告。

(8) 对工程施工质量进行检查和检测，发现问题及时组织整改，每月书面向甲方提供上月的工程质量报告，重大工程质量问题立即汇报并在 24 h 内向甲方提交专题报告。

(9) 对工程中发生的质量事故应组织相关单位及时查明事故的原因、责任，报甲方备案，同时组织事故处理方案的实施。

(10) 组织设计施工承包商在建设期和质量保修期内进行回访，对工程缺陷及时维修和弥补。

2.4.5 投资控制

(1) 协同投资监理单位审核设计施工承包商提交的设计概算及总包单位提交的施工图预算。

(2) 协同投资监理单位编制项目建设工程资金使用总计划和分阶段(年度、季度、月度)使用计划。

(3) 对设计施工承包商提出的进度款付款申请附件中资料的真实性、合规性进行审查并提出支付意见。

(4) 参与工程设计变更及施工变更的计量与计价的谈判，组织对工程量的计量和确认工作，提出计价原则的初步意见。

(5) 组织做好工程现场的签证工作。

(6) 组织对不同技术方案进行经济分析和比较，提出最优性价比的建议。

(7) 协助投资监理进行实际投资与计划投资的比较分析并提出投资控制的合理化建议。

(8) 组织与投资控制相关的其他咨询服务，并提出初步建议。

2.4.6 安全管理

(1) 遵守工程建设安全生产有关管理规定，严格要求设计施工承包商按安全标准组织施工并随时接受行业安全检查人员依法实施的监督检查，采取必要的安全防护措施，消除事故隐患。

(2) 检查监理单位按监理规范及上海市有关安全生产管理条例进行安全监理。

(3) 检查设计施工承包商安全施工措施的制定和落实。检查设计施工承包商加强安全培训教育，增强施工人员安全保护意识。

(4) 如有事故发生，应积极参加事故调查，检查监理、设计施工承包商采取措施保护事故现场，按安全事故责任管理办法等有关规定及时向有关部门上报。

2.4.7 文明管理

(1) 检查设计施工承包商保证施工场地及现场设施齐全，工地卫生清洁和内业资料完备。交工前清理现场应符合政府主管部门的有关规定，整个工程施工周期内均应达到行业文明工地的要求；

(2) 监理单位建立文明施工监督网络，与设计施工承包商签订文明施工责任书，检查文明施工落实情况。

2.4.8 竣工验收管理

(1) 在甲方授权下组织设计施工承包商、监理机构进行项目建设工程初验，检查工程实物质量和工程资料。

(2) 对初验中发现的问题组织拟定整改方案并报甲方审定，落实整改措施，整改复验合格报质监站申请备案。

(3) 组织单机设备调试和项目联动试运转。

(4) 负责组织设计施工承包商向使用单位进行培训。

(5) 在甲方授权下组织竣工验收并向甲方提供验收意见。

(6) 负责获得本工程竣工验收备案证书。

2.4.9 其他

1) 现场设计管理

(1) 检查设计施工承包商按照总进度计划安排设计进度；

(2) 负责做好设计交底前的准备工作，组织设计交底和图纸会审工作，提出优化建议；

(3) 检查设计施工承包商做好相关各专业的协调管理；

(4) 参与审批设计变更，对设计变更可能对工程造价、进度产生较大影响的，出具书面报告提请甲方确认；

(5) 对图纸管理制定收发和变更管理制度。

2) 招标管理

协助招标代理单位编制招标策划，并报甲方批准后负责检查落实。

3) 合同管理

(1) 协助甲方进行合同管理策划工作，做好合同预控。

(2) 协助甲方组织项目建设各项合同的谈判。

(3) 负责对本工程的合同进行归档管理，建立合同台账，及时与甲方核对付款信息；

(4) 监督合同执行情况，分析合同非正常执行原因，避免承包商和第三人索赔，并处理索赔事宜。

4) 信息管理

(1) 建立档案管理制度，设置专人进行档案资料收发管理。

(2) 按照文件形成的顺序和文件类别分别进行立卷和编号。

(3) 做好档案的移交和借阅登记。

(4) 合理制定各类信息的处理流程，保证各类信息可以及时、完整并经过处理的送达各类信息需求者。

(5) 及时备份、建档和妥善保管与工程建设有关的所有报告和文件,以备甲方及有关部门随时查阅和调用。

(6) 建立工程统计台账、变更台账和结算台账,如实反映整个建设工程的进展情况。

(7) 建立周报、月报制度,向甲方汇报周、月工程进展情况及下周、月代建管理工作计划和重点工作内容,以便甲方对项目管理工作进行审核、指导。

(8) 做好各项工作的工作流程,经甲方同意后实施。

(9) 负责工程及领导视察等大事记,各类例会、专题会等会议纪要及记录视频,各重大工程节点、现场工地施工照片视频采集等。

(10) 负责按照《上海市建设工程竣工档案编制及报送规定》和甲方的要求整理档案资料,组织有关各方对工程档案进行收集和整理,配合专业单位对工程档案进行检查和验收,检查各方落实整改。协助甲方及专业单位办理有关移交验收手续。

5) 竣工结算、决算和审计配合

(1) 协助投资管理单位审核按合同执行的工程造价、合同外新增工程造价、工程变更费用。协助审核工程竣工结算,向甲方提供工程结算建议。

(2) 配合竣工决算工作。

(3) 配合审计工作。

2.5 经验教训及建议

(1) 项目管理公司多次参加了由百联股份公司组织召开的室内装饰设计方案评审会,经过多次评审,全面考量招标采购部功能定位需求,并结合第一八佰伴商厦文化的内涵,最终确定了二楼中庭"生命之树"装修方案。此设计风格基本体现了历史文化新风貌,现场效果也得到社会民众的认可。但室内装饰设计的局部末端照明灯具位置还存在与天花造型不对称的问题,没有在施工中给予及时调整,留下了遗憾。

(2) 本工程在设定投资概算时仍存在没有考虑到的内容,在实际施工过程中要求施工方消化的部分较多。

(3) 由于招商后的装修要求与原装修设计内容不同,此部分工作量也较大,建议招商应在方案阶段介入项目并参与进来,这样会减少重大变更。

(4) 外立面方案阶段与实施阶段的内容有少部分调整,所以对外立面部分的报价作了较大调整,这对承包商不利,所以业主方的方案固定对投资控制起到关键作用,必须尽早论证。

(5) 机电排查在本工程中因多种原因,排查深度仍不够,影响了部分方案设计的深度和准确性,对概算控制目标的确定有一定的影响。

(6) 由于本次装修内容中调整了餐饮面积比例,较原有面积有增加,为此在项目装修工程完成前需要完成环评和卫生评价工作,因种种原因此项工作较原计划滞后,所以对后期交付增加了协调工作量。虽经项目管理公司的努力未造成影响,但在今后的工作中应引起重视,必须坚持按规范办事。

3 项目设计篇

3.1 机电安装设计

第一八佰伴改造项目机电系统的设计工作，是 EPC 模式中关键的一环。从业主的实际需求出发，结合当今机电系统设计的趋势，把功能性、稳定性、经济性作为出发点，结合绿色环保、节能高效的设计理念，对原有机电系统进行优化改造设计，使之较改造前有了质的飞跃。

1. 暖通系统

根据使用要求重新进行空调冷热源设计，满足一层商场和办公塔楼的冬季采暖需求，提升舒适度技能运行；优化冷冻水泵、冷却塔等设备选型，减少运行能耗；空调风系统平衡设计、过渡季全新风节能运行设计等，便于运维阶段的节能管理。

2. 电气系统

消防类负荷的配电关系到人身安全，设计履行了现行规范更正系统为双电源；另外，旧有系统配电容量已框定，新增设备和业态调整导致增加的用电负荷必须经过设计的科学合理配置，错峰运行，缓解变电站的浮点。

3. 给排水及消防系统

根据建筑防火分区变动，调整消防喷淋及消火栓系统，满足消防规范需求；根据业态调整，预留小租户给排水点位，满足招商要求。

4. 弱电系统

将弱电系统架构完成由总线制到网络协议的转换，从而具备灵活、高效、易扩展的特点。

3.1.1 方案设计

1. 暖通系统

1）设计依据

上海第一八佰伴运行二十余年，相关设计、施工规范已经进行了版本的更新，尤其是消防相关系统，施工图设计将防烟、排烟系统按现行国家标准《建筑设计防火规范》(GB 50016—2014)和上海市《建筑防排烟技术规程》(DGJ 08—88)(2006 年版)及当地消防局的规定重新计算、校核设计。

此次改造工程更换老旧设备冷冻机组、冷却塔、水泵、空调箱风机等，方案设计按照国家现行规范进行设备选型，如冷冻机组、水泵、风机等设备按照《公共建筑节能设计标准》(GB 50189—2015)相关要求进行选型。

2）设计内容

本次升级改造防火分区和建筑功能分隔有较大的变化，如图是以二层为例新旧防火分区的对比，方案设计按照新的划分重新设计防排烟系统。而空调风管占用空间大，在吊顶内如果穿越防火卷帘则需降低较多的标高且增加防火封堵的工作量，因此空调风系统也按照新的防火分区和建筑功能分隔重新设计，使得满足新功能的情况下避免穿越防火分区(图 3-1、图 3-2)。

3) 冷热源改造设计

(1) 冷热源原有情况概述。空调采暖通风系统于 1995 年底正式启用，至今运行已超过二十年，后期经过数次系统改造。本工程集中空调冷源设置于地下二层，采用 5 台单台制冷量为 1 000 RT 和 1 台制冷量为 700 RT 的离心式冷水机组，总装机容量为 5 700 RT。冷却塔选用 10 台单台容量为 700 RT，流量 422 m^3/h，放置于裙房 11 层屋顶。空调制冷系统满足大厦制冷需求，但设备老化，管路锈蚀，需对老旧设备进行更换，并进行系统的优化和改造设计(表 3-1)。

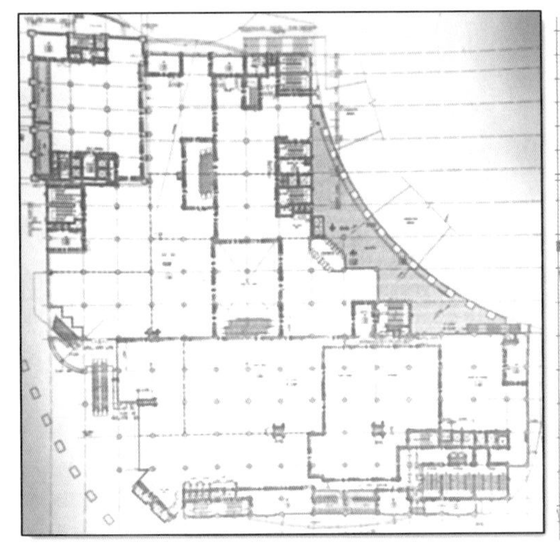

图 3-1　1995 年二层防火分区蓝图

图 3-2　2016 年二层新防火分区图

表 3-1　新旧系统空调冷热源情况对比

序号	项目	旧系统冷热源	改造设计冷热源	说明
1	商场空调冷源	离心式冷水机组： 1000RT 型 5 台 COP 值 4.63 700RT 型 1 台 COP 值 4.92	离心式冷水机组： 1000RT 型 5 台 COP 值 5.9(国标工况) 700RT 型 1 台 COP 值 5.9(国标工况)	按照《公共建筑节能设计标准》选型，制冷性能系数 COP 提高，运行费用大幅节省
2	一层商场采暖热源	无	风冷热泵：(2 台) 制热量 650 kW×2	提升购物体验和员工舒适度
3	办公塔楼采暖热源	与商场共用冷源	风冷热泵：(2 台) 制冷量 1 166 kW×2 制热量 1 155 kW×2	办公塔楼独立的空调冷热源，便于运维和物业管理。大幅节省运行费用
4	办公塔楼采暖热源	电制热		
5	冷却塔	10 台圆形逆流冷却塔，流量 422 m^3/h	10 台方形横流冷却塔，流量 422 m^3/h	大幅减少布置安装空间，富余面积用来放置两组风冷热泵

项目原始设计采暖热源为城市集中蒸汽系统，现已不再使用，商场营业区无采暖热源，个别其他功能区根据需求在往年改造中设置分散热源，采用风冷热泵或VRV系统，相关设备放置于十一层裙房屋顶。商场一层的冬季比较冷，顾客的消费体验和工作人员的舒适度不佳。办公楼采用电采暖，运行能耗高。

(2) 冷热源改造设计。如表3-1所示为新旧系统空调冷热源情况对比。

2. 电气系统

1) 旧有系统概述

工程由电业部门提供2组(共4路)10 kV独立市政电源进线，采用单母线分段接线方式，中间不联络开关。10 kV用户变配电所设置于地下二层。十一层裙房屋面设有0.4 kV柴油发电机1台，预留机组容量为1 000 kVA，若市电中断，备用发电机投入接至应急供电系统，供应消防设备用电。

低压配电系统采用放射式与树干式相结合的方式经强电竖井及配电间，分别送至各用电点。负荷集中或重要的用电设备如大型空调机组、水泵房、电梯等低压配电线路采用放射式供电；照明、空调垂直干线采用树干式供电。

低压配电间A站设置于地下二层，B站、C站位于地上十一层裙房屋面，D站位于十层。

原系统中消防设施的供电未采用双电源形式。

商场一至八层每层旧有状态分为A1，A2，B，C，D五个防火区，各区照明及租户负荷估算及变压器配置如表3-2所示。

表3-2　各区照明及租户负荷估算及变压器配置表

序号	区域		每层一级箱总开关容量/A	箱体总数/个	0.4 kV变压器	母线规格	出线回路干线总容量估算/kVA
1	A1区	一至二十一层	100	21	TR-A-4 2 000 kVA	1 600 A	800
2	A2区	一至十层	200	10	TR-A-5 1 250 kVA	1 600 A	800
3	B区	一至十层	200	10	TR-B-2 1 250 kVA	1 600 A	800
4	C区	一至十层	200	10	TR-C-2 1 250 kVA	1 600 A	800
5	D区	一至十层	200	10	TR-D-2 1 250 kVA	1 600 A	800

2) 设计要求

(1) 负荷等级及配电要求。根据国家有关规定，工程消防设备、应急照明、地下污水泵、客梯、电子信息机房及安保系统、变频调速生活给水泵、大型超市商业管理用计算机系统等负荷属一级负荷；大型商场自动扶梯、生活水泵等为二级负荷；其他负荷均为三级负荷。

以上对于消防控制中心、消防泵、喷淋泵、消防电梯及客梯、加压送风及防排烟风机、应急和疏散照明等消防设施以及自动扶梯这类重要普通负荷采用低压配电系统双电源送至各用电点进行末端自动切换，以保证供电的可靠性。

(2) 应急电源。应急电源包括应急发电机组、不停电电源装置和直流电源装置、EPS 电源装置。

不间断电源 UPS：为建筑内火灾报警系统，楼宇自动管理系统，安保系统，计算机系统，紧急广播系统等提供保障。

直流电源装置：向变配电设备、发电机设备提供操作，仪表等提供电源。

EPS 电源装置：集中商业、地下商业、地下车库，应急照明灯具均采用集中式 EPS 供电，连续供电时间为 90 分钟。

应急发电机组：为商业消防负荷提供备用供电电源。

(3) 电缆、导线的选择。项目改造范围内的线缆均采用无卤低烟阻燃型。至消防类泵房的配电线路采用金属护套无机矿物绝缘电缆。

3) 改造方案

本次改造将一至六层及八层调整为三个防火分区，七层修改为 4 个防火分区。强电间位置及格局不做变更的前提下，结合新防火分区对照明和租户类负荷尽可能均匀分配。同时新增以下几个系统：

(1) 电气火灾监控系统。为防止各级低压配电设备的漏电电流引起电气火灾，根据民用建筑电气设计规范(JGJT 16—2008)规定，本装修项目设置电气火灾系统。

每个区域的照明总箱、电力总箱、双电源切换箱等总断路器均设漏电电流、过电流等信号的检测装置。

(2) 消防电源监控系统。根据火灾自动报警系统设计规范(GB 50116—2013)规定，本次改造设有消防联动报警系统。消防设备电源状态监控器设置在消防控制室，接收并显示其监控的所有消防设备的主电源和备用电源的实时工作状态信息，由值班人员对报警信号进行集中处理。

(3) 变配电所电能管理系统。本工程设置漏电火灾报警系统，准确监控电气线路的故障和异常状态，及时发现电气火灾的隐患。在中央监控室设置报警系统集中控制器，在变压器低压侧出线处及区域级配电箱处设置报警探测器。

(4) 浪涌保护。本建筑电子信息系统的雷电防护等级为 A 级，防雷击电磁脉冲措施采用二/三级浪涌过电压保护器。消防控制中心、电梯机房、计算机系统、电话系统、弱电系统及重要机房在各自的配电系统中设置浪涌保护器。进出建筑物的通讯/信号线设置信号浪涌保护器。

3. 给排水、消防系统

原第一八佰伴消防喷淋系统为稳高压供水系统。稳压装置设在地下二层消防泵房内。喷淋用水由设在地下二层的喷淋泵组供给，喷淋泵取水自室外消防管网。大楼一至八层每层仅设一套湿式报警阀组及一套水流指示器。消火栓系统为临时高压供水系统。二十一层屋顶设置高位水箱，稳压装置设在地下二层消防泵房内。消火栓用水由消火栓泵组供给，消火栓泵取水自市政总管。消防泵房位于地下二层。保护区域内任何点位由一股消防水柱保护。

原有喷淋系统每层仅设置一路主管及信号阀组，没有按照现在的防火分区进行分区设置，故在此次改造过程中，将原有的每层一路喷淋主管，改为按照防火分区每层设置 3～4 路喷淋主管级信号阀组。原喷淋系统每层设置一套湿式报警阀，负责控制当层的喷淋系统。但由于每层的喷淋点位有 1 200 个左右，已经超出了当前规范要求的每一个湿式报警阀组控制的喷头不超过 800 个的要求。故在本次改造中，每层增加了 1 套湿式报警阀组，以保证每个报警阀组控制的喷淋喷头数量不超过 800 个（图 3-3、图 3-4）。

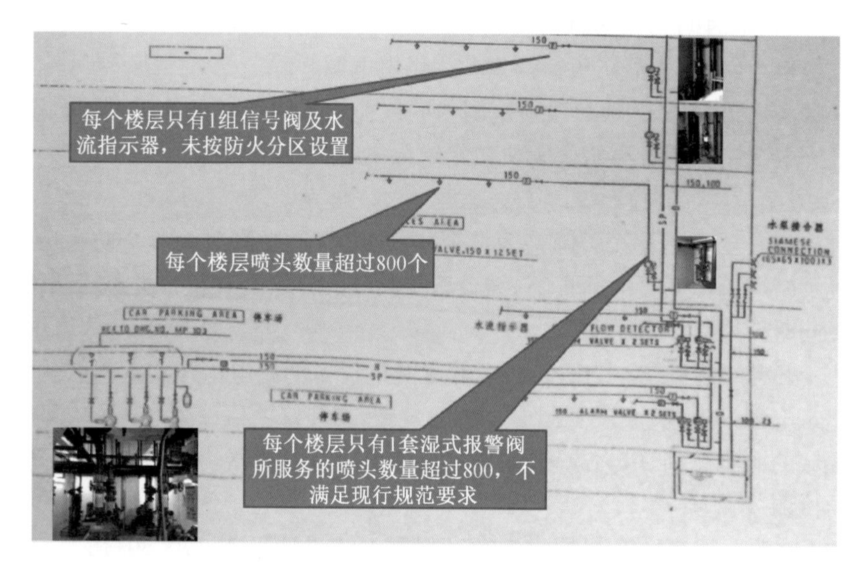

图 3-3　改造前喷淋系统

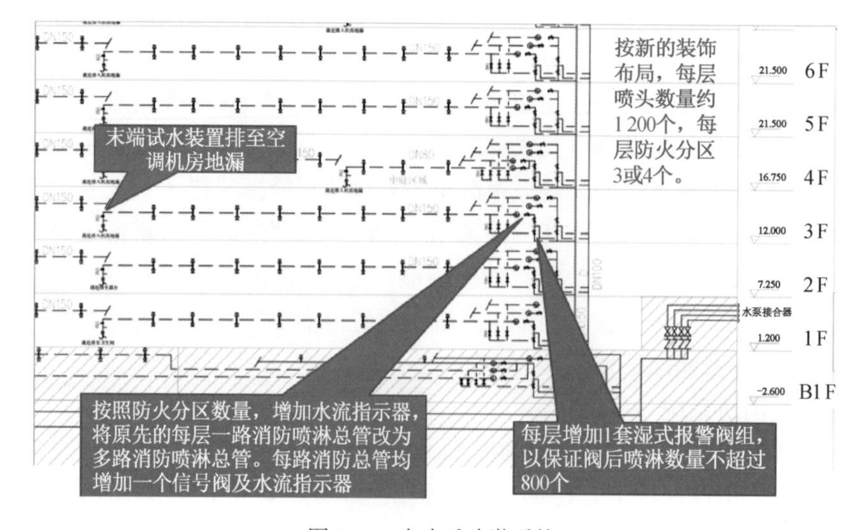

图 3-4　改造后喷淋系统

原大楼每层均设置 10 个消火栓箱，负责保护本层所有区域。经分析 10 个消火栓箱只能保证本层所有区域由一股消防水柱保护。按照消防设计规范，室内消火栓的布置应满足同一平面有 2 支消防水枪的 2 股充实水柱同时到达任何部位的要求。此次改造按新的装饰格局，每层均移动个别消火栓箱，并增加了一定数量的新消火栓箱。以满足 2 支消防水枪的 2 股充实水柱保护室内任何位置的要求。但又由于消火栓管网需要布置成环状，故此次改造从原消火栓立管开出支管并局部成环管，供新增的消火栓箱接管(图 3-5—图 3-7)。

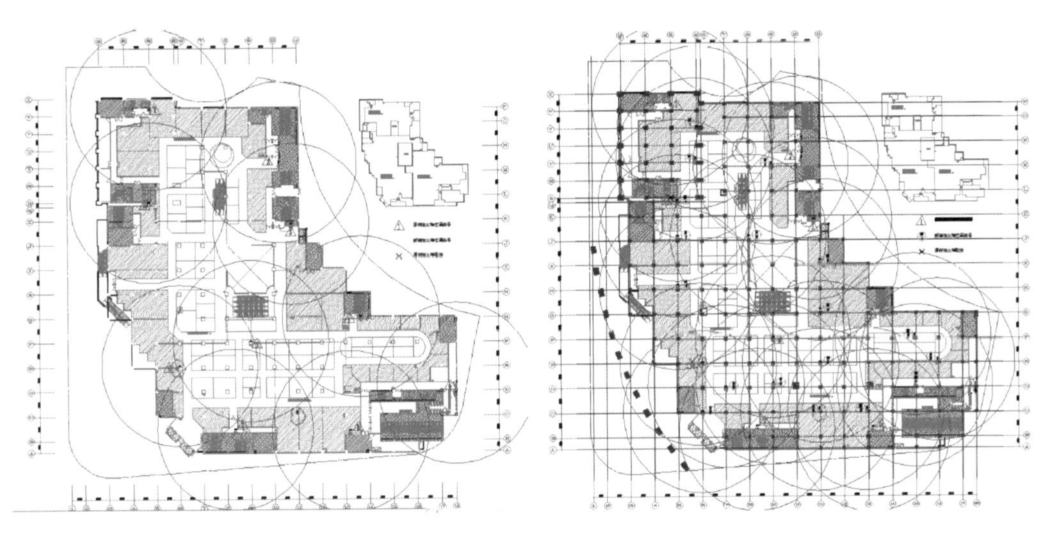

图 3-5　改造前消火栓保护范围

图 3-6　改造后消火栓保护范围

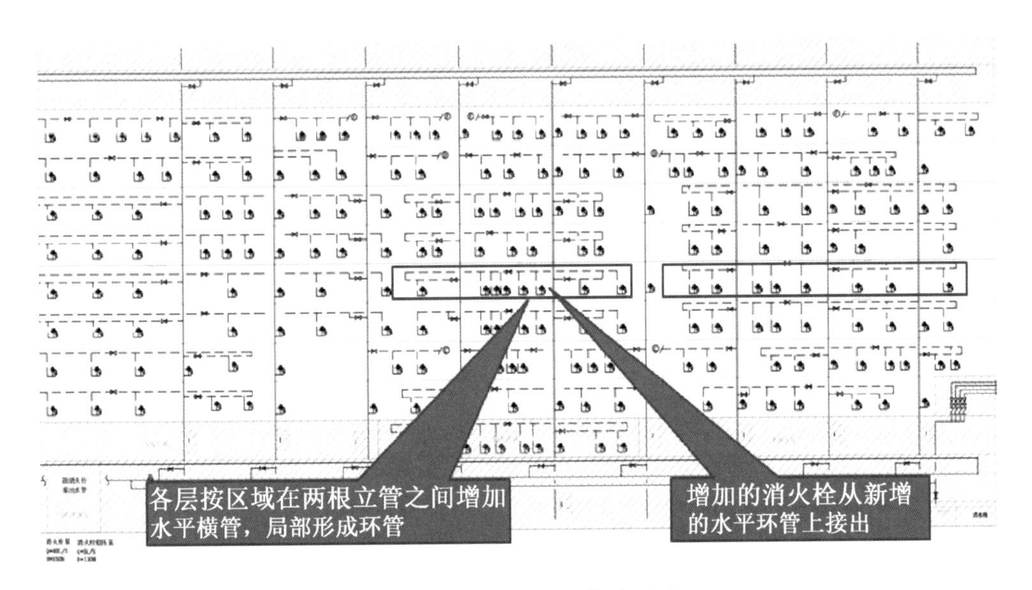

图 3-7　新增消火栓水平环网

4. 弱电系统

1）综合布线系统

大楼原有综合布线系统已经比较陈旧,其网络系统均以光纤形式进入原强电电气井道,分布较为杂乱。

在新系统中,内网进线及 4 套内网核心交换机位于 6 层电算室,外网进线及外网交换机位于六层通信机房,且物理隔离。原有接入交换机及核心交换机为电口传输,必然不能满足新千兆光纤架构的需求。需要更换千兆光口交换机设备。5 套核心网络设备需按需配置(图 3-8、图 3-9)。

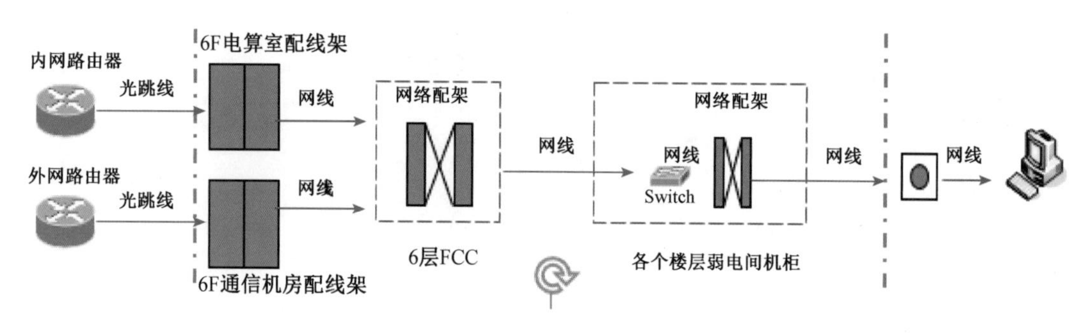

图 3-8　原网络构架图

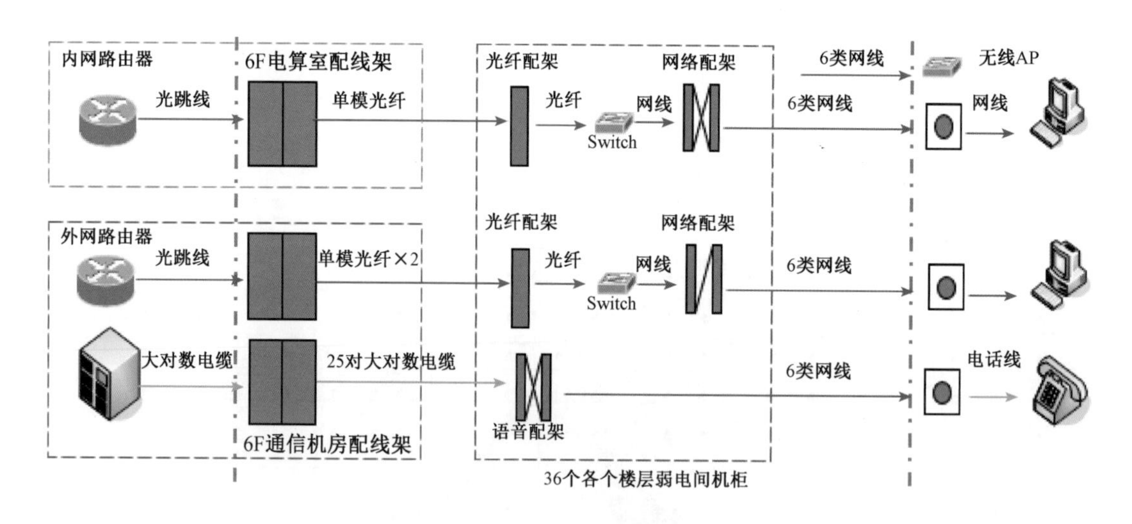

图 3-9　新网络构架图

2）楼宇自动化系统(BA 系统)

楼宇自动化系统改造方案原则上维持原有 BA 系统的控制功能,故原则上按照原有点位更新设备,更新布线。原系统是西门子系统,考虑新老系统能够更好地兼容,采用西门子最新的 APOGEE 系统替代旧系统,新系统由原系统的总线制改为基于 TCP/IP 的网络架构，新系统具有简单、稳定、灵活、易扩容等优势。

3）机房工程

原弱电间与强电间混合使用，线路混乱；信息机房设备陈旧，内部线缆交错；消控中心需要变更地址，通信机房同样是内部设备，线缆交错复杂，装修破旧。根据业主需求及实际设计需求，机房的设置为：

(1) 各层：弱电间 3 个(30 个共 300 m^2)。

(2) 地下一层：消控中心机房(120 m^2)。

(3) 六层：通信机房(42 m^2)。

(4) 弱电间的装饰标准如下：

① 一至十层，每层楼面在空调机房内用砌块隔出一个弱电间，木质门；

② 弱电间内敷设静电地板；

③ 设置接地系统；

④ 做配电照明系统。

(5) 信息机房装修要求：

① 隔断不换，因广播系统现改为网络广播，功放放在弱电间内，所以原来放置功放机柜的位置用隔断隔开；

② 墙面做粉刷；

③ 原电话的 110 配架，均安装在墙上，现考虑安装在机柜内，需与电信协调；

④ 电话系统的新老设备切换，与电信商量。

(6) 消防控制中心改造要求：

① 消控中心机房设置独立 UPS 电源 60 kVA；

② 网络机房设置独立 UPS 电源 20 kVA；

③ 与市电电源严格分开，后备时间分别达到 1 小时；

④ 机房配电及机柜容量均有冗余，满足未来扩容需求；

⑤ 每层设置 3 个弱电井，满足工作区设备需要；

⑥ 为满足弱电系统对线缆长度的要求，需要在每层风机房内设置 3 个弱电井。

4）视频安防监控系统

本工程视频安防监控系统采用的是纯网络模式，前端全部采用网络摄像机，信号通过局域网传输，中心存储则采用 NVR 网络直存方式。安保机房设置在地下一层的消控中心内，内部包含了存储子系统、管理控制子系统和集成联动等部分，是整个监控系统的核心，是软件平台的核心(图 3-10)。系统摄像机设置原则如下：

(1) 摄像机安装应牢固，且应固定焦距和方向，并减少或避免图像出现逆光。

(2) 摄像机工作时，监视范围内的平均照度宜不小于 200 lx。

(3) 对外出入口的摄像机应该一致监控出建筑物的人或物，即一致朝内照。其余出入口的只要监控朝向一致即可。

(4) 出入口安装的摄像机:

① 不应有盲区;

② 通过显示屏 24 小时内均能清楚地显示出入人员面部特征、机动车牌号;

③ 出入人员面部的有效画面宜不小于显示画面的 1/60。

(5) 电梯轿厢内的摄像机应安装在电梯箱门前上方的一侧,且应配置电梯楼层信号叠加器。

(6) 收银区、收银柜台、贵重商品柜台安装的摄像机,通过显示屏应能清楚地显示顾客的面部特征及收费操作的全过程。

(7) 室外摄像机应采取防雷保护措施。

图 3-10　模拟系统监控和数字系统监控对比图

5) 防盗报警系统

防盗报警系统由控制主机和各种类型的前端探测器组成,其中前端探测器是安装在重要部位的入侵探测器等设备。

本工程的防盗报警系统主要在各楼层的收银台、残疾人卫生间等处设置求助按钮,在低压室、冷冻机房、一层各出入口处设置入侵探测设备,通过报警控制主机进行集中管理和操作控制,如布、撤防等,可以配合监控系统联动使用,构成立体的安全防护体系,达到很高的安防水平。

系统构成有前端部分和中心部分：

(1) 前端部分。前端设备主要是微波被动红外复合探测器，安装时注意角度和距离，减少误报。

当有人入侵重要场所时，探测器发出报警信号，在收银台、残疾人卫生间处设置紧急按钮，当人们遇到紧急情况时通过报警按钮及时发出报警信号，报警信号可传输至安保管理中心。管理中心的保安人员通过电子地图，可以迅速确定非法入侵的具体位置，并采取进一步的措施。

(2) 中心部分。主要完成对报警信号的接收、显示、联动及接收后的处理。

① 报警信号的接收。报警主机与报警工作站(即客户端电脑)相连，可打印输出报警信息，每只探测器分别占用主机的一个防区，通过控制软件可绘制电子地图，当警情发生时，电子地图将提示出发生警情区域的防区。中心管理员可通过键盘完成对前端报警系统的状态控制。

② 报警显示。为能更直观地提示保安人员报警的防区，警号用于提醒保安人员的注意。

③ 报警信号的处理。中心接收到报警信号，通知临近报警区域的保安立刻赶往现场处理。中心保安人员在现场处理完毕后，恢复各设备的报警状态。

④ 供电设计。前端设备采用中心集中供电方式(单独回路)，中心配置 UPS 电源，从 UPS 电源流出来的交流电经报警系统供电设备降压、整流、滤波后提供给前端探测器，系统采用总线制方式，因此，从中心只需一路电源即可为前端探头提供所需电源。

6) 门禁系统(图 3-11)

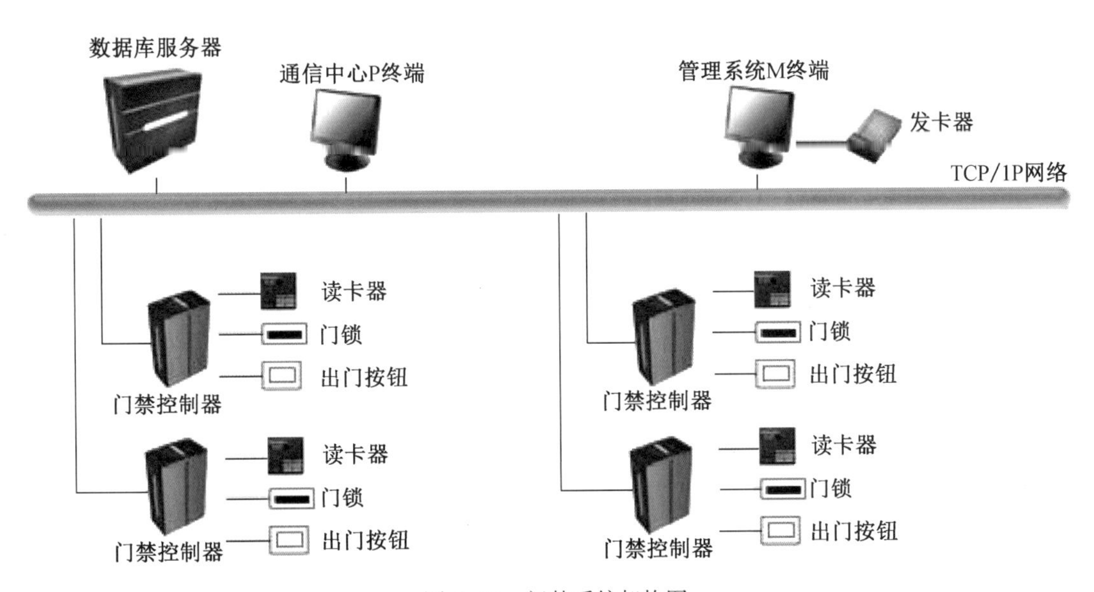

图 3-11 门禁系统架构图

在第一八佰伴各楼层的机房、办公室、高低压间处安装门禁，可以有效地阻止顾客及外来闲杂人员进入办公区域及重要机房。

在一层至十层的各楼梯间出入口只设置门锁和开门按钮，以此保证顾客只能通过扶梯、电梯进入相应楼层，商场内部人员要进入楼梯间可通过呼叫管理中心控制室的安保人员，管理平台上操作开门。

为了便于商场内部人员可每个月对楼梯间进行一次巡查，故在地下一层的楼梯间出入口设置的门锁＋读卡器＋开门按钮的方式。有一个楼梯间应业主要求不设置点位。

通过门禁系统可便于商场的管理，很好地控制人员进出，并且后期可以查询各类进出记录，做到有据可循，确保商场安全运作。门禁系统可以方便灵活地安排任何人对各个门的权限和开门时间，只需携带一张卡，无须佩戴大量沉甸甸的钥匙，而且安全性要比钥匙更让人放心。

增强型门禁网络结构，控制器采用 TCP/IP 方式直接进行联网控制，与传统的 RS485 方式采用半双工、轮询方式相比，TCP/IP 方式采用全双工模式，数据实时主动上传至管理软件，具备更高的处理性能，提升系统的实时性，对于提供了以太网节点的应用场所，无须额外布线，节省了大量费用。

3.1.2　施工图设计

3.1.2.1　暖通空调系统

1. 设计依据

《民用建筑采暖通风与空气调节设计规范》(GB 50736—2012)

《建筑设计防火规范》(GB 50016—2014)

上海市《建筑防排烟技术规程》(DGJ 08-88—2006)

《公共建筑节能设计标准》(GB 50189—2015)

《上海市公共建筑节能设计标准》(DGJ 08-107—2012)

《环境空气质量标准》(GB 3095—2012)

《商店建筑设计规范》(JGJ 48—2014)

《饮食行业环境保护设计规程》(DGJ 08-110—2004)

2. 空调水系统设计

1) 旧有系统概述

空调冷冻水系统分高低区，低区由冷水机组提供的一次水供水/回水设计温度为 6℃/13℃供低区裙房商业区，采用一次泵定流量系统，设冷冻水泵 6 台，与冷冻机一一对应；在 10 层换热机房设置 2 台板式热交换器，一次测供水/回水设计温度为 6.5℃/11.5℃，二次测供水/回水设计温度为 8℃/13℃供高区塔楼办公区，配置 2 台循环水泵与板式热交换器对应。空调冷冻水系统为异程式，因后期对管路系统经过数次改造，目前，管路系统与原始设计变化很大，存在系统水力不平衡的情况(图 3-12、图 3-13)。

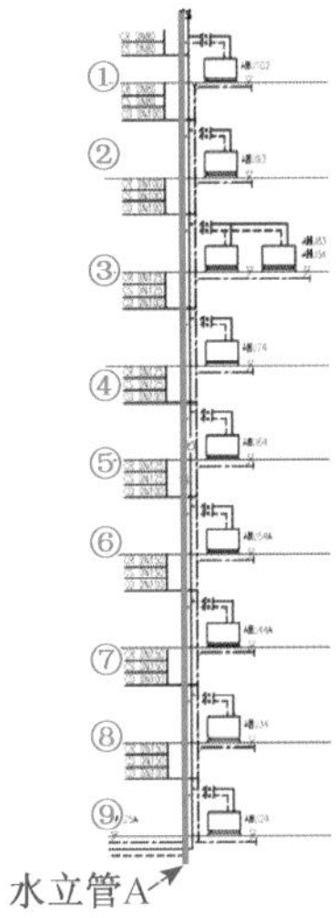

冷冻水立管A				
管段编号	管径	流量	流速	比摩阻
	mm	m^3/h	m/s	Pa/m
①	80	26.9	1.52	334.6
②	100	56.1	1.98	414.9
③	125	83.3	1.89	278.9
④	125	113.4	2.57	516.8
⑤	125	136.9	3.1	753.1
⑥	150	171.8	2.7	449.4
⑦	150	201.9	3.17	620.7
⑧	150	232.2	3.65	821.0
⑨	150	243.5	3.83	902.8

水立管A

图 3-12　冷冻水管阻力校核图

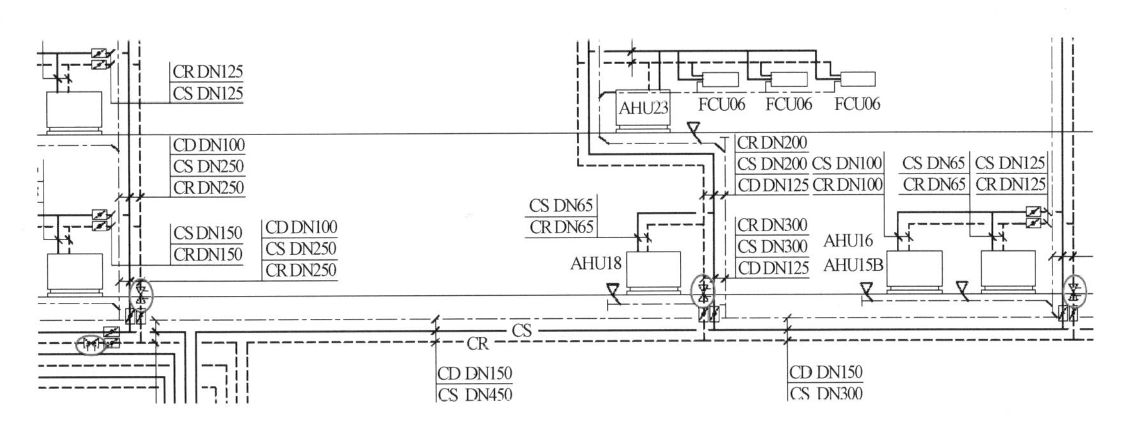

图 3-13　局部空调冷冻水系统图

空调冷却水系统冷却塔设置于裙房屋面，6 台冷却水泵放置在地下二层冷冻机房内，与冷冻机一一对应。

冷却水系统设置化学处理装置，冷冻水系统未设置水处理装置。

2）空调水系统改造设计

针对新的建筑格局和使用功能，对应空调水系统进行了如下的改造设计。

3）水力平衡优化设计

经过往年的改造，水系统管路中存在阻力不平衡的现象，选取一个空调冷冻水立管为例，对其进行管路阻力校核。

所有管段流速与比摩阻均过大、该立管需更换。按照《技术措施》要求比摩阻应控制 100～300 Pa/m，不应超过 400 Pa/m。施工图设计校核计算，合理布置水管及选择水管管径，并在冷冻水管的主要分支管上设置静态平衡阀，避免水力失调的情况（表 3-3）。

表 3-3　空调水系统改造设计内容表

编号	改造设计内容	效　果
1	新增两套热泵系统水系统重新设计	满足一层商场和裙房塔楼冬季采暖需求
2	对冷冻水泵优化选型详见优化设计方案	减少能耗，节省运行费用
3	冷冻水系统增设化学加药装置进行水质处理	保证水质，避免影响冷水机组及空调箱换热效率，继而引起相应运行能耗增加
4	空调水系统水力平衡核算，合理布置水管及选择水管管径	对原有系统的水利不平衡和空调效果不佳的区域进行调整
5	一层热泵空调热水系统和塔楼办公区空调水系统设置多向全程水处理器	以保证水质，避免影响热泵机组及空调箱换热效率，继而引起相应运行能耗增加
6	重新设计冷却水系统	旧有冷却水管路锈蚀严重全部更换
7	冷却水泵重新复核后选型	满足改造设计需求
8	冷却水系统在进塔水管上设置电动阀门，详见优化设计方案	减少能耗，节省运行费用
9	冷却水系统设置化学加药装置	控制管路腐蚀、防垢除垢、杀菌灭藻，确保水质和换热效率

4) 冷却水系统节能优化设计

改造前：冷却水进塔水管上未设置电动阀门，进塔水不受控，则存在冷却水进入未启动风机的冷却塔的问题(图 3-14、图 3-15)。图 3-16 为 2016 年 5 月初的监控照片，当时室外干球温度 24℃，图中可以看出 5 台启动风机的冷却塔，冷却水出塔温度为 26.2℃～27.3℃，另外未开启风机的冷却水出塔温度为 31℃～33.5℃，冷却水得不到充分冷却，进而混合的冷却水温上升至 29.9℃。而冷却水温升高 1℃，冷冻机组能效下降约 2.5%，对于开启的 3 台主机每台功率为 760 kW，混合后冷却水温度增加超过2℃，导致主机的运行效率下降超过 5%。

即类似此种部分负荷 5 月运行费用增加约为(商用电费按照 1.8 RMB/kW · h)：

总电量＝760 kW×5%×12 小时×30 天×2 台
＝27 360 kW · h

商用电费按照 1.8 元/kW · h 计算。则此种系统 2016 年可能会导致约 5 万元/月的额外消耗，在后续设计需解决这类问题达到绿色运营的目标，为业主带来效益。

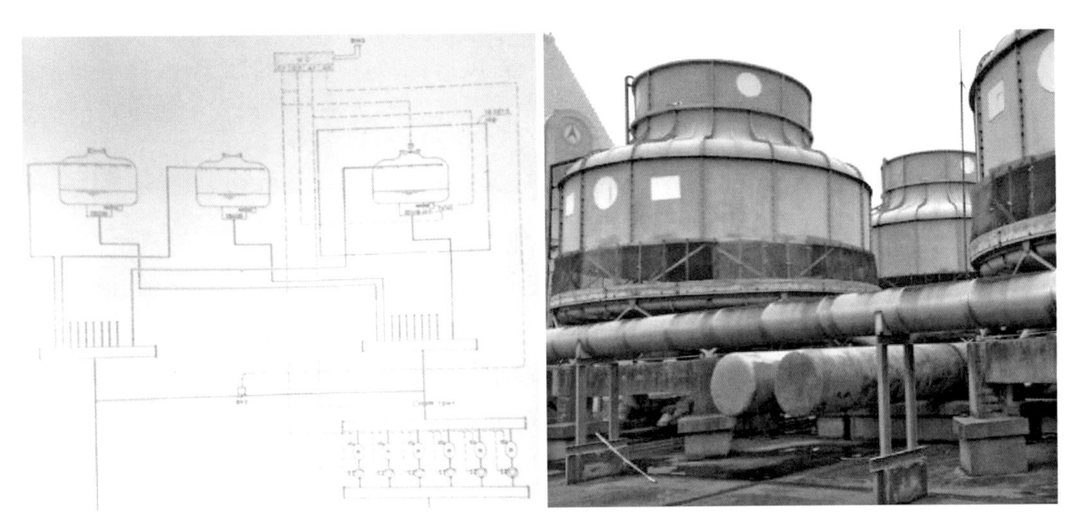

图 3-14　原冷却水控制系统图　　　　图 3-15　原冷却塔图

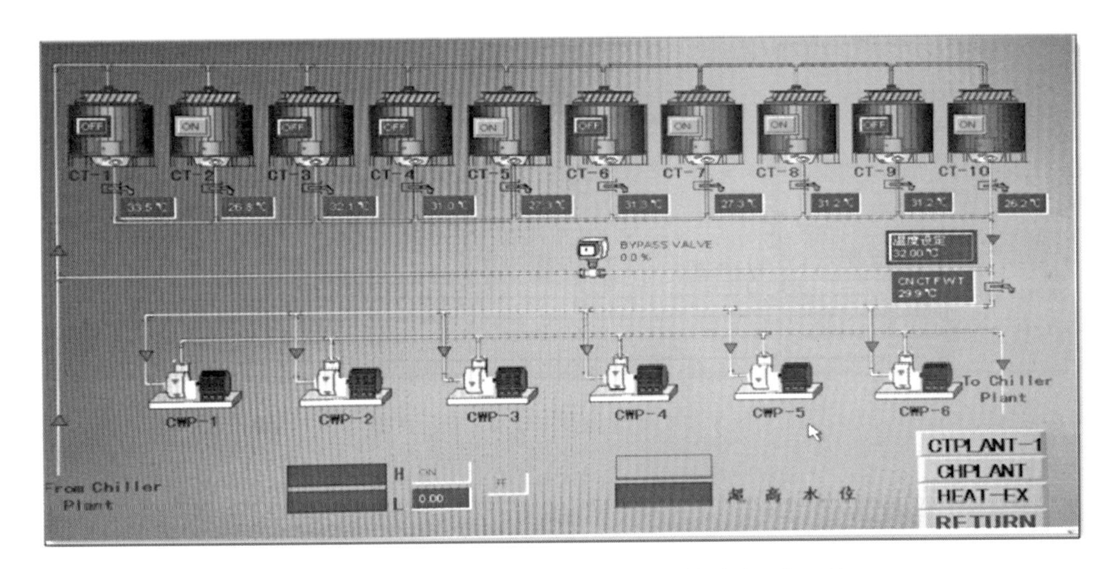

图 3-16　2016 年 5 月 10 日监控照片(室外干球温度 24℃)

优化方案是在每台冷却塔设置进塔电动阀门(图 3-18),与冷水机组联合控制,即只开启与冷水机组对应的冷却塔的进塔电动阀,使冷却水只通过开启风机的冷却塔,冷却水得到充分冷却,提升主机的运行效率。

3. 空调风系统设计

1) 空调风系统改造设计概述

一至八层商业、餐饮、影院、中庭大厅、回廊等大空间场所仍按原始设计,采用集中处理的低速定风量全空气系统,气流组织为均匀送风,集中回风,送风口可采用各种散流器或条缝风口,空调机组采用组合式空调箱,功能段包括混风段、初中效过滤段、表冷(加热)段、风机段。采用吊顶内回风形式,与室内设计配合采用吊顶装饰缝隙或风口回风。

采用全空气系统的场所过渡季节全新风运行，对应设置排风系统，降低冷量消耗，减少机组及水泵的运行时间，减少能耗。过渡季或者冬季内区需要供冷的情况启动全新风系统。

2）全新风系统优化设计（图 3-17）

原始设计整栋大厦商业、办公等功能空调风系统全部采用全空气系统，空调接风管示意图如图 3-18 所示，地下室不设空调。往年进行过改造（图 3-19），增加排风机，空调风管在原有供、回、新三根风管的基础上，新增一根新风管，增设排风机，排风管接至回风管，实现过渡季全新风节能运行模式。

商场空调箱近 80 台，空调机房分散，过渡季气温波动大，运维人员根据经验和天气情况手动启闭空调风管阀门转换工况模式，工作量巨大，且很难使系统在最佳状态运行，节能效果不是最好，室内温度环境控制也不是最佳。对维护人员的专业和经验要求高。

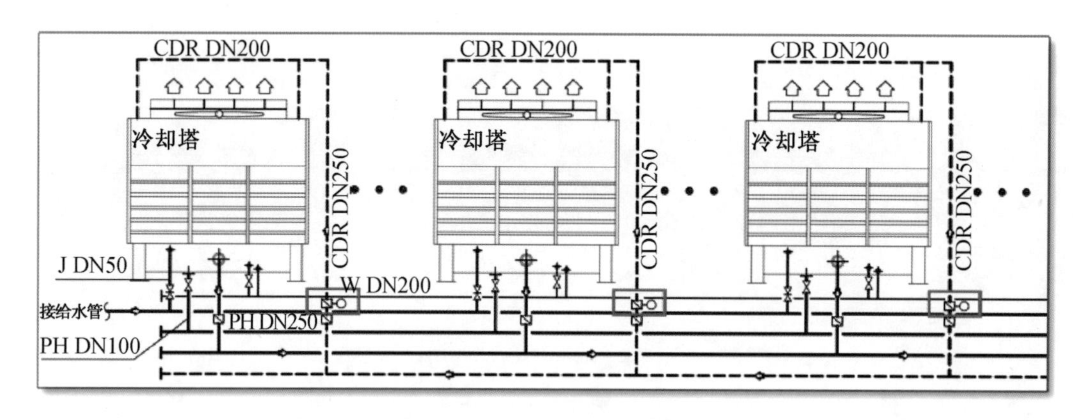

图 3-17　优化设计冷却水接管示意图

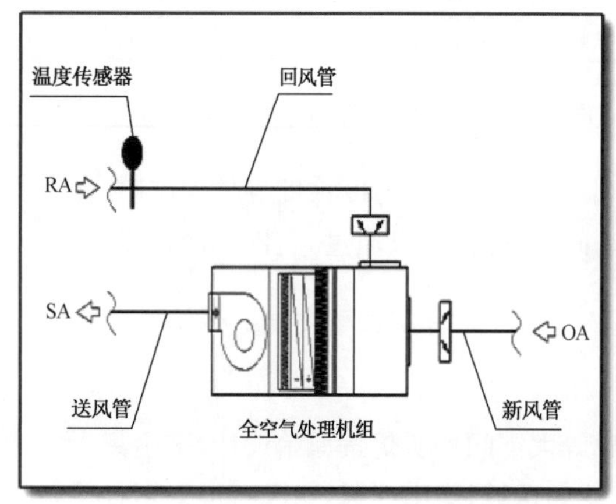

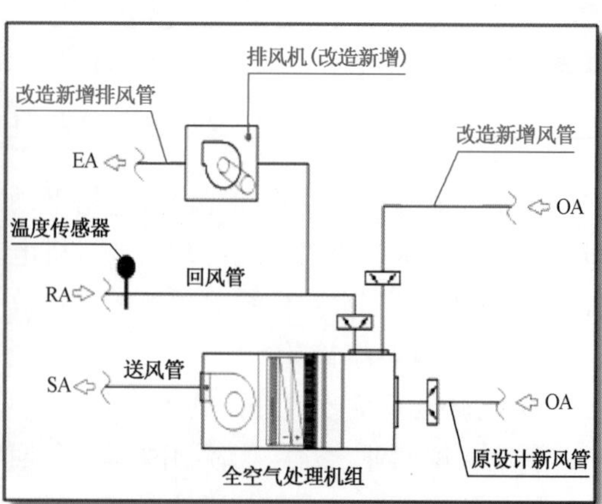

图 3-18　1995 年商场原空调箱接风管示意图

图 3-19　往年改造后空调箱接风管示意图

本次改造设计在新风管、排风管及回风口上增设电动阀 A, B, C(图 3-20),根据需求转换工况控制。空调工况开启电动阀门 A,关闭电动阀门 B, C;全新风工况开启电动阀门 B, C,关闭电动阀门 A。通过 BA 控制实现自动控制,节能运行,并大幅减轻物业人员工作量。

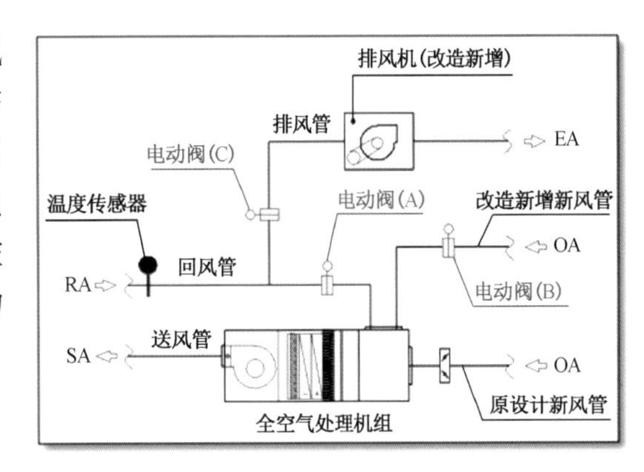

图 3-20 本次改造后空调箱接管示意图

3.1.2.2 电气系统

1. 设计依据

《民用建筑设计通则》(GB 50352—2005)

《民用建筑电气设计规范》(JGJ 16—2008)

《供配电设计规范》(GB 50052—2009)

《低压配电设计规范》(GB 50054—2011)

《建筑照明设计标准》(GB 50034—2013)

《汽车场、修车场、停车场设计防火规范》(GB 50067—2014)

《汽车库建筑设计规范》(JGJ 100—2015)

《建筑设计防火规范》(GB 50016—2014)

《公共建筑节能设计标准》(GB 50189—2005)

《民用建筑电气防火设计规程》(DG/TJ 08-2048—2008, J 11323—2008)

2. 动力系统配电设计

1) 消防类动力负荷配电系统

本次改造中电气专业的一大重点即实现消防负荷末端配电箱的规范供电,其中由低配直接供电的动力配电箱均被设计为双切箱,并从低压配电出线柜引来备用回路。

位于十一层裙房屋面的消防动力配电箱为数居多,原系统采用放射式配电。本设计将此系统调整为 AB 箱方案,原有进线供至 A 箱,由变电所低压侧引出一路备用馈电线路给予 B 箱,以最小的改造代价确保了消防负荷双电源供电和末端自动切换的规范要求。

2) 普通动力负荷配电系统

经过与暖通专业配合,本设计更新了地下超市、一至八层和裙楼屋面暖通设备的配电系统,完善其能耗监测功用。

本次改造新增 4 台风冷热泵机组,分别用于一层采暖及塔楼制冷热。经复核机组容量之大超出屋面变电站的承受范围,仅可从地下变电所 A 站运筹平衡出富余电量。

3. 照明系统配电设计

(1) 照明及应急照明系统。为便于物业方继续管理,本设计沿用旧有照明系统方案,仅将应急照明剥离,单独设置配电箱(图 3-21)。

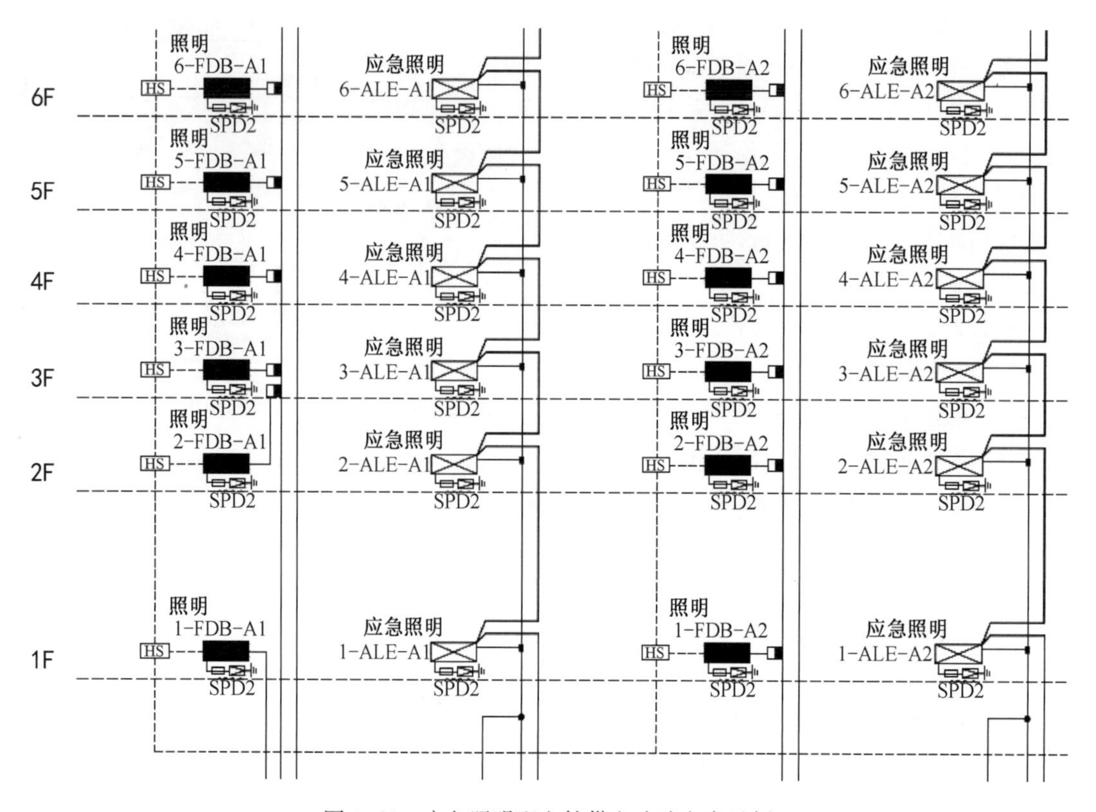

图 3-21 应急照明配电箱供电改造方案示例

(2) 租户供配电设计系统。经过实地勘探，得到照明母线段所输出的配电箱数量多于施工蓝图资料显示的配电箱数量，比对现场干线与资料上显示的干线也发现二者有出入。梳理出现场确切资料之后，将其中部分照明配电箱根据本次设计电容量重新进行配置。

原系统 1—5 层 D 井道照明配电箱 1 - FDB-D - 1—5 - FDB-D - 1 另由两路干线供电，在复核租户用电功率后，确认一层大小租户仅靠母线所输出的 1-FDB-D 配电箱已可满足，则取消 1 - FDB-D - 1，其他各层配电箱 2 - FDB-D - 1—5 - FDB-D - 1 再另行均分于两条干线回路之上。

4. 电专业改造设计重点

(1) 消防类负荷配电系统改造

消防类负荷的配电系统改造可谓是电气系统的重中之重，直接关系到人身安全，根据现行规范要求更正系统为双电源供电不容置疑。在设计工作开展前，机电设计者同施工方接洽，就此展开讨论，从电缆选型、路由走向到增加量汇总，确保所有问题闭合，落实规范所要求的具体内容。

(2) 合理配置，缓解用电高峰

风冷热泵类重型机组的增设曾使得整个项目的用电情况陷入胶着状态。共计 4 台设备，总功率逾 1 000 kW，近乎一部变压器的承载力。最终在数次比对之后，确认其中2台机组用于一层制热，只在冬季投入使用，可与原设计中的冷冻机系统实现错峰使用，从而有效缓解变电站的负担。

3.1.2.3 给排水、消防系统

1. 设计依据

《建筑给水排水设计规范》(GB 50015—2009)

《公共建筑节能设计标准》(GB 50189—2015)

《室外给水设计规范》(GB 50013—2006)

《室外排水设计规范》(GB 50014—2014)

2. 消防系统设计

(1) 消防喷淋系统概述。原大楼按中危险级II级消防等级设计。喷淋系统设计流量:30 L/s。系统为稳高压供水系统。稳压装置设在地下二层消防泵房内。喷淋用水由设在地下二层的喷淋泵组供给，喷淋泵取水自室外消防管网。喷淋泵参数:Q=30 L/s; H=130 m;消火栓稳压泵参数:Q=1.5 L/s; H =120 m;原大楼喷淋泵及稳压装置可满足本次装饰要求。本次改造不改动原有的消防系统主设备、主立管。新的装饰吊顶格局，重新布置喷淋点位及管道连接。原大楼一至八层每层仅设一套湿式报警阀组及一套水流指示器。按现行消防规范结合现场实际情况，拟每层增设一套湿式报警阀组，并按照防火分区设置信号阀及水流指示器。本次装修防火卷帘(非特级)两侧设加密喷淋。喷头间距2 m，喷头距防火卷帘50 cm。中庭采用不燃化装修。装修上不做其他用途。吊顶下使用隐蔽型喷头，其余场所使用直立型、下垂型喷头。各层、各防火分区分别设水流指示器及信号阀各1只。每组报警阀最不利处设置末端试水装置。其他防火分区、楼层最不利处均设置DN25试水阀。

(2) 消火栓系统概述。原大楼消防设计水量:室内消火栓40 L/s。水源从张杨路和步行街二路市政给水管网上分别采用DN300管道引进基地形成环网，供消防泵直接抽水供给。消火栓泵参数:Q=40 L/s; H=150 m;消火栓稳压泵参数:Q = 5 L/s; H=130 m。原大楼消火栓系统为临时高压供水系统。二十一层屋顶设置高位水箱，容积40 m^3。稳压装置设在地下二层消防泵房内。消防泵房位于地下二层，根据排摸该大楼消防设备保养良好。本次改造原则上不改动原有的消防系统主设备、主立管。按新的装饰格局为满足消防规范，每层需移动个别消火栓箱，并增加了一定数量的新消火栓箱。消火栓按两支消防水枪的两股充实水柱保护室内任何位置布置，消火栓间距不大于30 m。对于新增的消火栓箱，从原消火栓立管开出支管并局部成环管，供新增的消火栓箱接管。个别移动过的消火栓箱支管重新连接。

3. 给排水系统设计

(1) 给水系统。生活给排水系统从市政管网引入一根DN300总管到地下二层清水池作为供水水源。通过地下二层提升泵将清水池水送至屋面水箱，以自然重力方式，为整个商场的供水。室内卫生间位置不变，故卫生间供水仍利用原管井内立管。原大楼预留3根厨房用给水立管。此次改造方案中，餐饮区域及面积未做大的

调整，故餐饮区域仍使用原大楼3根厨房用给水立管供水。

(2) 排水系统。室内一般生活排水以污水、废水合流排入污水处理池，经处理后再用泵打到室外。营业性餐厅的厨房含油废水经隔油器处理后，排入污水池，并由排水泵提升排入污水处理池。停车场排水在地下二层汇入集水井再用泵提升到室外。卫生间通气采用环形通气(生活排水系统)及升顶通气(公共)。厨房及卫生间位置未发生大的变化，故仍使用原管井位置安装排水管。

(3) 雨水系统。原大楼屋面雨水排水为重力方式排水，雨水立管数量约为35根。此次改造雨水排水系统未作大的变动，雨水斗及管道走向基本保持不变。但由于二至三层增加了新的雨篷，故此次改造增加了雨篷的排水，雨篷雨水经汇流后，就近排入附近雨水立管。

3.1.2.4 弱电系统

1. 设计依据

《综合布线系统工程设计规范》(GB 50311—2007)

《综合布线系统工程验收规范》(GB 50312—2007)

《公共广播系统工程技术规范》(GB 50526—2010)

《火灾自动报警系统设计规范》(GB 50116—98)

《智能建筑设计标准》(GB/T 50314—2006)

《电子计算机场地通用规范》(GB 2887—2000)

2. 设计原则

(1) 实用性和先进性

采用先进成熟的技术和设备，满足当前系统的不同功能需求，兼顾未来的业务需求，尽可能采用最先进的技术、设备和材料，以适应高速的数据传输需要，使整个系统在一段时期内保持技术的先进性，并具有良好的发展潜力，以适应未来信息产业业务的发展和技术升级的需要。

(2) 安全可靠性

为保证各项业务应用，网络传输必须具有高可靠性，决不能出现半点故障。要对第一八佰伴布局、结构设计、设备选型、日常维护等方面进行高可靠度的设计和建设。

(3) 灵活性和可扩展性

第一八佰伴改造工程必须具有良好的灵活性与可扩展性，能够根据今后业务不断深入发展的需要，扩大设备容量和提高用户数量和质量的功能。具备支持多种网络传输、多种物理接口的能力，提供技术升级、设备更新的灵活性。

(4) 经济性

遵循较高的性能价格比构建本工程，使资金的产出投入比达到最大值。能以较低的成本、较少的人员投入来维持系统运转，提供高效能与高效益。尽可能保留并延长已有系统的投资，充分利用以往在资金与技术方面的投入。

3. 综合布线系统

综合布线系统网络点设计约为1 300个，电话点约1 100个。

网络点全部采用六类网线，电话点用五类网线，最多可接 4 门电话。

新的网络架构，每个弱电井内配置 3 根 12 芯单模光缆分别连接至六层电算室及六层通信机房，满足全千兆网络要求，布点的设置为：

(1) 每个租户商铺内布设 2 个电话点，2 个数据点。

(2) 中岛区每个小租户布设 1 个电话点，1 个数据点。

(3) 每个收银台布设 2 个电话点，2 个数据点。

(4) 地下二层至十层，首层布设 2 个电话点，2 个数据点。其他层面每层布 1 个电话点，1 个数据点(位置地上层在左边，地下层在右边)。

(5) 室内 2 台自动扶梯的两头各布设 1 个电话点，1 个数据点。

(6) 二层展销区布设 2 个数据点，北广场布设 2 个数据点，西南广场布设 3 个数据点。

(7) 九层与十层，由于租户区域此次不装修，老系统维持不变。此次装修的公共通道的点位引入新的弱电间。

(8) 地下一层和地下二层的办公室、修理间等，与九层同样处理。

电话运营商进线及电话总机房位于六层通信机房。

语音传输每个弱电井内配置 25 对大对数电缆连接至六层通信机房，满足电话要求。

单口面板 0 个，双口面板约 1 200 个，模块 2 400 个，六类网线按平均线长 70 算需要 290 箱，五类网线 200 箱，24 口配线架 90 个，光缆按每个弱电间两根到机房计算 9 900 m，25 对大对数电缆 33 箱。

由于本工程每层 3 个楼层弱电间均为新建弱电间，对原有弱电传输链路影响较小，改造难点主要在中心机房位置，即六层电算室和通信机房。

① 在地下一层至五层改造时，电算室及通信机房内共存有 10 套核心设备，各楼层弱电间光纤引入电算室及通信机房后通过光配架跳至新的 5 套核心交换机设备。

各楼层弱电间大对数电缆引入通信机房后通过 110 配线架跳至程控交换机。

② 在六至十层改造前，需将电算室及通信机房的外网进线，以及各网络中心服务器等设备接入新的 5 套网络对应交换机。具体方案需运营商及对应运营维护单位支持。

③ 在六至十层改造，电算室及通信机房内原有 5 套网络核心设备可拆除，各楼层弱电间光纤引入电算室及通信机房后通过光配架跳至新的 5 套核心交换机设备。

各楼层弱电间大对数电缆引入通信机房后通过 110 配线架跳至程控交换机。

4. 网络数字监控系统

布点原则：在大楼出入口、电梯厅、电梯轿厢、楼梯出入口、总服务台、收银台、主要通道、地下停车库出入口、地下停车库电梯厅、楼梯出入口、安防监控室等重要办公室安装摄像机。

本次监控系统共设计半球摄像机 482 台，枪式摄像机 132 台，电梯专用摄像机 17 台，共计 631 台摄像机。拾音器 15 个。

数字视频监控系统通过网络传输，本次建设一套独立的网络系统，核心交换机放置于新建的消防控制室内。

后端采用数字硬盘录像机存储，存储时间为 30 天，通过解码器上墙显示。

电视墙由 4 台 46 英寸液晶监视器和 32 台 22 英寸液晶监视器组成。

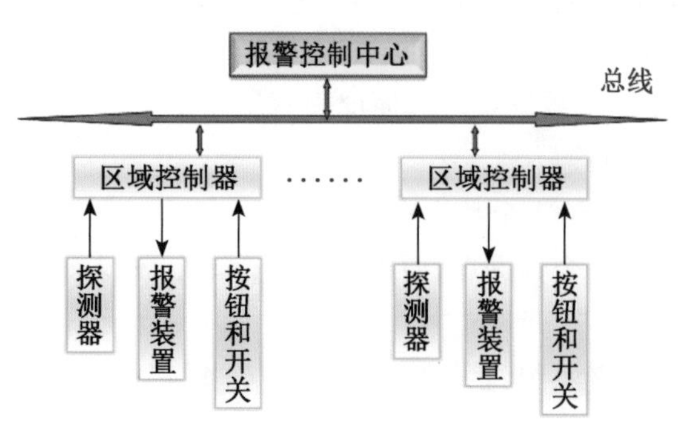

图 3-22　防入侵系统结构图

5. 入侵防盗报警系统

布点原则：在财务出纳室、水泵房和房屋水箱部位、配电站（所）、服务台、收银台、安防控制中心安装红外探测器、报警按钮设备，如图 3-22 所示。

本次报警系统共设计红外探测器 34 台，报警按钮 50 个。

通过报警控制主机进行集中管理和操作控制，如布、撤防等，可以配合监控系统联动使用，构成立体的安全防护体系，达到很高的安防水平。

3.1.3　深化设计

3.1.3.1　配合招商

当施工图提交后，随着商场招商工作的深入，建筑功能和店铺面积及隔墙也相应发生变化，以图 3-23 情况为例，功能变化、房间分隔变化需要机电的水、电、风及消防各个专业重新核算设计量，与商铺逐一对接确认方案，综合管线，完成与招商相匹配的深化设计图。

1. 暖通系统

（1）优化空调机房平扩大经营面积。为配合招商，最大限度利用空调机房，如图 3-23 所示（左图为原有空调机房；中图为改造设计空调机房；右图为空调机房优化设计详图），空调机房优化设计，为店铺让出约 30 m²。

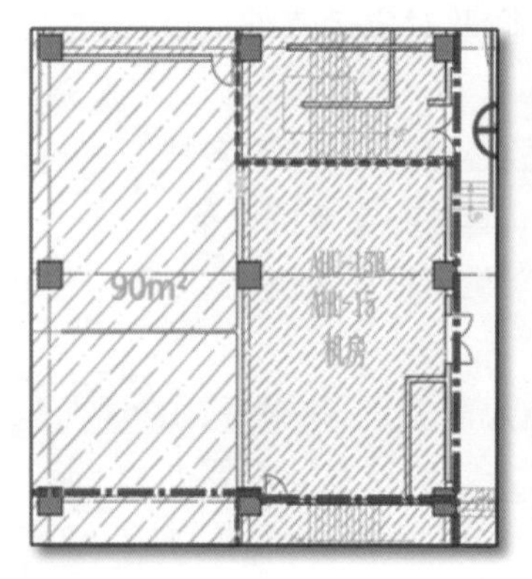

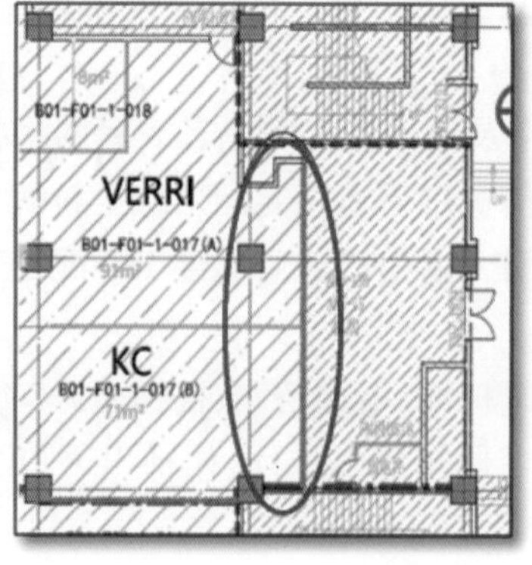

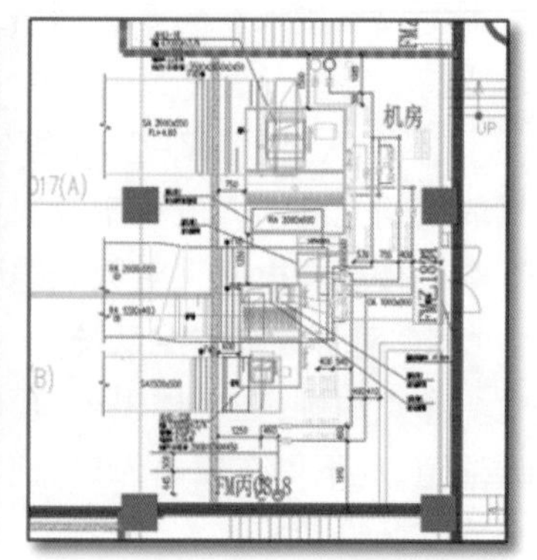

图 3-23　空调机房优化改造设计

(2) 7 层餐饮改造深化设计。七层餐饮区域在原先餐饮商铺数量上又新增 2 家餐饮商铺，新增餐饮面积约 500 m²，如图 3-24、图 2-25 所示改造前后餐饮区域，图中红色阴影部分为餐饮商铺。

新增餐饮在系统上需增设厨房排油烟、补风、事故通风等风管，空调、消防排烟及联动控制等设计与要求也与商业功能不同，通过对七层以及七层以上至裙房平台相关区域管路与设备进行细致的排摸，与各家餐饮商铺小业主一一对接反复沟通，参考原版的竣工图结合现场实际，综合考虑各区域吊顶标高等因素，重新设计制定餐饮区域的空调通风方案。并灵活合理的运用现场已有风管，尽可能不影响原有不改造的餐饮商铺或其他商铺，即节省了管路材料，又缩短施工工期。该区域现场管线改造前后作对比，图中红色阴影部分为新增管路，如图 3-26 所示。

(3) 超市区域深化设计。如图 3-27、图 3-28 所示，地下一层超市改造平面布局、功能分布完全变化，原餐饮区改为超市货架，原生鲜区改为餐饮，并餐饮由原来的 3 家增加为 13 家，空调负荷增加，并排油烟系统相关管路增加。通过排摸现场设备及参数、管路，寻找排油烟及其补风的路由，计算机电预留量与需求量的匹配关系。因排油烟总管尺寸的限制，机电深化设计协助业主与超市招租商铺逐一对接，反复核算调整需求量，甚至调整招商品牌，最终确认深化设计方案，并且最大限度利用原有管路，节省成本，缩短工期。

2. 电气系统

在深化设计过程中，与业主招商及物业部门紧密配合，把关租户用电量分配。随着餐饮类租户数量攀升，地下一层食品城不可再使用煤气等因素，使本已紧张的用电配置进入白热化阶段。地上部分约谈大需求的餐饮租户，地下部分更是在招商期间便早早参与，协同把控用电量分配事宜。多方会谈，屡次计算，再协商、再沟通，得到数据再分析，每家每户锱铢节省，最终确保各商户用电模式最小化。

以下为照明(租户)母线用电量实测数据(表 3-4)。

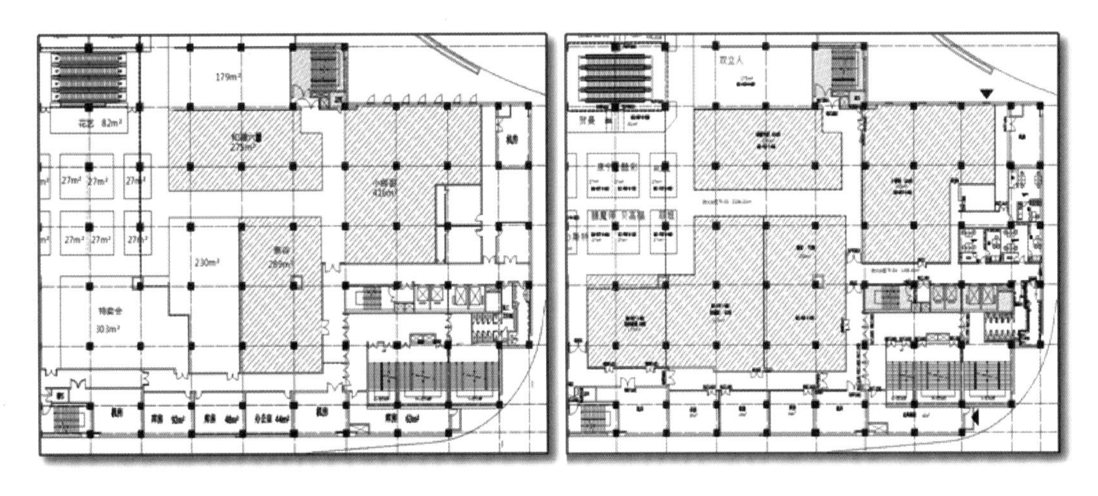

图 3-24　改造前七层餐饮区域　　　图 3-25　改造后七层餐饮区域

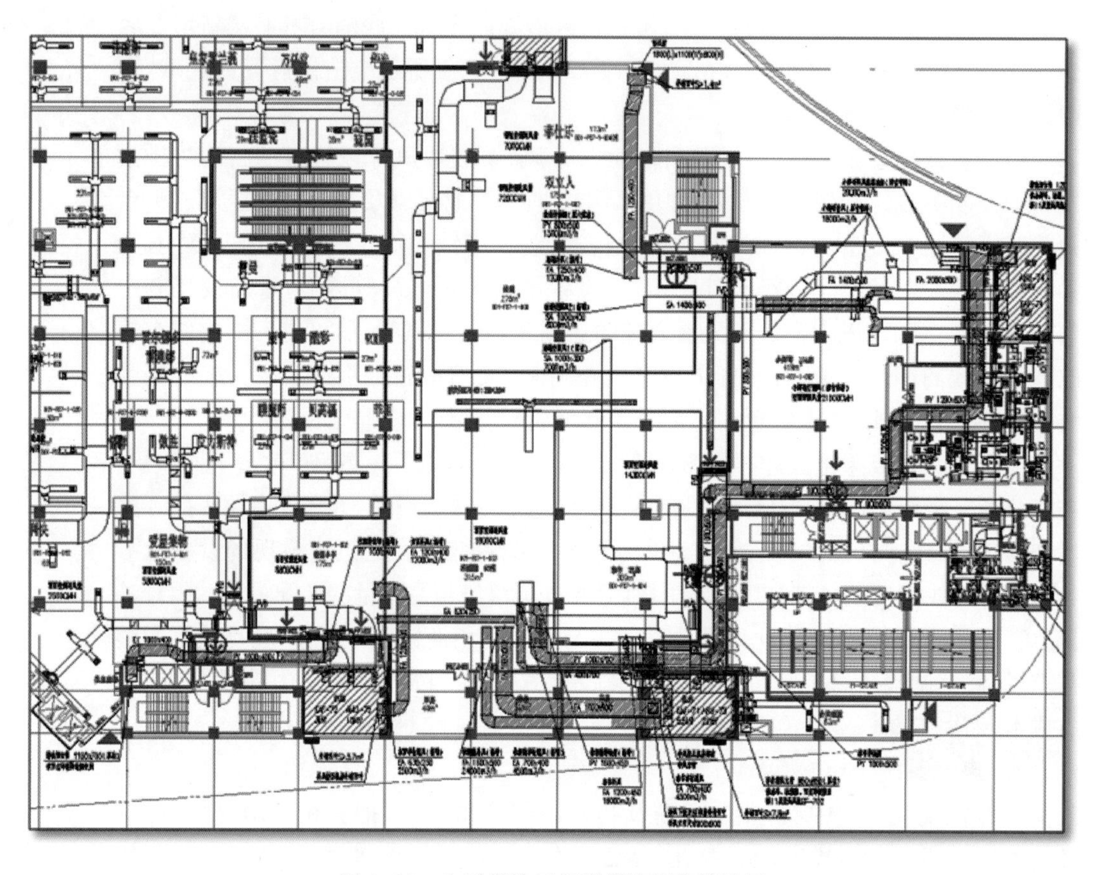

图 3-26　七层餐饮区新增管路深化设计图

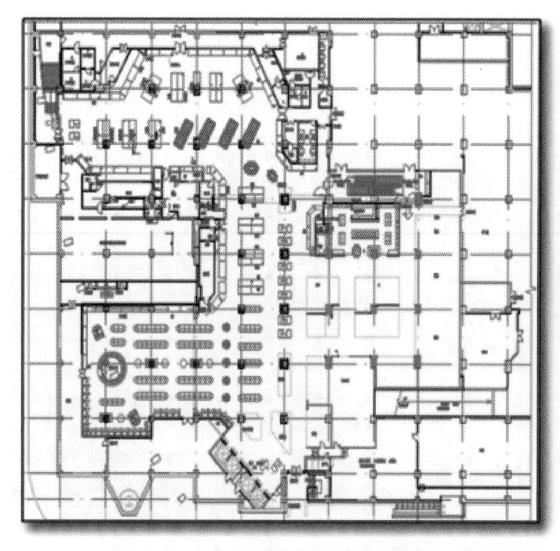

图 3-27　超市改造前建筑平面图

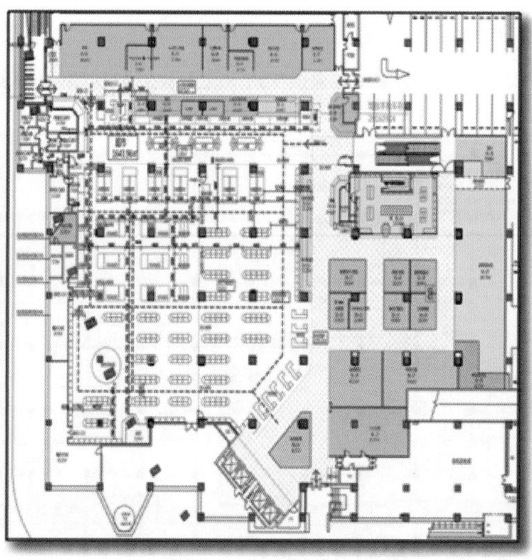

图 3-28　超市改造后建筑平面图

表 3-4 照明母线用电量实测数据表

母线	配电箱数量/个	黄相线电流/A	绿相线电流/A	红相线电流/A	实测三相总功率/kW	母线可承受功率/kW
A1	20	284	333	330	208.34	800
A2	11	361	404	340	243.1	800
B	11	607	589	583	391.38	800
C	11	536	530	559	357.5	800
D	12	504	513	502	334.18	800

3. 给排水消防系统

第一八佰伴地下超市给水由地下给水系统分三路供给，内部形成环状供用户使用。供水水压不大于 0.35 MPa。厨房内废水经隔油处理后排入地下二层污水处理站。冷柜凝结水排入地下二层污水处理及泵房排水沟。为配合业主招商，给排水系统根据业主招商要求，为新增的用水用户进行给排水点位的预留设计（图 3-29、图 3-30）。

3.1.3.2 配合装饰

1. 暖通系统

为配合精装吊顶标高要求，暖通专业深化设计调整空调风管、消防排烟管厚度和路由；为配合精装造型和天花形式要求，空调风口、排烟口及检修口调整位置，调整风口形式；为配合机电综合天花，空调风口调整尺寸，调整定位；为使中庭天花美观，深化设计调整中庭排烟设计，调整管路尺寸路由、调整排烟口形式隐藏于美丽的天花造型的侧面，不易被看到。机电设计与精装修设计通力协作，使得最终能呈现出比改造前天花高度更高、更加美观的装修效果。

2. 电气系统

除业态几番调整外，装饰、外立面方案的制定是一波三折。装饰造型的精雕细镂，外立面布置的精益求精。在其过程中受到业态、造型等影响，涉及照明灯具、防火卷帘等细小繁杂的用电点位多次变动，深化设计人员不厌其烦地跟进调整，竭尽了全力，以工匠精神雕琢着这个项目。

3. 给排水消防系统

此次改造由于外立面上增加了雨篷，故需要新增设雨篷排水，但由于雨篷设计非统一标高，故排水管需根据雨篷造型，出外墙的标高位置需按照雨篷标高设计（图 3-31）。

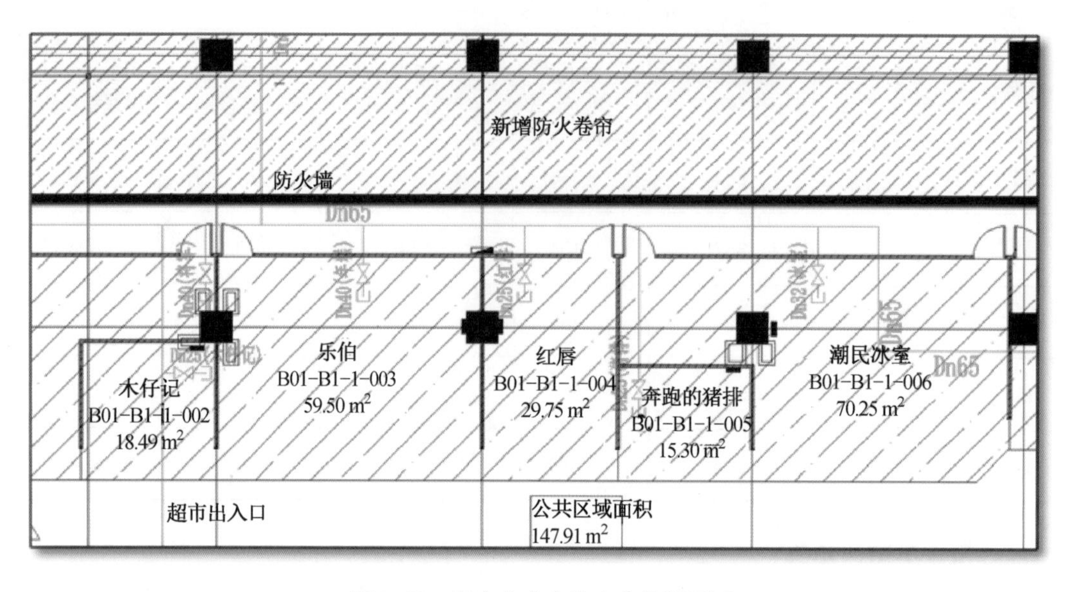

图 3-29 超市小业主给水点位预留图

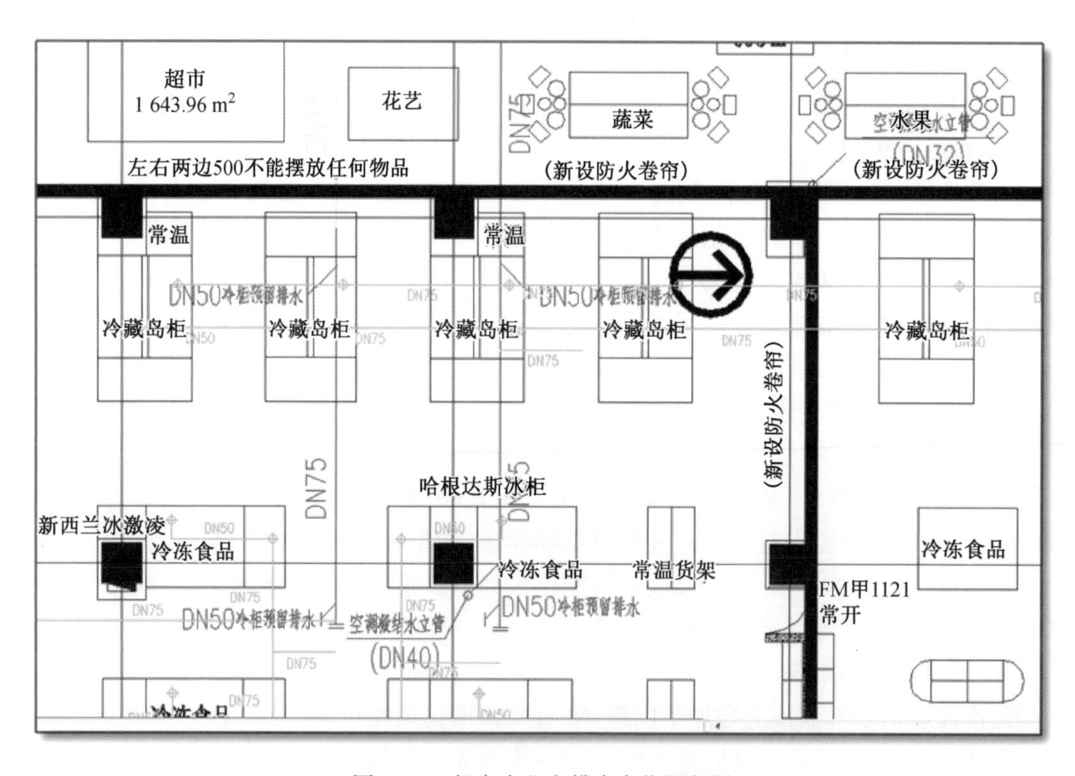

图 3-30 超市小业主排水点位预留图

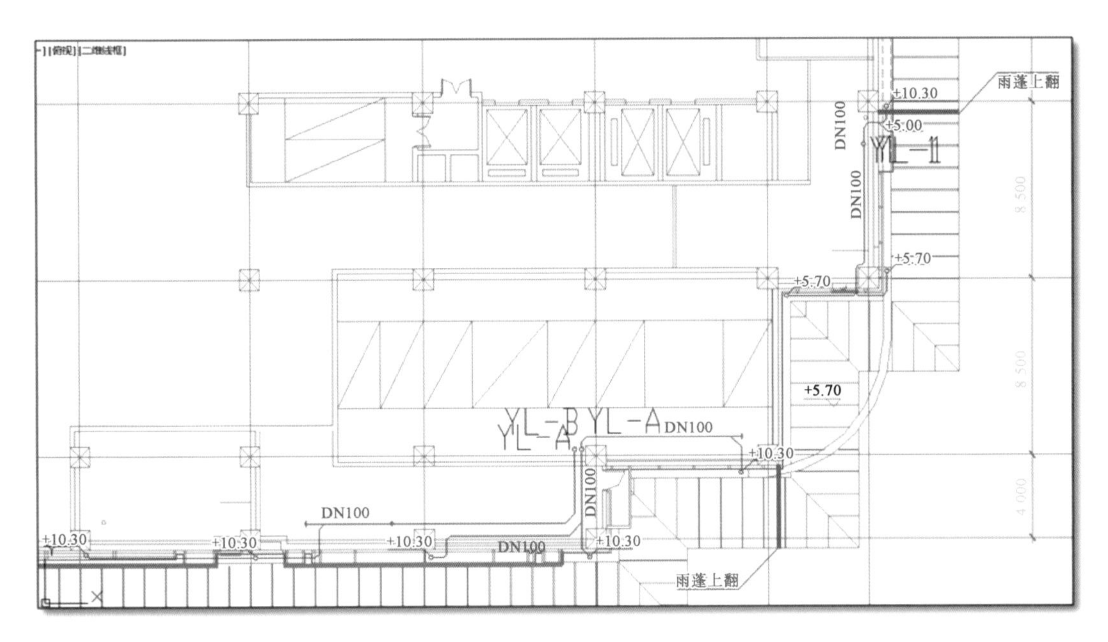

图 3-31 雨篷排水平面图

4. 配合业主和施工

出于对该项目以后顺利使用和安全运营考虑，机电设计人员对非设计范围内的动力干线电缆载流量和前级低配开关进行复核，并给予施工可行的调整方案(表 3-5)。

表 3-5 动力系统旧有电缆容量复核数据表

序号	配电箱	本次设计容量/kW	本次设计开关/A	原进线电缆/mm²	负载电量/kW	低配总开关	修改意见
C1段电缆 α	6 - MCC-C1	21.5	63	2×120	160	225 A	修改为 400 A
	5 - MCC-C1	21.5	63	120	138.5	实际低配保护400 A	修改为 185 A
	4 - MCC-C1	25	80	120	117		修改为 150 A
	3 - MCC-C1	18	63	120	92		
	2 - MCC-C1	52	125	95	74		
	1 - MCC-C1	22	80	95	22		

3.2 室内装饰设计

3.2.1 方案设计

考虑日本的百货行业在国际上居领先地位，因此第一八佰伴在注入新思维构想的同时，考虑保留原有日式百货店的特征，完善业态、配套设施及商场购物环境，不仅将老顾客召集回来，也要让更多的年轻一族和家庭人群聚集过来，让商场更具号召力。

根据第一八佰伴提供的楼层业态比例，通过对于商业和百货场所过往积累的经验，室内装饰设计需优化各楼层的商业布置和交通动线排列，使室内空间更舒适，动线更简洁，通过人性化的装饰结合楼层业态，使顾客达到体验式的商业互动。

1. 首层方案设计

(1) 针对外围的人流交通情况，在首层增设了一处西大门进出口，使首层进出口从原来的5处增加至6处。

(2) 首层业态与原有差别不大，在新增的西大门进出口至商场内的通道两旁布置了边厅店铺，其他各进出口基本保留原有的边厅店铺布置。

(3) 内场为化妆品专区，通过米色大理石地坪配上精细的图案围边和天花的灯光，以简单柔和的空间气氛，让女士们有提升美颜的感受，在国际美妆区体验非凡的感觉。

(4) 边厅的国际名品店，店面由各品牌店自行设计，满足各大国际品牌的店面设计考虑。对于连贯的各名店店头以上部位，以块体的特殊玻璃装饰，错开的排列方式，让表面凹凸不一的特殊玻璃增加层次，使得灯光照射更富立体亮丽感。

(5) 西大门及东大门的3处长过廊，地面采用菱形的拼贴手法，配合精细的大理石围边，与菱形吊顶灯槽造型相呼应，一直从入口延伸至内场。开阔流畅的购物空间，光与形的相互交流，彰显出时尚气息，同时给人一种大气时尚的视觉冲击(图3-32、图3-33)。

2. 二层至五层方案设计

(1) 二层至四层为女装品牌楼层，当中有1处中庭将3个楼层连贯起来，也是室内内场的一处亮点，新的业态分布经过重新考虑，动线清晰。3个楼层的内场设计以时尚亮丽为主，内场过道以时装秀的场景为构思主题，直线条灯槽围绕内场，将天花顶部构造出面积不一的方块，与过道勾勒出简洁而时尚的韵律，让女士们在购物时有置身在服装秀场的感觉，成为走秀中的模特，当下就是女士们的潮流圣地，女士们成为场内的主角(图3-34)。

图3-32　一层效果图

图3-33　化妆品区域效果图

图 3-34 二至四层效果图

图 3-35 中庭效果图

(2) 中庭柱体选用米色大理石，采用长条形及内弧处理，增加视觉上的美感。玻璃栏杆立柱采用弯弧的不锈钢，象征着花式的造型，美观而华丽，把中庭营造出精致优雅、温馨舒适的购物空间。顶部更是中庭的一大亮点，放射花式的图案，从中庭中心柱体向外围延伸(图 3-35)。

(3) 五层为男士专区，考虑到男士们的购物模式是偏向针对式的思维，一般都是有目的的购物，因此明确的动线指导、流畅的购物空间是本层设计的重要主题。内场设计以灰色调地面为主，配合天花的直条单线 LED 灯带，围绕内场购物走道，将天花顶部分割出面积不一的块体，同时兼有导向的设计考虑。在通向其他楼层的自动扶梯部位，有男士专区的独特设计，以金属材质设计的不同大小规格的网格，在局部位置让金属屏延伸至天花顶部，网格的连贯构想、金属的搭配，凸显了男士专区的刚性风格。

三层楼高的中庭，环绕中庭的柱体选用米色大理石，长条形及内弧处理，增加视觉上的美感。中庭玻璃栏杆立柱采用弯弧的不锈钢，象征着花式的造型，美观而华丽，把中庭营造出精致优雅、温馨舒适的购物空间。顶部更是中庭的一大亮点，放射花式的图案，从中庭中心柱体向外围延伸。顶部采用上下层次的设计手法，花式图案以金色的框体重叠在顶层，每组金色的框体当中藏有 LED 灯带。

3. 六至七层方案设计

(1) 六层集合了活力、时尚居家生活与精美珠宝礼品，超过一半面积为运动及户外体育用品。内场以浅色调地面处理，吊顶构思与动线结合，两组十字的设计吊顶，贯通不同的购物动线，从主要楼层到达处，伸展至不同部位的业态(图 3-36)。

(2) 在保留原有餐饮业态的同时，将数码家电、厨房日用品、特卖场及服务功能配套设在七层，内场设计根据不同年龄层的顾客划分，并根据业态部位设计不同饰面的条形吊顶。与六层的设计构思相同，同样以两组十字设计的吊顶贯通不同的购物动线，从主要楼层到达处伸展至不同部位的业态。考虑到特卖场可举行关于美食节等相关活动，因此平面布局将特卖场放置在靠近餐饮功能区的位置，增加不同特卖活动的功能(图 3-37)。

4. 八层方案设计

(1) 八层是专为儿童打造的购物天地,为了打造一个与其他楼层不一样的风格格局,迎合儿童家庭的购物消费环境,首先从平面布局开始,以一个特定的角度,让人流动线注入活泼趣味是本楼层的特色。

(2) 每处走道的交接位置面积开阔、视野清晰,在楼层的正中央,设有一处明显的咨询导购柜台,为小朋友和大人提供贴心的服务。柜台旁为互动游乐区,平日可提供免费的活动游戏,适合幼童参与;在周日或假期则可举行大型游乐活动、亲子互动等,吸引更多顾客。

(3) 整个楼层各项业态分布合理,吊顶以大小不一的圆形,配合不同的色彩,营造出缤纷绚丽的购物空间,把儿童区打造成为洋溢着家庭欢乐的儿童乐园(图 3-38)。

5. 辅助功能设施

(1) 卫生间考虑日式的设计,强化辅助功能设施,重新改造了西面卫生间的平面布局,增设了母婴室以及其他人性化的设计,如婴儿等候座椅、照顾年长者的辅助设施,等等。

图 3-36 六层效果图

图 3-37 七层效果图

图 3-38 八层效果图

(2) 卫生间墙体以明亮的混搭，采用不同颜色的木纹面地砖来区分男女区域，入口处以现时常用的半开放设计，用半透明的夹胶玻璃分隔了洗手区与外过道，并配上设计的标示图案。洗手区以一站式功能设计，使用者只要站在一个位置，便能完成吸收、干手及弃置动作(图 3-39)。

(3) 母婴室内设置有洗涤槽、奶瓶加热器、婴儿躺板、婴儿等候座椅及沙发椅，提供一个舒适的空间给女人们照顾婴儿(图 3-40)。

图 3-39 卫生间效果图

图 3-40 母婴室效果图

第一八佰伴整体室内设计采用简单精致的处理手法，与零售的经营方向一致，同时又别具风格，丰富的视觉感受，给人一种协调而又深刻的印象；便捷清晰的人流动线，让顾客能轻松而又放心地在商场通行及购物；在物料使用和能源支出方面，兼顾了百货公司常年运营经济性的有效适用。

3.2.2 施工图与深化设计

1. 设计依据

- 《建筑设计防火规范》(GB 50016—2014)
- 《洁净室施工及验收规范》(GB 50591—2010)
- 《建筑内部装修设计防火规范》(GB 50222—2001)
- 《建筑装饰装修工程质量验收规范》(GB 50210—2013)
- 《公共建筑节能设计标准》(GB 50189—2015)
- 《环境空气质量标准》(GB 3095—2012)
- 《建筑照明设计标准》(GB 50034—2013)
- 《安全防范工程技术规范》(GB 50348—2004)
- 《民用建筑工程室内环境污染控制规范》(GB 50325—2010)(2013 版)

2. 施工图设计

由于项目整体的时间控制，在 7 月 1 日拿到第一套施工蓝图后，于 7 月 4 日进行了图纸会审，对于本工程的工程体量来说，留给项目部消化图纸的时间是极短的。在经过初步的分析后，发现许多细部的饰面做法并没有体现在图纸中，比如转角处的饰面收口、两个不同材料的收口、造型踢脚线与门套边的收口方式等。另一方面，在已有的节点中，一些饰面的尺寸和基层的做法也并不能满足现场的施工要求。如何在紧迫的时间内完成这么大体量的深化工作是项目前期的重点工作。

考虑到工期的原因，如果等图纸全部深化完成并让设计确认后再施工是不可能的，因此项目部对此问题专门开了一次项目会议，在会议上明确了图纸的出图顺序，即在不影响现场施工的情况下，按照进度计划优先出施工所需图纸。为了加快图纸的审核速度，并且能够使现场碰到的问题迅速反应给设计人员，在与业主商讨之后要求设计方派一专人驻施工现场，以解决后续碰到的问题。现场深化后的图纸先由驻场设计签字确认后安排现场施工，正式变更程序之后设计方发变更单补充。

3. 深化设计

(1) 造型尺寸深化。为了使顾客感受更好，商场部分吊顶标高由原来的 3.0 m 调整到 3.2 m，并且增加了部分造型，而原有风管的主管道都保持原样，不更改走向及位置，这就使得在部分区域会有吊顶标高无法满足图纸要求的情况。在对现场情况整个摸索之后，对不能满足图纸要求的区域做出节点调整，在尽可能不影响总体效果的情况下，满足现场施工的要求(图 3-41、图 3-42)。

(2) BIM 配合深化。一层化妆品区域天花造型为双曲面结构，原施工蓝图只提供了一个剖面大样图，无其他具体数据，若只根据这些资料是无法进行施工的。为此，专门对此部分吊顶进行了 BIM 三维建模，并与设计确定了最终造型，在此模型的基础上，提取出现场施工时所需的数据，指导实际施工(图 3-43、图 3-44)。

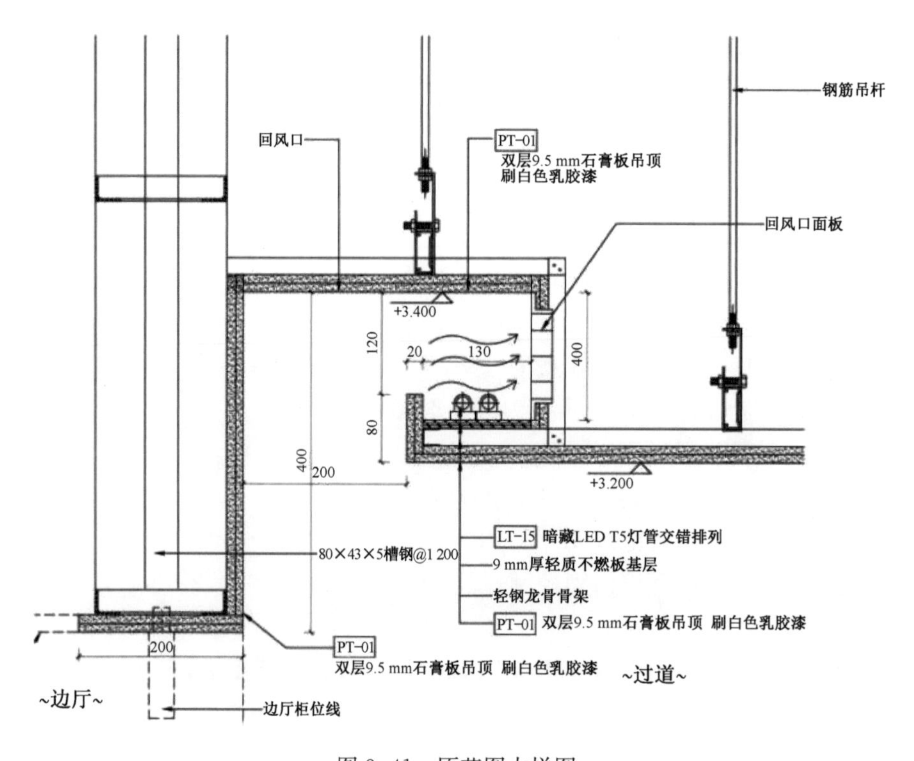

图 3-41　原蓝图大样图

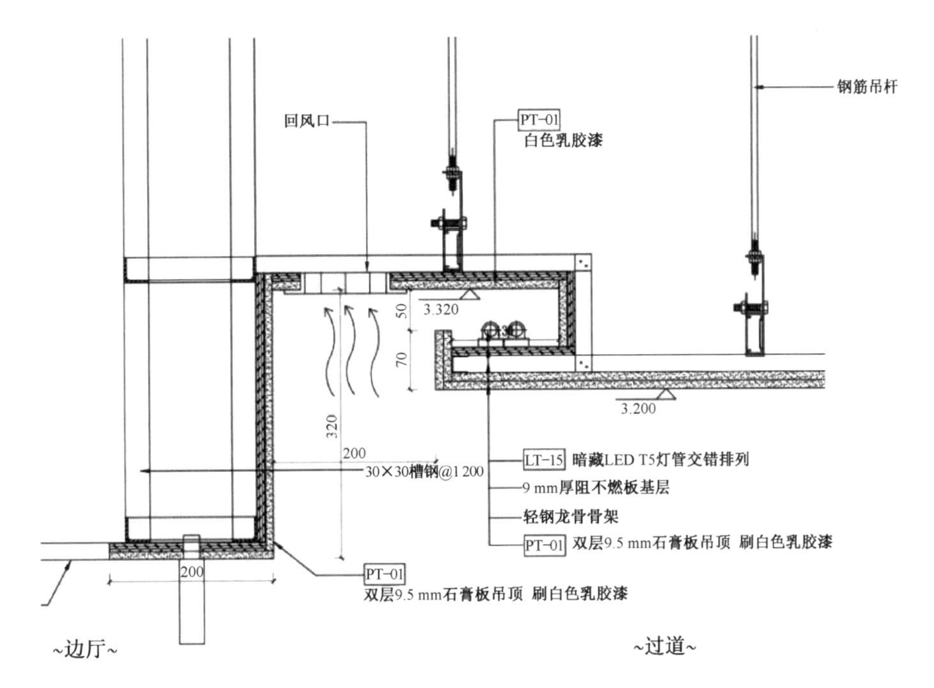

图 3-42 深化后大样图

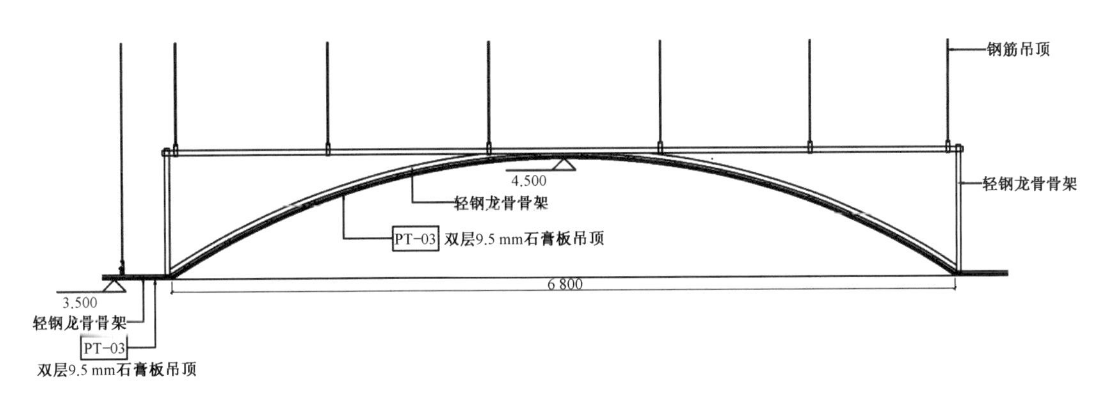

图 3-43 原蓝图大样

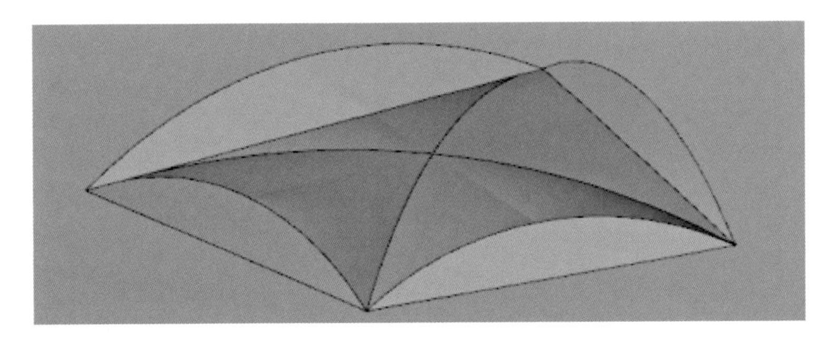

图 3-44 三维建模模型

（3）经济性优化。商场标准层的柱子饰面为不锈钢，原施工蓝图不锈钢的基层材料为钢架，在考虑了不锈钢的重量和安装工艺之后，把基层材料优化为轻钢龙骨，这样不仅缩短了施工工期，节省了人工成本，也降低了材料成本(图 3-45、图 3-46)。

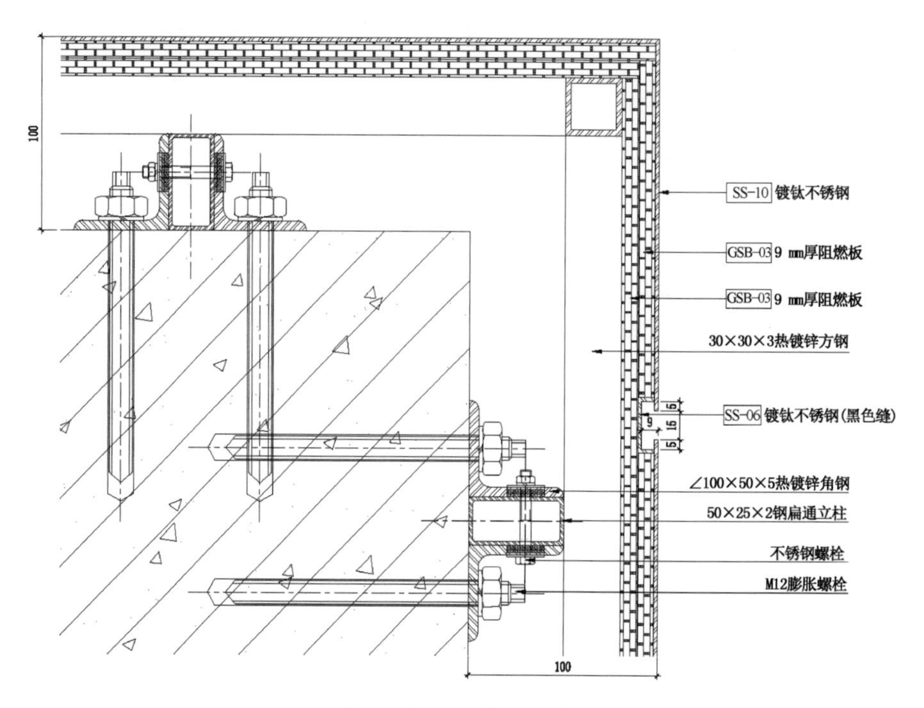

图 3-45　原图纸大样图

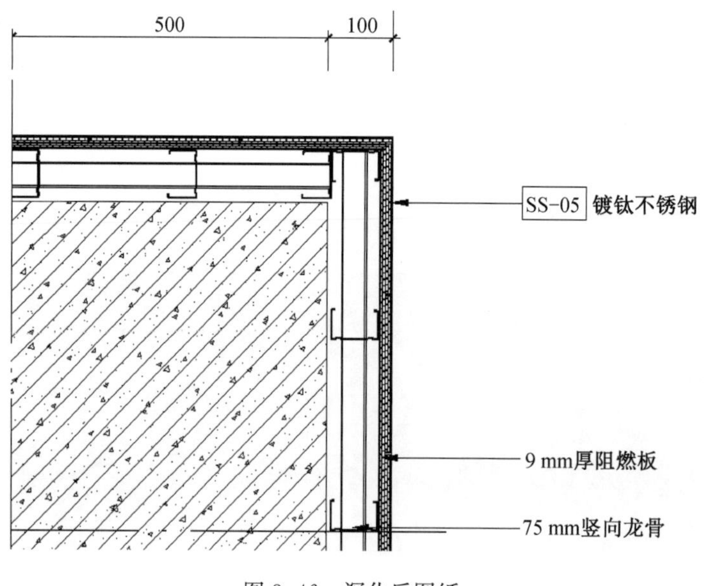

图 3-46　深化后图纸

（4）材料优化。商场原自动扶梯保留仅做维修保养，外饰面材料由原先的石膏板改成不锈钢。自动扶梯宽度为 1 550 mm，若按照图纸采用 2 mm 厚的不锈钢容易造成变形，不易控制整体平整度，对整体饰面造成影响。若为了确保其刚度增加不锈钢厚度，则会增加材料重量，材料价格也成正比上升。综合考虑了整体效果和经济效益之后，决定采用不锈钢蜂窝板的形式，增加材料本身的刚度和强度，确保设计要的效果(图 3-52、图 3-53)。

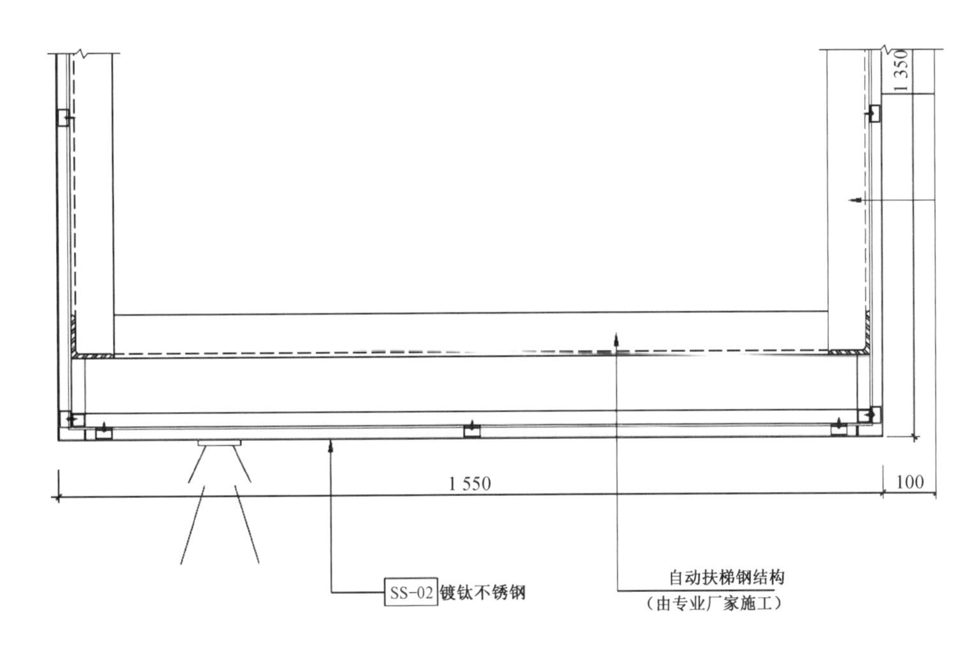

图 3-47　原蓝图大样图

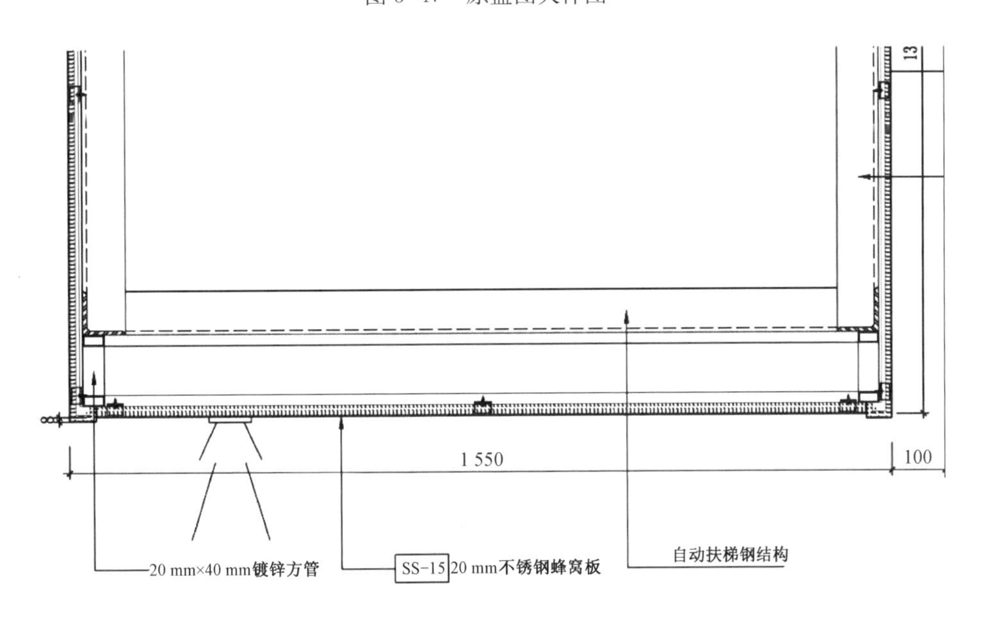

图 3-48　深化后大样图

(5) 细节深化。由于整个项目工期都很紧迫,因此在出施工蓝图的时候难免会遗漏一些细部收口的做法,而装饰工程的“精”往往就体现在细部,因此这一部分的深化工作也显得尤为重要(图 3-49、图 3-50)。

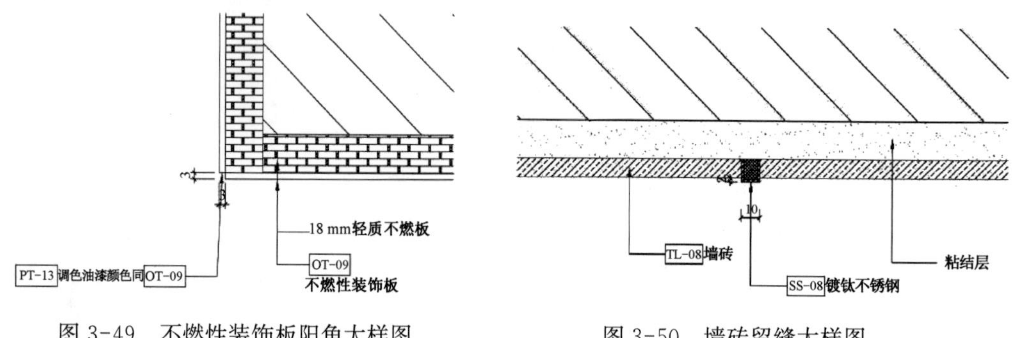

图 3-49　不燃性装饰板阳角大样图

图 3-50　墙砖留缝大样图

3.3　外立面设计

3.3.1　方案设计

前期方案的设计主要从建筑的东、南、西、北 4 个立面进行分析,一块一块配合建筑设计进行了沟通,最终完成前期方案设计(图 3-51)。

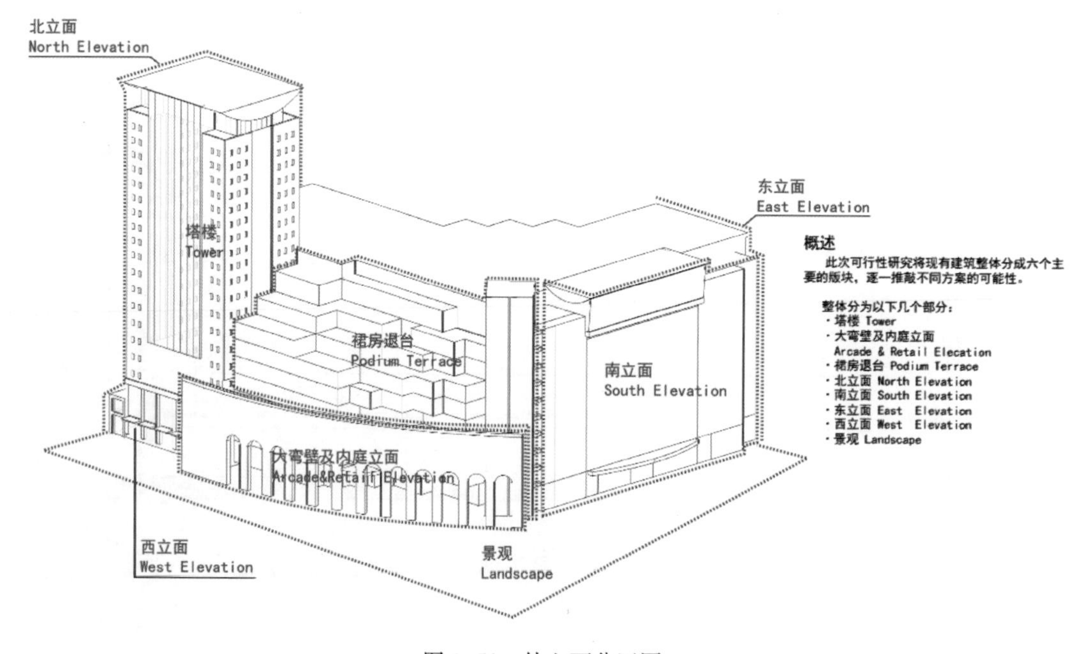

图 3-51　外立面分区图

1. 大弯壁改造方案(图 3-52、图 3-53)

(1) 大弯壁——保持原建筑形式语汇,立面整修粉刷。

(2) 大弯壁柱角——石材更新,突出十二生肖砖视觉效果。

图 3-52 大弯壁改造前后效果对比(左图为改造前,右图为改造后)

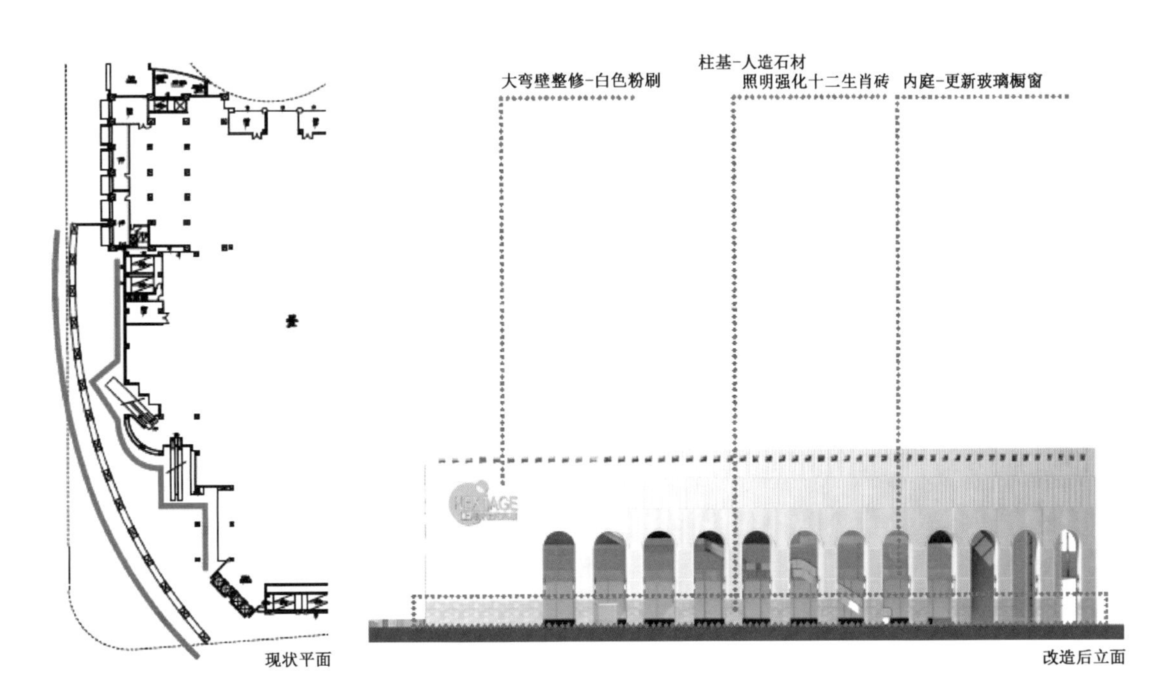

图 3-53 大弯壁改造方案图

2. 大弯壁内庭改造方案(图 3-54)

(1) 内庭——商业立面整修,更新玻璃橱窗,强化商业氛围。

(2) 顶棚——整修为玻璃顶棚,结合泛光照明,烘托半室外过度空间的商业气氛。

3. 东南立面改造方案(图 3-55、图 3-56)

(1) 体型——强化裙房商业界面,增加原立面体量的层次感。

(2) 突出首层商业可视性,带动人流引入,充分提升首层商业价值。

(3) 立面——保留原实墙面,上部楼层石材外包,增加外挑巨幅广告位。

(4) 下部增设一二层商业橱窗,雨篷增强人流导入性。

图 3-54　大弯壁内庭改造前后效果对比(左图为改造前,右图为改造后)

图 3-55　东南立面改造前后效果对比(左图为改造前,右图为改造后)

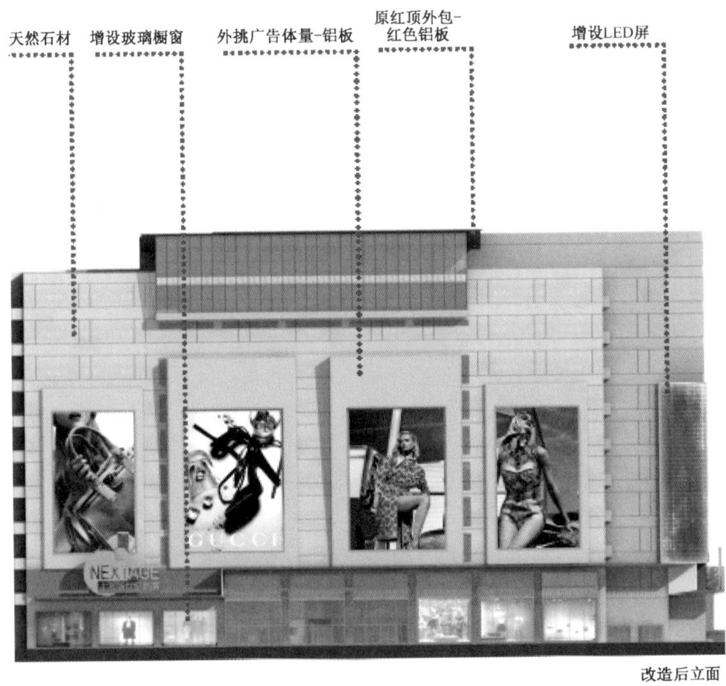

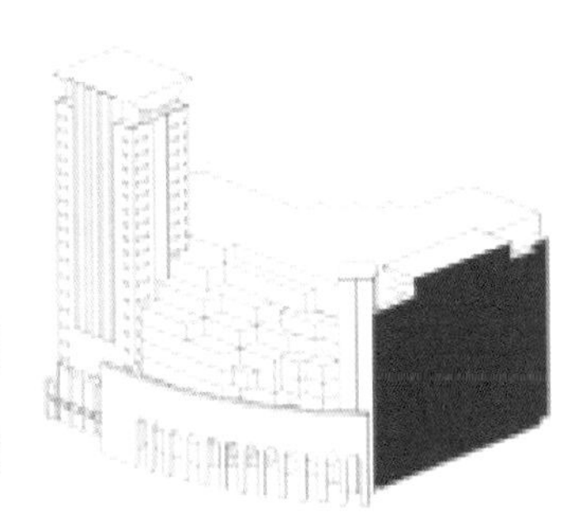

图 3-56 东南立面改造方案图

图 3-57 西北立面改造前后效果对比图(左图为改造前,右图为改造后)

4. 西北立面主要改造方案(图 3-57、图 3-58)

(1) 体型——强化裙房商业界面,增加原立面体量的层次感。

(2) 突出首层商业可视性,带动人流引入,充分提升首层商业价值。

(3) 立面——强化裙房体量,调整广告位尺寸,首层调整为玻璃橱窗。

(4) 转角连续式雨篷强化沿街商业动线的导向性。

5. 东立面主要改造方案(图 3-59)

(1) 保持原商业入口,雨篷强化首层商业连续性。

(2) 增加转角处面南泉北路的 LED 屏。

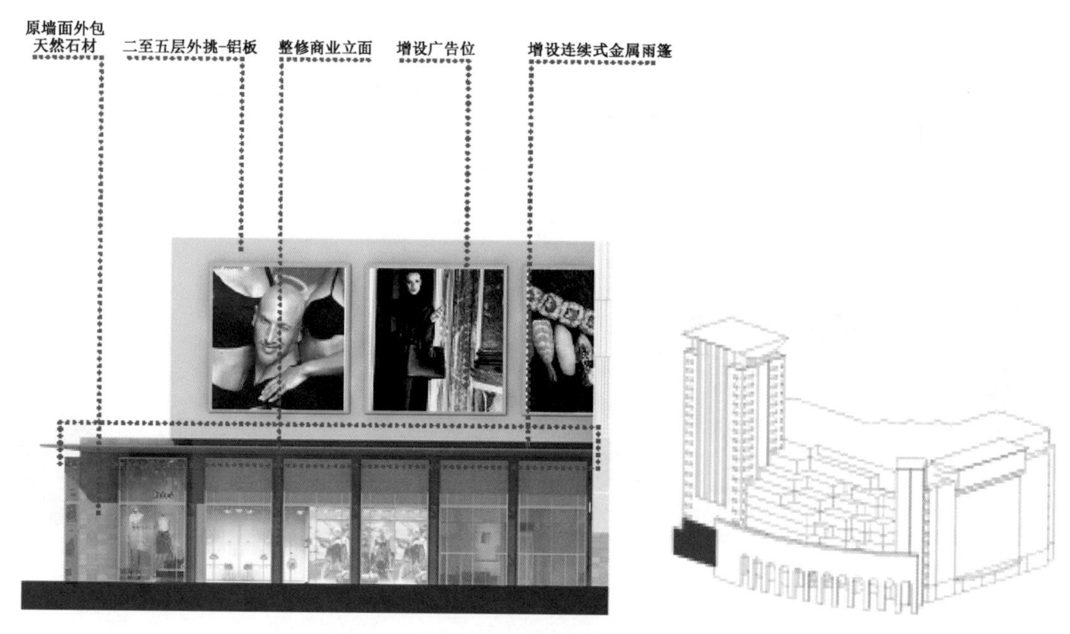

图 3-58　西北立面改造方案图

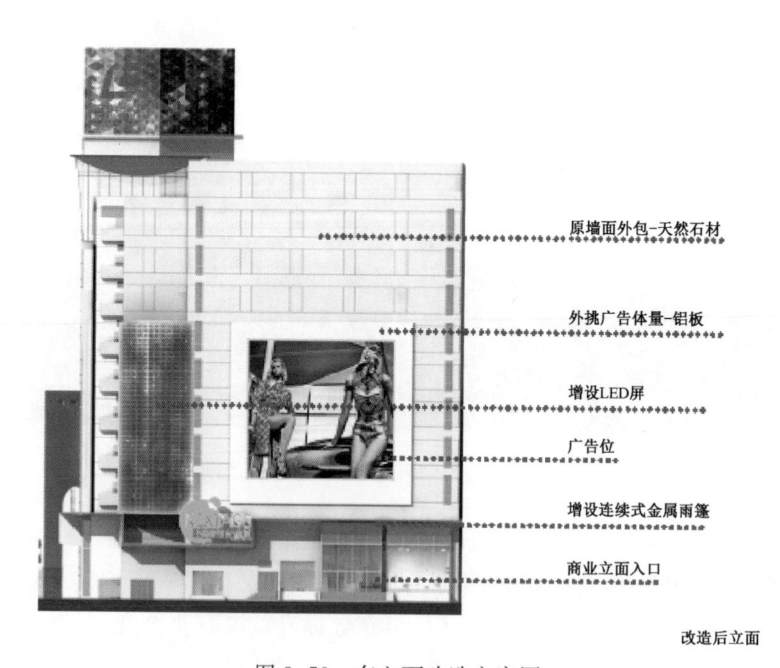

图 3-59　东立面改造方案图

6. 北立面主要改造方案(图 3-60)

(1) 增设 LED 屏。

(2) 一层商业玻璃橱窗。

(3) 金属连续式雨篷。

7. 塔楼立面主要改造方案(图 3-61)

(1) 保留原有红顶-更新外包红色铝板。

(2) 保留原塔楼西立面玻璃幕墙与窗洞系统。

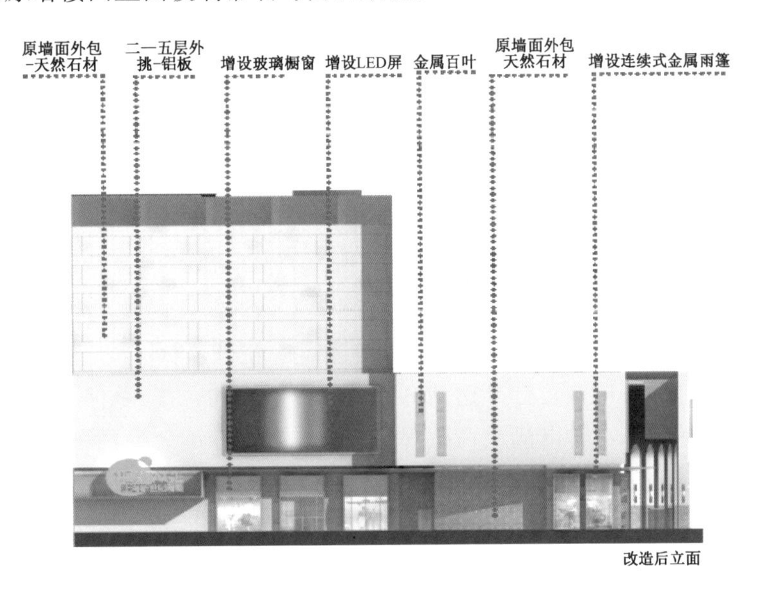

图 3-60　北立面改造方案图

图 3-61　塔楼红顶改造前后效果对比图(左图为改造前,右图为改造后)

3.3.2 施工图设计

1. 石材幕墙系统

原始建筑面板以湿贴面砖为主，自重较轻，而此次改造大面位置主要以石材幕墙为主，面板由原先的几毫米厚度的湿贴面砖改为 30 mm 厚花岗石，内部增加横竖钢龙骨，这意味着结构荷载要增加几倍甚至更多，而设计院要求的只能在混凝土柱处设置后置埋件的苛刻条件更是让原本普通的石材幕墙系统难度增大。混凝土柱的跨度为 8 500 mm，按照这样计算，横梁的弯矩会非常大，相对应的龙骨可能很大，无法满足设计院要求的结构至石材完成面 200 mm 的要求，经过反复推敲及领导的多次开会讨论，最终以在层间设置钢龙骨桁架形式并且在较为薄弱的混凝土横梁处增设两个抗风支座，来减小横竖龙骨的尺寸，通过计算，最终这种形式确定下来，为业主降低了成本。

2. 凸窗系统和雨篷系统

第一八佰伴整个商场周围都设计有雨篷，分别分布在二层及三层位置，一层、二层基本都为凸窗系统和主要入口，所有的受力杆件均在跨度 8 500 mm 的混凝土柱上设置后置埋件，混凝土横梁不受力，雨篷需要外挑 4 500 mm（无拉杆和拉索），雨篷下面为凸窗，三层位置标高达到 9 m，在这一系列的苛刻条件下，通过几种方案的比较，最终确认了一种既满足荷载规范、安全的，用钢量又少，保证美观，帮业主节约成本，同时还施工方便的方案（图 3-62）。

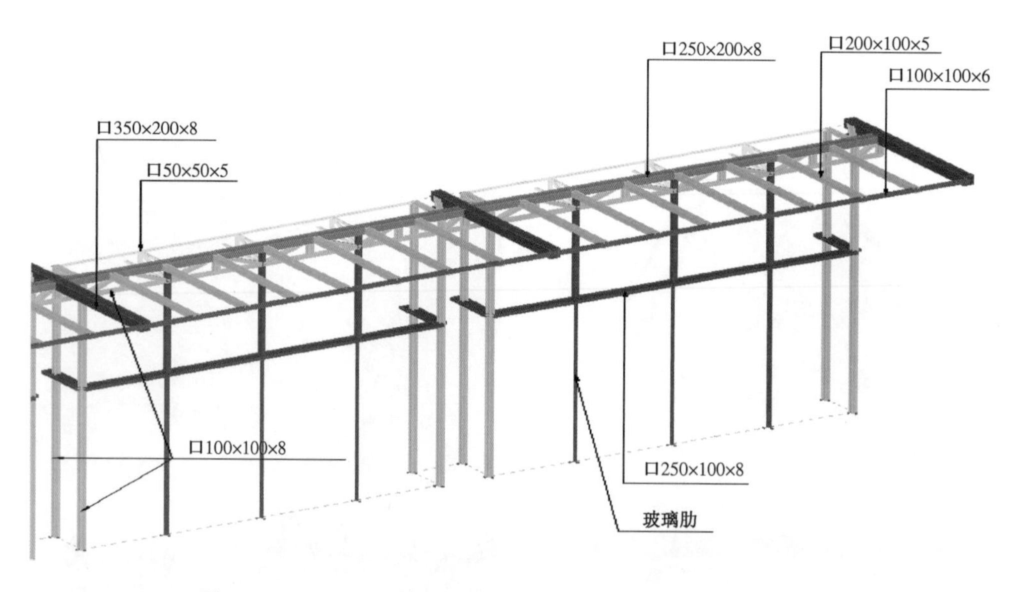

图 3-62　8 500 mm 轴距雨篷及首层凸窗龙骨布置三维示意图

3.3.3 深化设计

在既有建筑改造过程中，常出现的情况就是当现场原面板龙骨拆除之后发现和原竣工图不一样的地方太多了。这就是改造项目与普通新建项目的区别，很多原来通过各种开会讨论并且结构计算已经通过的看上去很完美的方案，在项目部拆除原始幕墙后发现设计院的图纸与现场情况不一致，按照原来的方案匹配现场的主体结构很多甚至操作很困难，必须变更方案，并且为了保证工期，在每一个方案都要以最快的速度初步成稿，尽量不影响外观尺寸的情况下作结构计算，并且第一时间发给项目部及设计院确认，若是有一方不同意或者操作有难度，就要再变更方案，如果外观尺寸或者成本与原方案不一致，必须首先征求业主意见，一而再再而三地反复论证修改，直到达到各方的要求。

1. 雨篷的形式

二层、三层的雨篷的形式基本都差不多，设计院的设计图纸也只有一种雨篷剖面，但当项目部同事拆除原有外立面装饰后，发现原始结构很多都跟设计院提供的图纸对不上，在西立面一个面甚至有两种不同的结构主体（混凝土和钢结构主体），那么原来的雨篷方案必须根据每个位置的现场结构返尺，重新设计方案、建模、提交支座反力给设计院确认，同时，必须保证外观与原先业主确认的尺寸一致，几种雨篷的形式最后达到的外观效果必须是统一的、连续的（图 3-63）。

图 3-64 结构柱较小，无法满足设计荷载要求，征得业主同意后在柱子处增加拉杆（此处雨篷独立与旁边雨篷不连续，雨篷端部铝板弧度与其他大面雨篷一致）。

图 3-65 结构为钢结构主体，经结构计算外挑 4 500 mm 雨篷，主体钢结构需要加固，设计院与业主协商同意此处雨篷外挑 2 500 mm。

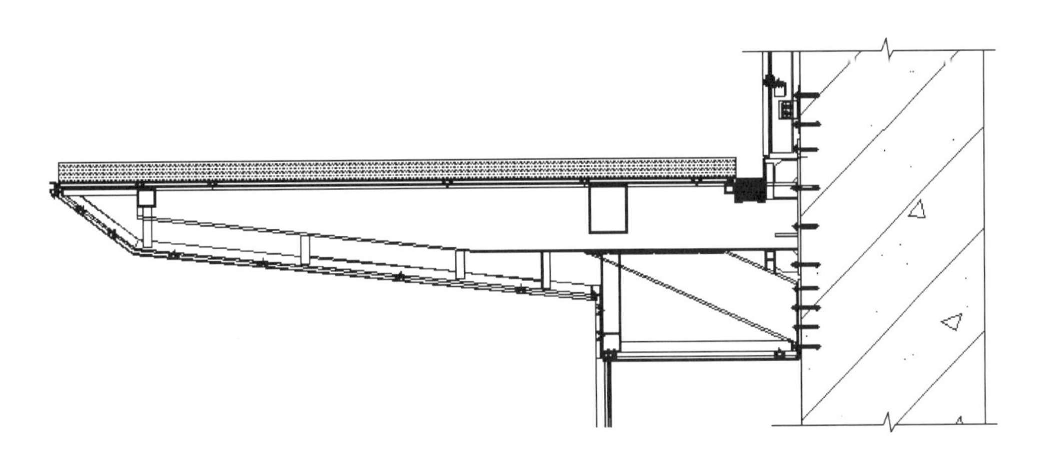

图 3-63 外挑 4 500 mm 混凝土柱处雨篷方案

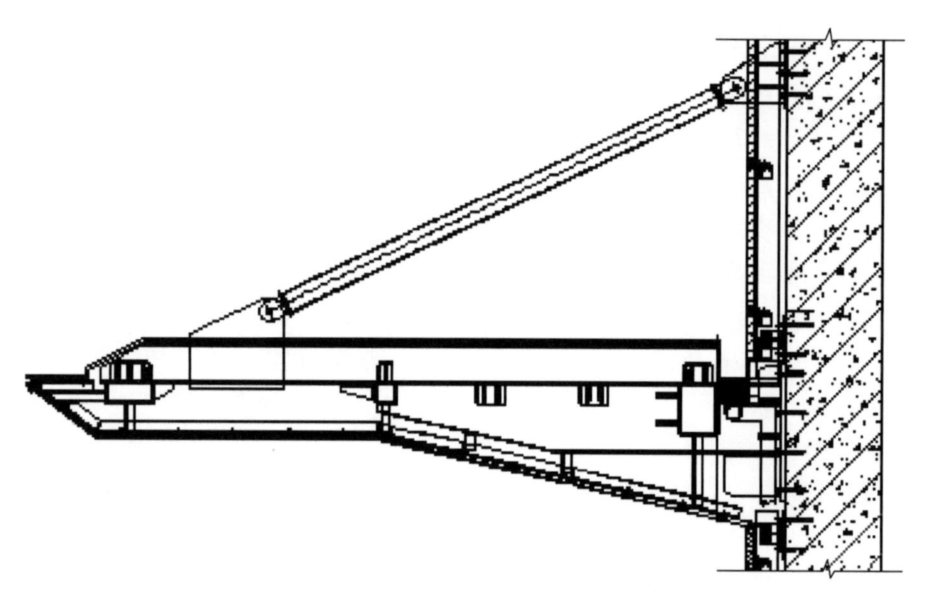

图 3-64　外挑 4 500 mm 钢结构柱处雨篷方案

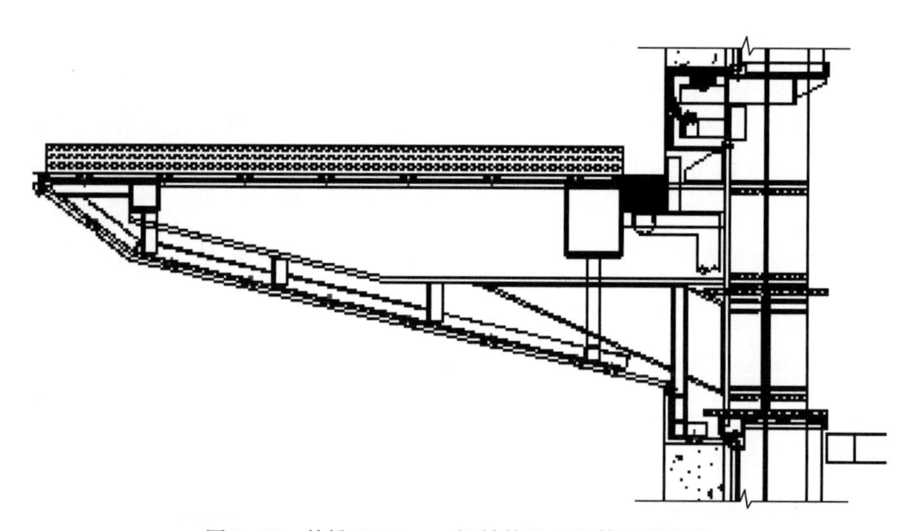

图 3-65　外挑 2 500 mm 钢结构柱处主体雨篷方案

图 3-66 为了与图 3-65 雨篷连续，外挑 2 500 mm，已经经过业主及设计院同意(图 3-67—图 3-69)。

2. 雨篷埋件及石材桁架埋件

在施工过程中，发现混凝土柱处钢筋密度较高，原始结构配筋图缺失，埋件很难在结构柱位置打孔布置埋件，特别是混凝土柱中间位置更为突出，原来设计的雨篷埋件 M24mm 化学螺栓(数量为 8)和 M24mm 机械扩底螺栓(数量为 8)交替安装的方案无法实施，通过与项目经理及项目工程师的不断沟通及多次勘察现场，在满足设计规范的前提下通过多次试验变换化学螺栓的左右距离最终得出现场可以操作，又满足结构设计的方案。

后期的深化设计总的来说主要就是依据现场情况及设计院的设计变更制订变更方案，所有的变更方案都必须在第一时间确定（业主、设计院、项目部），保证施工现场的工期。

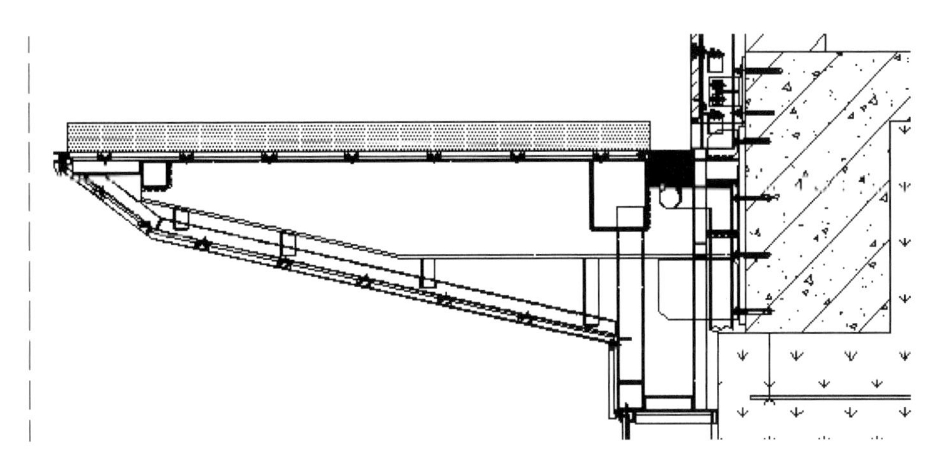

图 3-66　外挑 2 500 mm 混凝土柱处雨篷方案

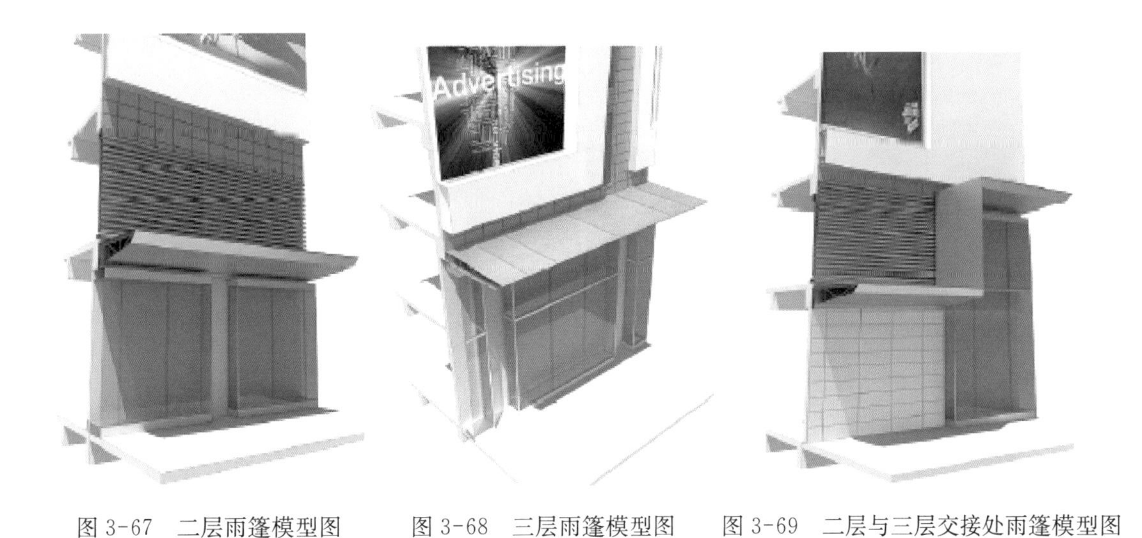

图 3-67　二层雨篷模型图　　图 3-68　三层雨篷模型图　　图 3-69　二层与三层交接处雨篷模型图

3.4 外总体设计

3.4.1 方案设计

前期设计方案考虑将现有老旧的景观场地进行重新设计调整，结合现状场地标高，重新整合景观空间，将绿化、商业出入口台阶、无障碍坡道等元素有机结合，使之更为人性化，为市民提供一个更为舒适的环境体验。同时满足政府要求，确保原有绿化面积不减少。在广场上增加休闲坐凳，增加舒适性，同时提升城市形象（图 3-70—图 3-72）。

图 3-70　广场新增座椅效果

图 3-71　改造后铺贴石材效果图　　　　图 3-72　改造后坡道效果图

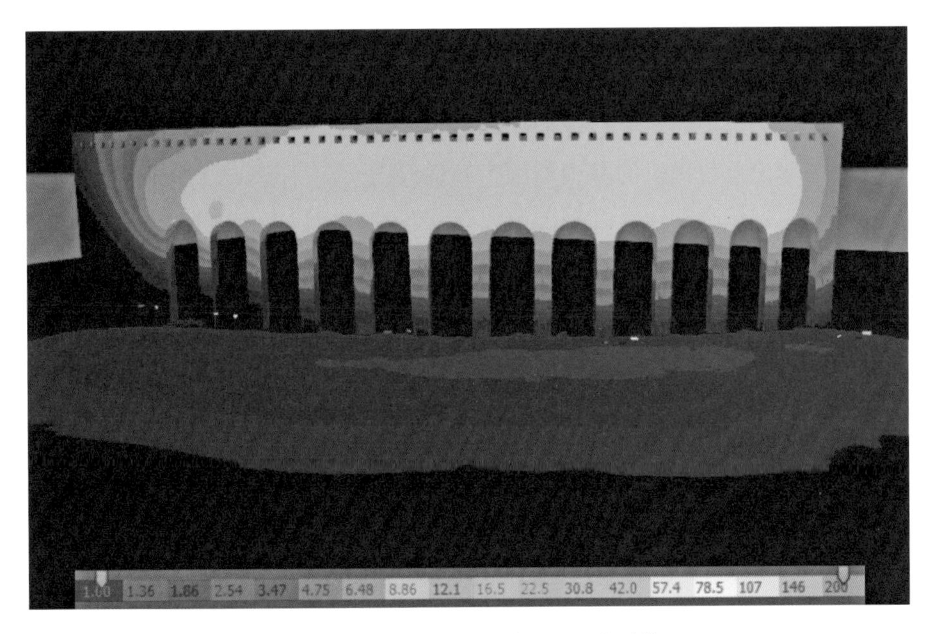

图 3-73　第一八佰伴大弯壁照度计算

图 3-74　灯光改造效果前后对比图(左图为改造前,右图为改造后)

原张杨路浦东南路转角广场上的排风口,将与景观雕塑小品相结合,使之成为兼容美观与功能的场地地表,可作为未来的集散点抑或作为商业腹部用途,进一步为项目提升了商业价值。

在平日模式下通过精确的照度计算均匀地将灯光渲染在大弯壁上,搭配品牌LOGO,素雅大气又不失商业氛围,如图 3-73、图 3-74 所示。

3.4.2　施工图与深化设计

1. 设计依据

(1) 项目立项批文。

(2) 业主提供的设计任务书。

(3) 上海第一八佰伴原始建筑竣工图资料。

(4) 各相关主管部门对方案文件的审批意见。

(5) 建设单位对方案设计的认可意见。

(6) 建设单位提供的基地周围市政管线图。

(7) 规划核准的建筑红线图及原有建筑地形图。

(8) 国家和地方颁布的相关规范、规定和标准。

①《民用建筑设计通则》(GB 50352—2005)。

②《无障碍设计规范》(GB 50763—2012)。

③《无障碍设施设计标准》(DGJ 08-103—2003(上海))。

④《建筑设计防火规范》(GB 50016—2014)。

⑤ 其他相关的国家和地方颁布的规范、规定和标准。

2. 绿化景观

本工程在整个外广场设置绿化,绿化主要包含各种棕榈、铁树、六倍利、可移动灌木等(图 3-75—图 3-77)。

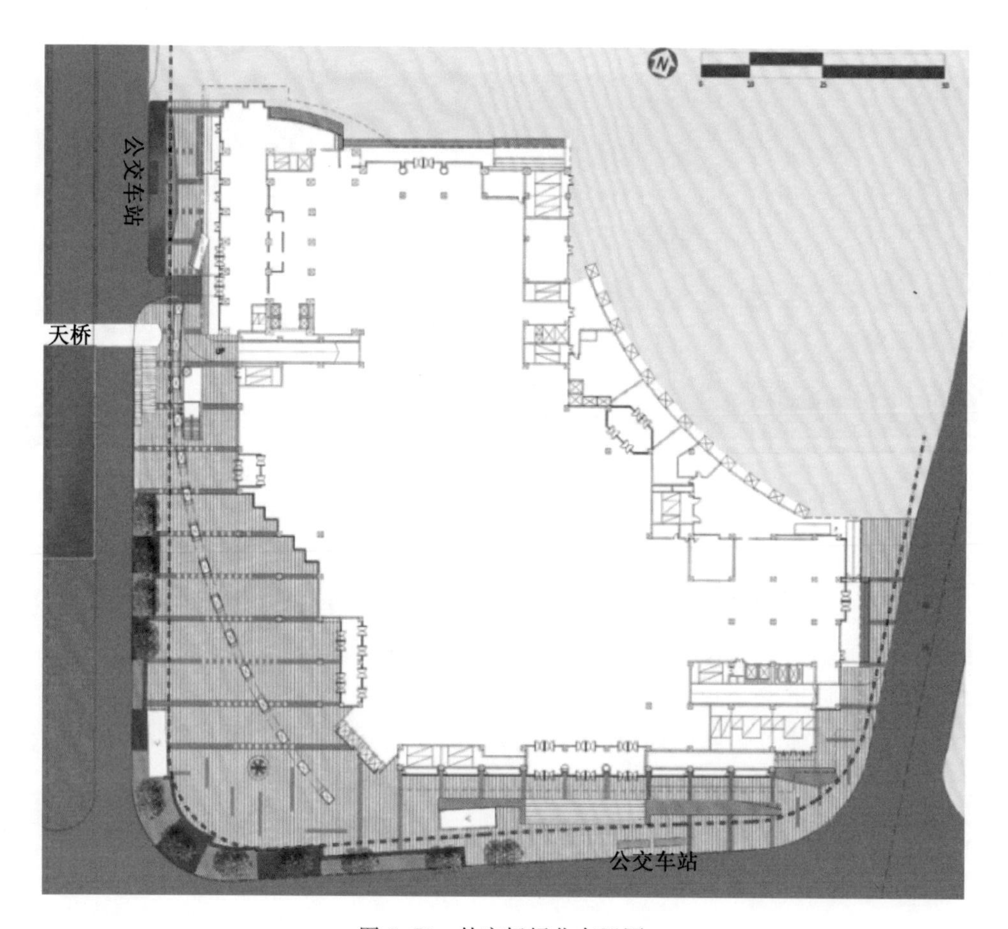

图 3-75 外广场绿化布置图

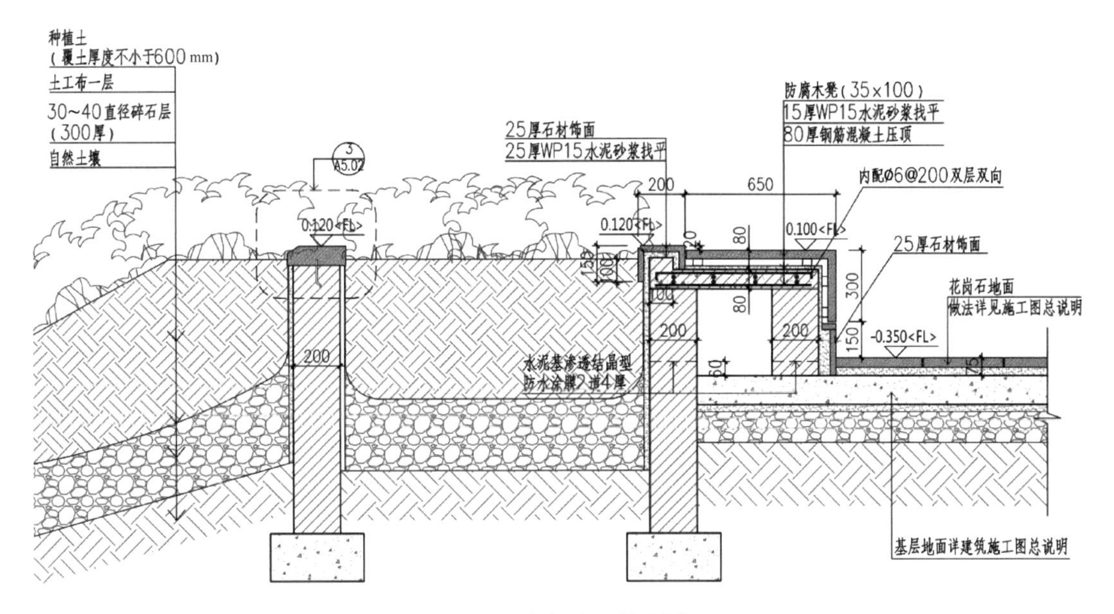

图 3-76 广场花坛做法详图

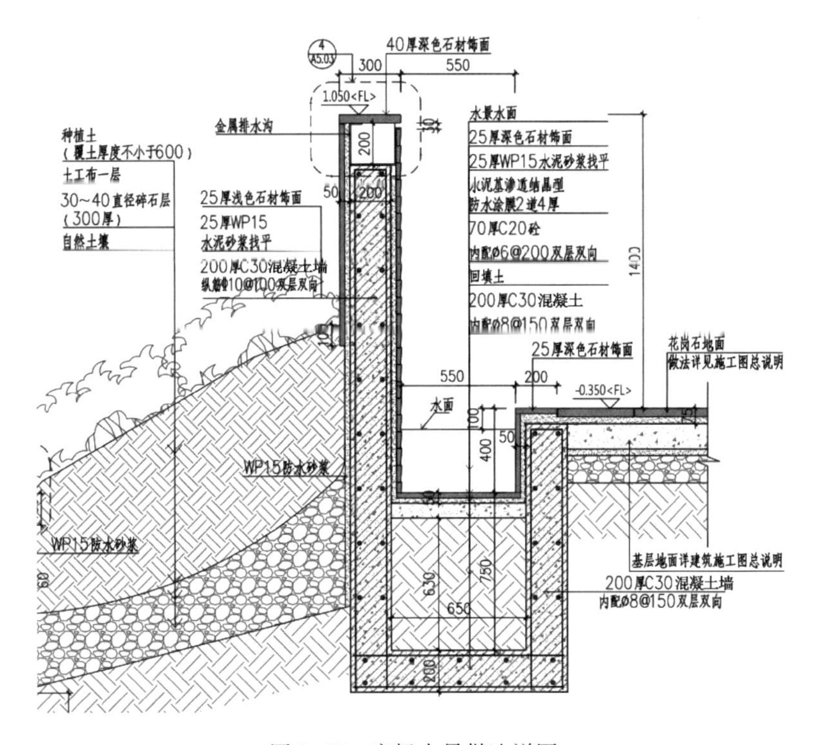

图 3-77 广场水景做法详图

3. 台阶及坡道

在商场主要的入口位置设置台阶及坡道，在广场四周设置盲道（图 3-78—图 3-84）

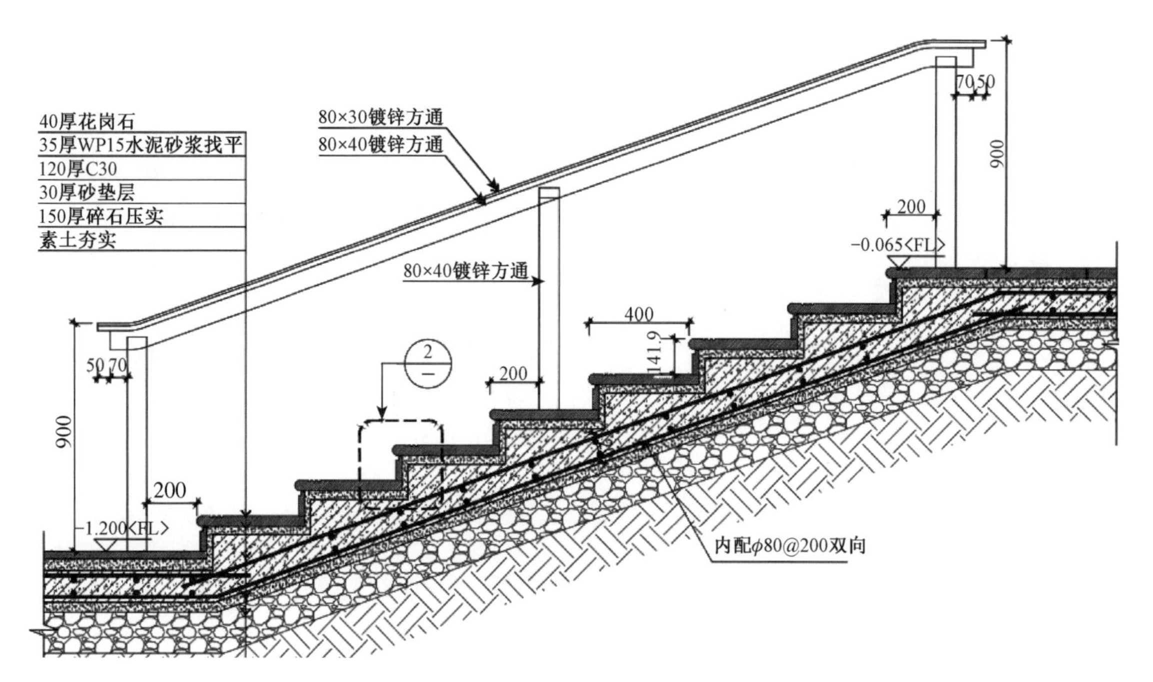

图 3-78　商场主入口处台阶做法

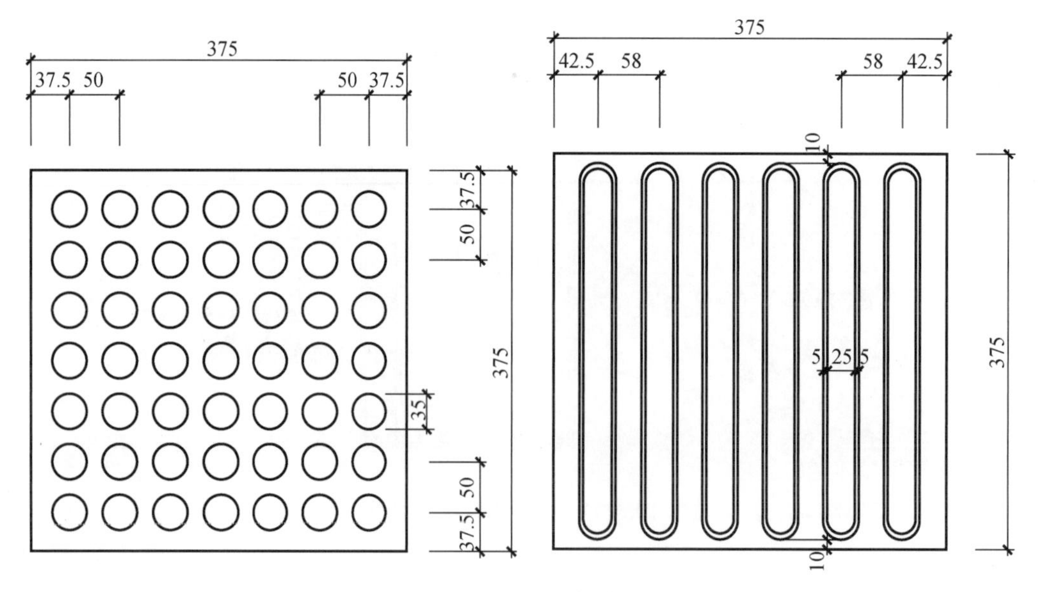

图 3-79　提示及行进盲道平面图

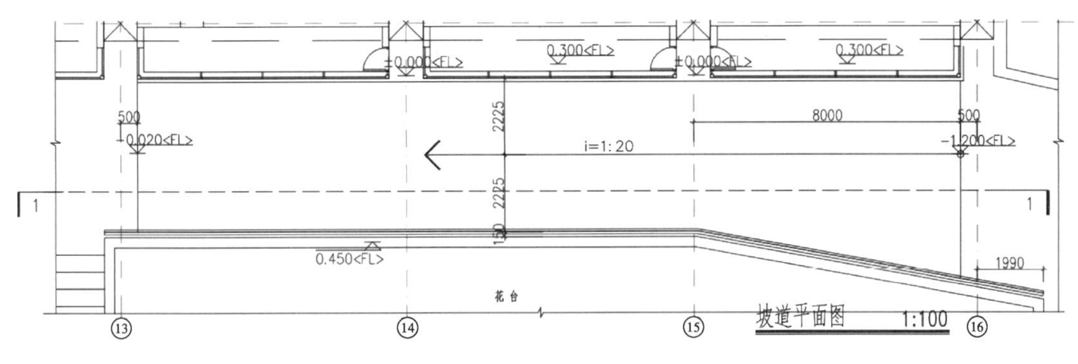

图 3-80 坡道平面图

4. 广场石材铺贴

本次改造将第一八佰伴广场部分与室外公共区域人行道一体化，达到统一美观的效果(图 3-81—图 3-83)。

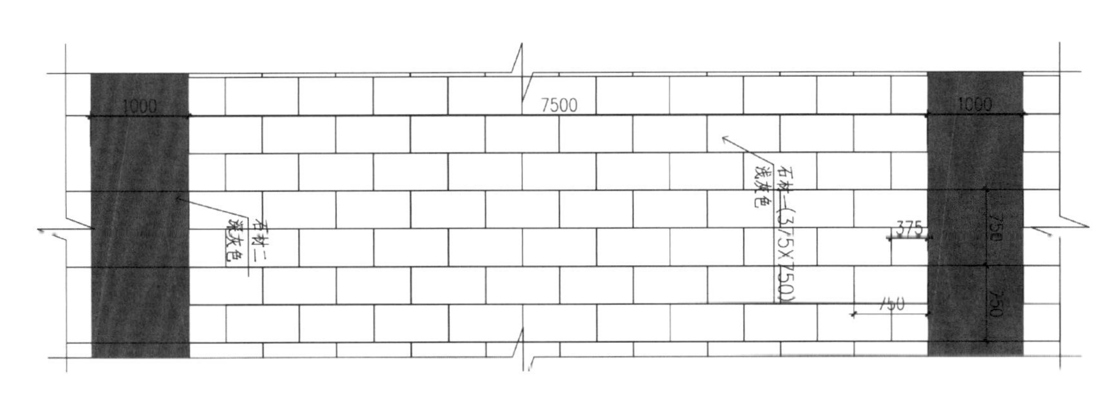

图 3-81 广场铺地平面图

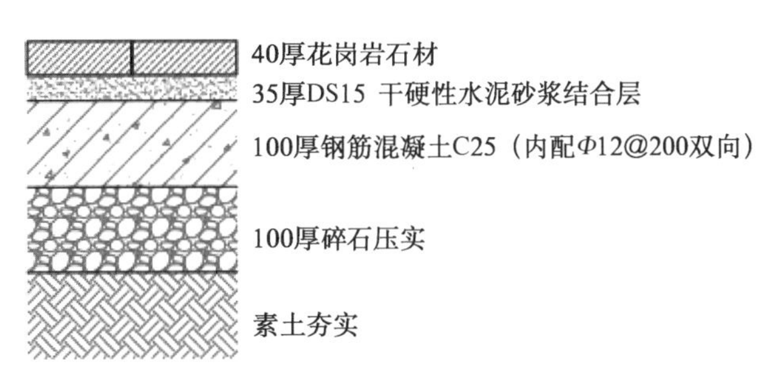

图 3-82 人行道构造

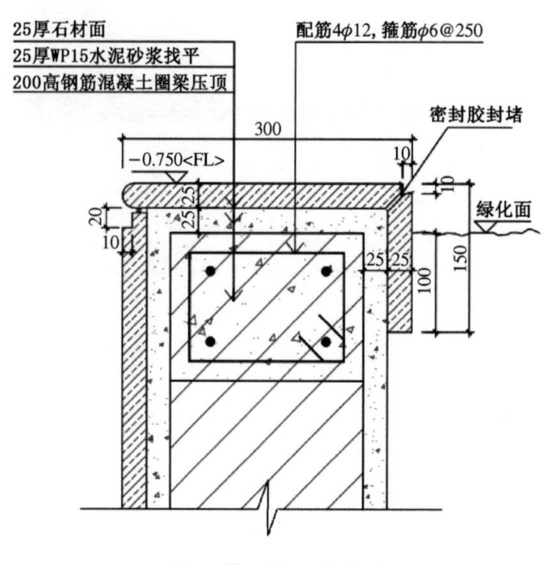
25厚石材面
25厚WP15水泥砂浆找平
200高钢筋混凝土圈梁压顶
配筋4φ12，箍筋φ6@250
密封胶封堵
300
−0.750<FL>
10
10
绿化面
20
10
25
25
25
25
100
150

图 3-83　铺地节点图

4 项目部署篇

4.1 施工总部署

4.1.1 施工阶段划分

根据项目不停业施工的要求，项目需分标段实施。在项目策划阶段本工程考虑两个分阶段方案，经过对比选择，最终确定选择两个施工阶段的施工方案(表4-1、表4-2)。

表4-1 施工分阶段方案对比表

	方案一	方案二
标段划分	分三个标段进行施工 (八、九、十层，五、六、七层，一、二、三、四层每层为一个标段)	分两个标段进行施工 (六至十层为标段一，一至五层为标段二)
优点	每个标段施工期间停业店铺少，能较好保证商场的营业收入	可以通过增加工人数量等措施将一个标段工期控制在3个月，整体工期仅需6个月，工期较短。是施工过程中仅需进行一次翻交，相对管理难度低
缺点	经分析，考虑各道工序施工需要，每一标段施工工期至少需3个月，整体则需9个月，施工工期较长。施工过程中需进行两次翻交，对施工管理要求高	每一标段施工期间停业店铺较多，对商场营业影响略大。现场施工工人数量增多，材料进出场强度加大
总结	经综合比较，并结合项目整体进度要求，最终确定项目现场划分为两个标段进行施工	

表4-2 施工分阶段表

第一施工阶段	7月1日 | 10月21日	一至五层停业封闭施工(图中红色区域) 六至十层及地下一层、地下二层正常营业	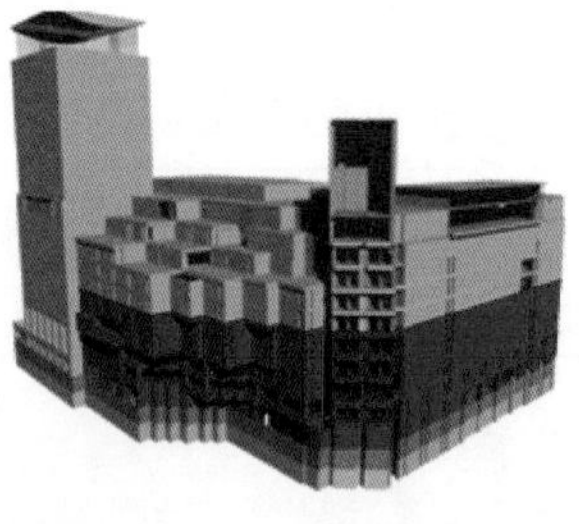
第二施工阶段	10月21日 | 12月20日	六至十层及地下一层、地下二层停业封闭施工(图中红色、蓝色、咖啡色区域) 一至五层部分店面正常营业	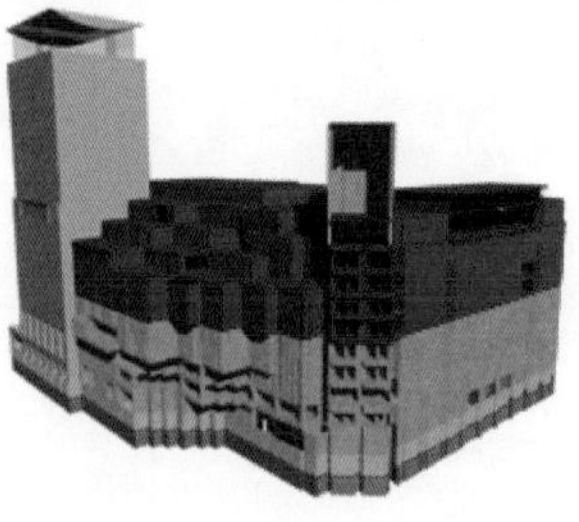

4.1.2 施工现场平面布置

本工程施工过程中场地布置的人货梯、安全通道、围挡等如图 4-1 所示。经过对场地的排摸以及和政府相关单位的沟通，确定南泉北路为运输车辆入口，浦东南路为运输车辆出口。施工人员入口为第一八佰伴原北侧大门，商场顾客入口为南泉北路入口和大弯壁处观光电梯。第一八佰伴原车库出入口施工期间保证畅通并在出入口设安全通道。

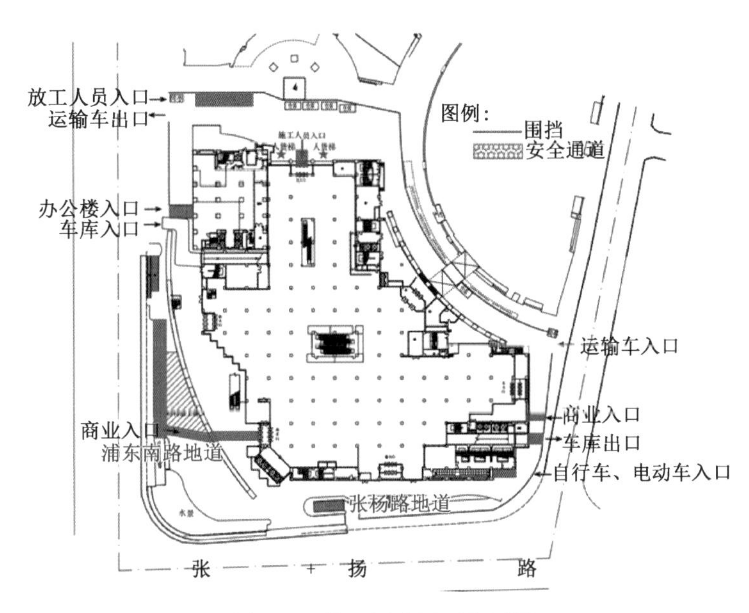

图 4-1　施工场地平面布置图

4.1.3 施工临水临电布置

1. 临电布置

经过排摸，商场每个楼层共 5 个配电室，现在商场每个配电室能提供的电量为 200 A，为了保证施工用电不影响商场用电，所配一级配电箱为 160 A 的开关，一级配电箱分 3 个 100 A 的接口，二级配电箱为 2 个 40 A 的开关，1 个 40 A 的开关接空压机等大型设备，另外 1 个 40 A 的开关接照明以及小型用电机械。室内的电缆由钢丝绳固定在柱子上。

工程每个施工楼层配置 4 个一级配电箱供室内装饰施工和机电安装施工用电，每一个一级配电箱分出 3 个二级配电箱。

外立面施工用电以及人货梯施工用电从原商场肯德基电源接入(商场肯德基的电源为大容量开关，满足人货梯用电)(图 4-2)。外立面施工用电和室内施工用电分开。保证外立面施工用电以及人货梯施工用电互不影响。外立面施工的电缆附着在脚手架上并用绝缘体连接(图 4-3)。

2. 临水布置

由于本工程施工用水量比较少，利用原卫生间的给水立管(立管不拆)连接支管，支管上接水表来计算用水量。保证每个楼层有两个用水点，不会影响 6 层以上营业区域正常供水(图 4-4、图 4-5)。

消防用水与商城用水、施工用水分离，保证消防水始终有效。

图 4-2　临电布置系统图　　图 4-3　电缆架空固定图　　图 4-4　临水布置系统图

4.1.4　施工工期部署

本工程开工日期为 2016 年 7 月 1 日，竣工日期为 2016 年 12 月 20 日。一至五层小业主 2016 年 8 月 30 日进场且保证 2016 年 10 月 21 日一至五层开业。2016 年 9 月 15 日开始施工六至十层。由于本工程施工工期紧，在工程开工前制订好符合业主要求的进度计划，本工程施工过程中严格控制工期，基本满足工期节点要求。进度计划的大节点如图 4-5 所示。

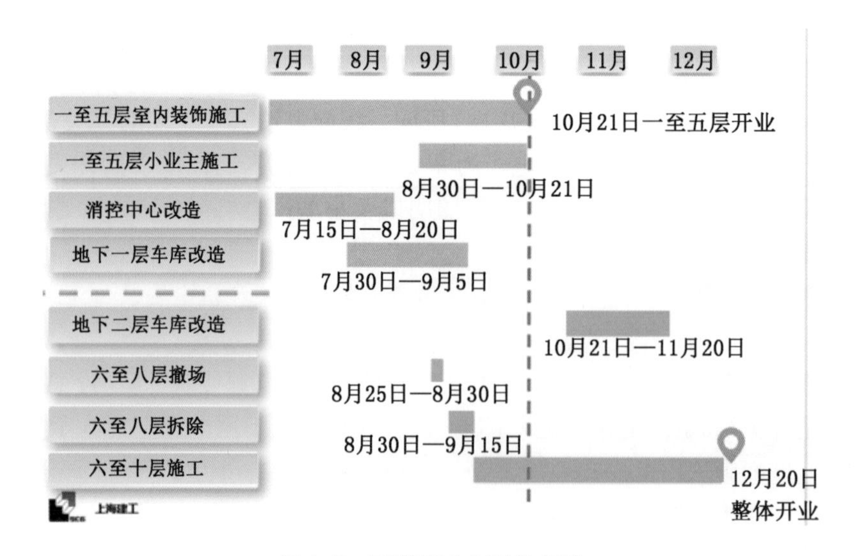

图 4-5　工程施工主要节点图

4.2 不停业施工难特点及对策

4.2.1 脚手架外立面美化要求高

为了提高施工时商场外立面的美观以及广告效果，在盘口脚手架外侧设置冲孔钢板网或不透尘阻燃安全网布，使施工面与外界完全隔离，冲孔钢板网上进行喷绘图饰（商场广告），保持商场装饰前外立面装饰及广告效果（图 4-6、图 4-7）。

4.2.2 施工隔离要求高

由于工程采用不停业施工的模式，为了保证施工不影响商场的正常营业，必须将施工区域与非施工区域进行隔离且需要对顾客人流以及施工人流进行引导。

1. 施工区域和正常营业区域的隔离

（1）首层施工区域和顾客上电梯通道采用石膏板墙＋防火卷帘＋广告布隔离，如图 4-8、图 4-9 所示。

图 4-6 脚手架外侧冲孔铝板

图 4-7 脚手架外侧不透尘阻燃网

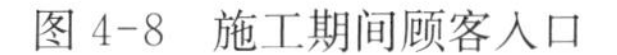

图 4-8 施工期间顾客入口

图 4-9 顾客入口与施工现场隔离

(2) 第一阶段施工改造装饰期间,顾客所用垂直客梯设置一至五层,地下一层层不停,施工人员所用货梯设置地下二层及六至十层不停。施工楼层商场顾客电梯门口采用石膏板墙+轻钢龙骨+内衬防火、隔音材料隔离,如图 4-10、图 4-11 所示。

(3) 考虑到施工期间减少对整个商场的营业期间的影响,由于施工楼层自动扶梯不可使用,地下一层至一层的自动扶梯处要进行封闭且五层施工楼层到六层正常营业楼层的自动扶梯采用石膏板墙+防火卷帘+隔音墙封闭,防止顾客进入施工区域以及施工人员进入正常营业区域。为了防止破坏自动扶梯,对施工区域的自动扶梯进行保护与封闭隔离(图 4-12—图 4-14)。

2. 施工人流与顾客人流隔离

第一阶段(一至五层)施工时,由于地下一层、地下二层以及六至十层正常营业,所以施工人员和顾客人流必须分离,防止施工人员进入商场内部影响商场的正常营业,防止商场顾客误入施工区域影响施工。

图 4-10 电梯隔离现场图

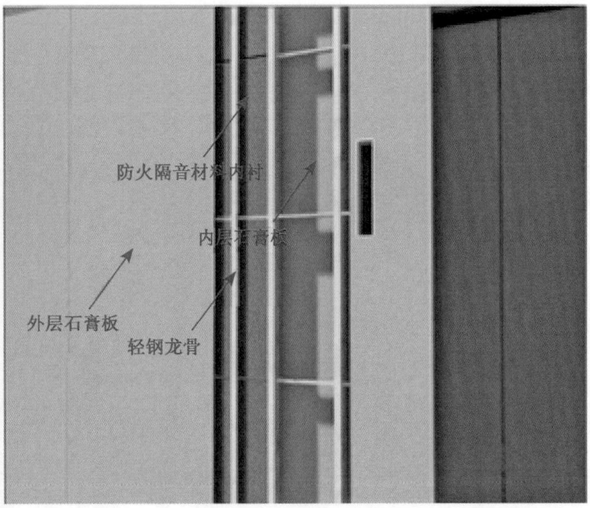

图 4-11 电梯隔离做法图

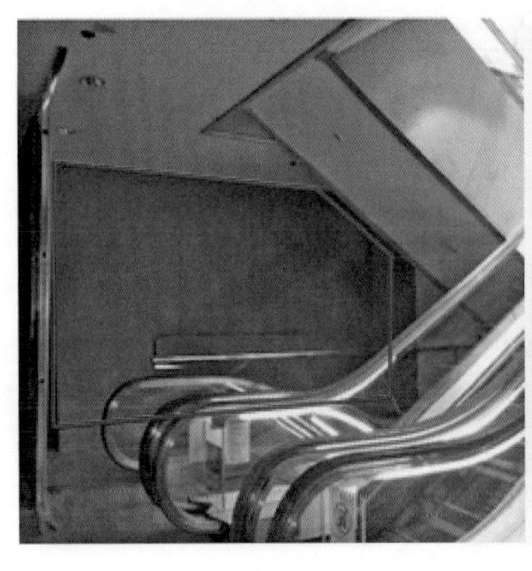

图 4-12 五层至六层自动扶梯隔离

图 4-13 自动扶梯保护

图 4-14 地下一层至一层自动扶梯隔离

经过和业主协商及现场排摸，第一八佰伴一楼保留两个商场顾客入口，保留 1 个施工人员入口。施工楼层商场自动扶梯全部停止使用，商场顾客使用 3 个区域的电梯进入六至十层正常营业楼层(图 4-15)。

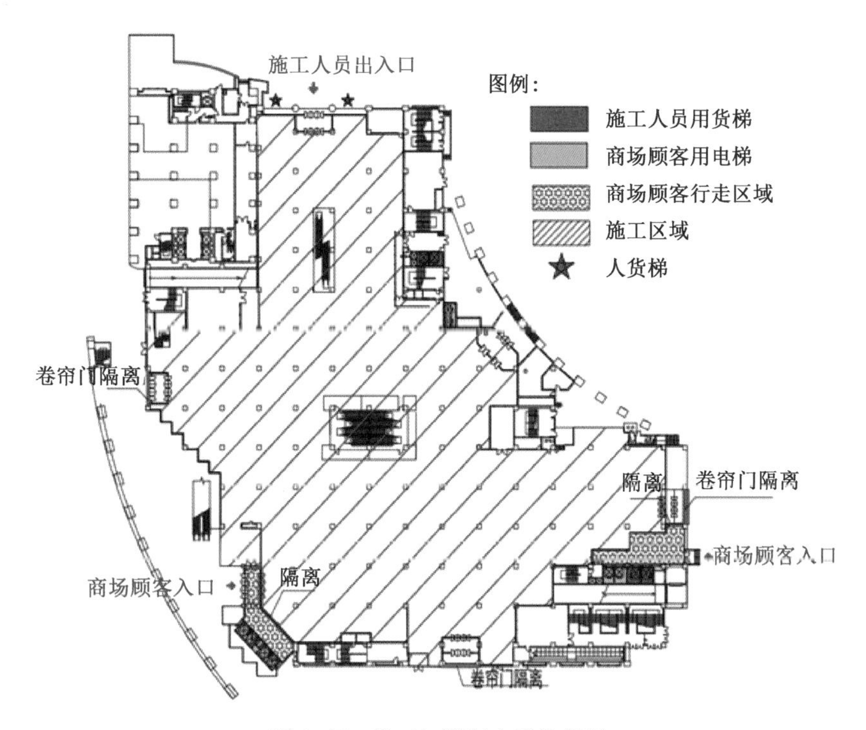

图 4-15 施工与顾客人流分离图

1) 施工人员人流走向

(1) 施工人员通过北广场两个人货梯进入施工楼层。

(2) 施工人员通过商场首层北广场 1 个施工人员入口进入商场内部。

(3) 施工人员进入商场首层后通过业主允许使用的商场货梯进入施工楼层，商场中央的货梯 24 小时提供给施工人员使用，南泉北路张杨路路口处商场货梯在晚上商场停业后才交给施工人员使用，白天商场自己使用。每个货梯都配备两个专职人员轮岗 24 小时监管。

(4) 施工人员使用的总共 4 台商场货梯，设置为地下二层以及六至十层不停。

2) 商场顾客人流走向

(1) 步行至商场的顾客通过商场首层大弯壁处 4 台观光电梯以及南泉北路张杨路处 2 台客梯进入商场正常营业楼层。

(2) 开车至商场的顾客通过商场地下二层 4 台观光电梯以及地下二层商场中央的 2 台客梯进入商场正常营业楼层。

(3) 顾客所用商场中央的两个电梯：顾客从地下二层进入，设置地下一层以及首层至五层为不停楼层。

(4) 顾客所用西边的大弯壁部位的 4 个观光电梯：顾客从一层和地下二层均可

进入,设置二至五层为不停楼层。

(5) 顾客所用张杨路南泉北路处的两个电梯:顾客从一层进入,设置二至五层为不停楼层。

4.2.3 施工运营保障难度大

由于第一八佰伴施工分两个阶段,在第一阶段施工期间,商场营业区域及办公楼的机电系统无法与施工区域的机电系统完全分割开,而在第二标段施工时,机电系统同样无法与办公楼区域的机电系统完全分隔开,因此各阶段施工之前首要保障运营区域不停业。

建立以项目经理为组长的运营保障小组,指定专人与第一八佰伴工程部对接,对于可能对营业造成影响的施工必须上报到项目经理部,通过决策后,方可施工。

不停业保障目标:

(1) 确保营运楼层及塔楼部分的消防系统完整。

(2) 确保营运楼层在营运时间内原冷空调系统、电气系统、给排水系统正常运行。

(3) 在降低系统改造过程中对原系统的影响,尽量做到无缝切换。

1. 消防系统的运营保障

第一八佰伴消控中心服务区域为地下二层至十层及十一至二十一层塔楼区域的消防系统。一标段地下一层,一至五层施工期间,保障二标段地下二层、六至十层及办公楼十一至二十一层区域商场正常运营。在二标段施工时,保障办公楼正常运营。

保障措施:一标段,原消控中心不拆除,建设新址消控中心,将施工区域的消防管线接入新消防主机,二标段营业区域及办公楼楼层的消防设备及管线仍然接在原消控中心,保证运营区域消防系统能够正常使用。二标段,原消控中心不拆除,将二标段消防接入新消控中心,同时将原消控中心主机与新消控中心主机连接起来,保障办公楼消防系统不改造能够正常使用(图 4-16)。

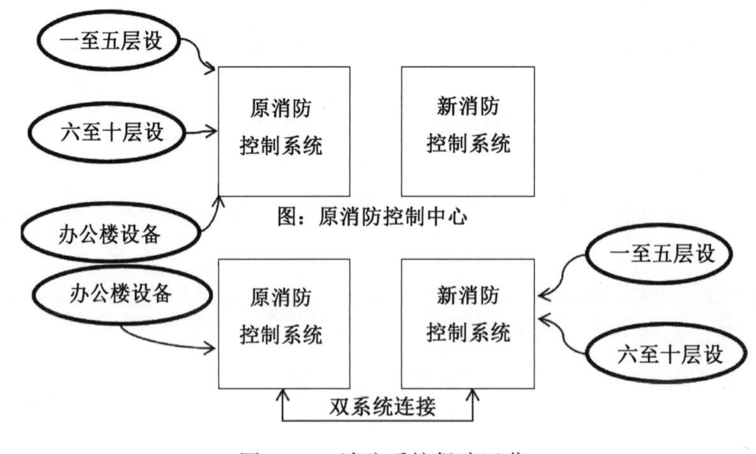

图 4-16 消防系统保障运营

2. 重力排水的运营保障

保障措施：平面管线按施工段施工，施工至五层吊顶内水平管时，需协调六层卫生间停水2～3天；立管则利用夜间抢工，在保证施工段二系统正常使用的前提下，分施工段分立管逐一更换排水立管（即施工段一施工时逐根更换地下二层到五层的立管，并同时与六层原旧立管驳通；在施工段二施工时，再更换六至十层的立管）。

3. 压力排水的运营保障

保障方案：检查并关闭平面总阀后进行平面管线拆除和更换，阀门应拆除阀柄、挂牌或派专人巡视。

潜水泵更换有两种方案：方案一，从10月初开始，在施工段一、施工段二交替的时间段内完成更换，预计施工及调试周期15天。方案二，如因施工段一在10月20日前要营业，工期不够，则放在施工段二中后期（11月10日）开始逐台更换。在更换过程中配合临时抽水泵过度。

4. 送排风系统的切换保障

为保障营业楼层的正常使用，风机的更换工作利用夜间抢工，逐台更换，强电电源和弱电控制点位均预留到位，第二天营业前恢复运作。平面管线施工仅需关闭楼层防火阀，待平面风管及风机更换施工完毕后再开启。

风机的更换工作按系统进行，为了不影响营业楼层的运行，施工放在晚间进行，强电电源及弱电模块需提前预留到位，更换风机后接通电源，风机调试完毕后，保证第二天营业正常使用（图4-17）。

5. 电气系统的运营保障

对于链式供电系统的配电柜（箱），进线电缆不更换条件下，在新配电柜来之前，确定配电柜尺寸大小，安装位置，保证配电柜能与原进线电缆能够对接上。新配电柜（箱）到货后，老配电柜（箱）利用夜间拆除后安装新配电柜（箱）替换施工，并在营业前送电。对于树干式供电方式的配电柜（箱），利用夜间切断低配电源，在拆除老配电柜（箱）前电缆头线芯用相色黏性胶布做黄、绿、红、蓝色标，确保与原相位一致，电缆头线芯铜接头裸露部分用绝缘胶布包好，安装好新配电箱，搭接好电缆，低配送电前必须校对电缆线芯相序及绝缘测试，并记录绝缘测试数据记录（图4-18）。

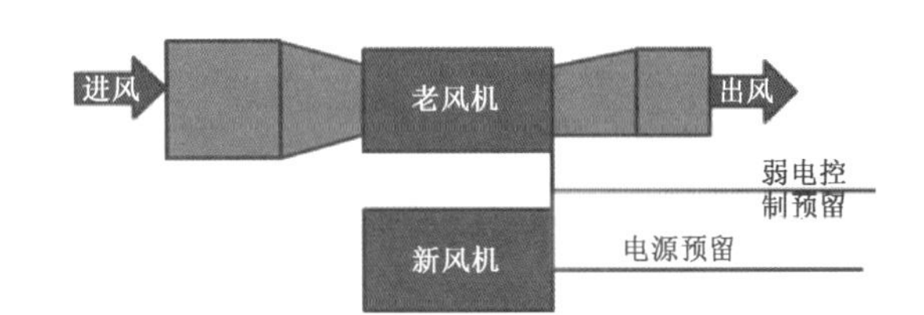

图4-17 风机切换示意图

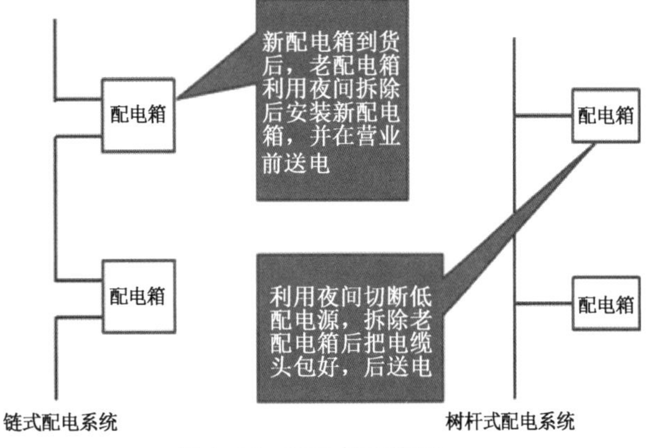

图4-18 配电箱更换图

6. 协调保障程序

更换设备及切换系统之前，需要跟业主方办理交接施工手续。首先编制拆装方案，我司完成各系统切断，拆除工作开展前做好系统的切断工作，切断后办理工序交接手续，经多方确认后才能进行后续拆除工作。主要切断点挂牌及派专人巡视，以免非专业人员误操作。

经监理工程师书面确认后，交付装饰，开展第一阶段装饰拆除工作，我司复核拆除内容，确定二阶段拆除界面，形成书面文件并进行现场交底，在拆除过程中随时提供技术支持并组织人员巡查。

7. 弱电系统的运营保障

1）管线排摸

针对前期大楼原有弱电系统管线走向的排摸，使得技术人员对于施工区域原有弱电系统的剥离方案有了设计依据。在施工策划阶段通过现场记录的实际情况，对原系统的主干线缆及分支线缆做了细致区分，从而在设计上保证在施工阶段所剥离的旧系统不会影响到营业区域的正常功能使用。

2）方案策划

方案策划阶段，结合业主需求，对新的弱电系统进行了重新规划。将原有的总线制系统如：消防系统、安防系统、广播系统、BA 系统等重新设计，新系统全部为基于 TCP/IP 协议的网络系统，新系统构架具有容易扩容、安装方便、造价低廉、运行稳定等特点，而且最重要的是能够保证新老系统的无缝切换，切实满足八佰伴不停业改造的特殊要求。

3）各参建单位协调

由于第一八佰伴改造参建单位众多，在有限的时间内如何配合各家参建单位完成任务就显得格外重要。针对如何更好与各参建单位配合协调做了如下措施：

（1）对于原系统的主干线缆进行标记。在正式拆除工作开始前，安排专人以前期排查的草图、标签为依据，对可能影响营业区域的主干线缆进行高密度标记，以防拆除过程影响大楼正常营业。

（2）对于重点区域的保护。大楼原弱电系统的两个核心机房分别位于大楼一层和六层，且每层均有弱电井道分布。对于这些重点区域，除了张贴警示标志外，还在施工图纸上圈出，对在这些地点有作业任务的施工单位进行详细交底，确保施工员了解现场情况，以防意外发生。

4）应急预案

（1）工程材料的准备。根据大楼原系统的线缆型号，采购各种标准线缆常备于现场，这样在发生意外情况导致系统故障时，能够在第一时间对系统进行恢复。

（2）保障人员。在施工过程中，安排专门的施工保障班组，此外施工现场有施工技术负责人员 24 小时值班，随时待命负责可能出现的紧急情况。

（3）现场巡查。安排施工保障班组在没有突发情况时在各重点区域轮流巡查，加强对现场的保护。

8. 保留系统的产品保护

由于第一八佰伴施工周期分为第一标段和第二标段，第一标段施工阶段时候，第二标段区域的系统需要继续保留使用，以此需要进行产品保护。

1）产品保护原则

（1）各个区域的产品保护必须在施工正式开始前完成。

（2）在施工过程中，若发现保护措施有损伤的部位立即修复保护措施，确保产品的完整性。

（3）各个区域派专人监护产品保护的措施。

（4）施工前对工人进行产品保护技术交底。

2）原系统产品保护基本方法

（1）保护：保护就是提前保护预防，以防止成品可能发生的损伤。如在电梯内部用木板覆盖；门口在推车易碰部位钉装木板，在小推车车轴的高度处钉防护条等措施。

（2）包裹：包裹主要是防止成品被损伤或污染。铝合金门窗应用塑料布包裹，电气开关、插座、灯具等设备也要包裹，防止在施工过程中被污染。

（3）覆盖：对成品加以覆盖，防止成品堵塞、损伤，同时也防止操作人员踩踏或物体磕碰。

（4）挂牌：需保留管道、设备和门窗，都必须挂上标牌和指示标示，确保不被误拆。

（5）封闭：封闭是指对已施工完毕的区域进行临时封闭。如各类机房间均应立即锁门，没有相关人员认可无法进入施工区域，保证施工区域的封闭性。

（6）巡逻看护：巡逻看护是对已完成的成品实行全天巡逻看护，只允许经项目部同意进入的人员进入，防止无关人员进入重点、危险区域和不法分子偷盗、破坏等行为，确保工程产品的安全。

3）保护的内容

（1）地面的保护：由于施工期间材料和设备的进场，需要经过广场和大楼未施工区域，对广场区域铺设钢板，及减速带；在大楼进门和有地砖区域，铺设木板或地毯。

（2）电梯的保护：在电梯内部钉装木板，并将非施工区域的电梯门洞用木板封堵，楼层显示和楼层按键进行暂时拆除。

（3）弱电设备的保护：对于涉及运营区域的弱电管线和设备，进行排摸后，进行挂牌标示，确保不被拆除。

（4）工作人员考勤设备保护：将考勤设备和管线移位至运营区域，将原接口重新移到新位置，保障设备能够正常使用。

（5）消防设备的保护：对于非施工区域的消防设备和管线定期检查，非施工区域的消防管线进行挂牌和巡检，确保不被破坏，保障消防设施正常使用。

4.2.4 施工场地狭小，场地布置难度大

工程地处浦东新区繁华区域，商业交汇区，且施工期间商场正常营业，用于施工

用场地极其狭小，对于材料堆放、材料加工、施工垃圾处理等场地，都有极高要求。

1. 材料及垃圾堆场

北广场区域作为临时堆场，用以材料夜间进场临时短驳堆放。材料夜间进场，即由垂直、水平运输工具运至操作面，不得堆放在临时堆场内。设置集装箱办公室及仓库。所有材料到场时间必须严格依施工进度计划，确保到场材料当天消化完，不堆积现场，占用场地。由于拆除期间垃圾量比较大，所以在北广场搭建一个垃圾中转场，垃圾尽量在夜晚运输，对于拆除建筑垃圾做到当天拆除，当天晚上转运出工地，减少现场临时用地的占用时间(图 4-19、图 4-20)。

2. 外加工基地

精装修、设备等大宗材料加工及堆场一律放至外加工基地，减小现场材料堆场压力，避免因材料加工带来的噪声污染。

3. 生活区

大临宿舍位于浦东新区昌邑路民生路路口，距离本工程仅 4 km 路程，工人由班车统一进行接送(图 4-21、图 4-22)。

图 4-19　北广场材料堆场

图 4-20　北广场集装箱

图 4-21　大临宿舍位置

图 4-22　大临宿舍

4. 办公区

地下二层停车库靠商场货梯规划 300 m^2 搭设现场临时办公室，尽量少占停车位，且各施工楼层设置临时办公室（图 4-23、图 4-24）。

4.2.5 材料运输压力大

(1) 整个工程装修面积约为 89 430 m^2，需要拆除的区域为商场公共区域，商场的公共区域装修约为施工区域面积的 40%，约为 35 772 m^2。整个工程需要拆除的垃圾约为 5 365 t。室内部分拆除体量较大，水平及垂直运输距离长。

(2) 外立面及室内建筑材料种类多、材料量大，材料运输压力大。

1. 垂直运输

本工程室内装饰及机电安装材料运输主要考虑使用商场原有的货梯以及北广场设置的两台人货梯（图 4-25、图 4-26）。

图 4-23 临时办公区大门

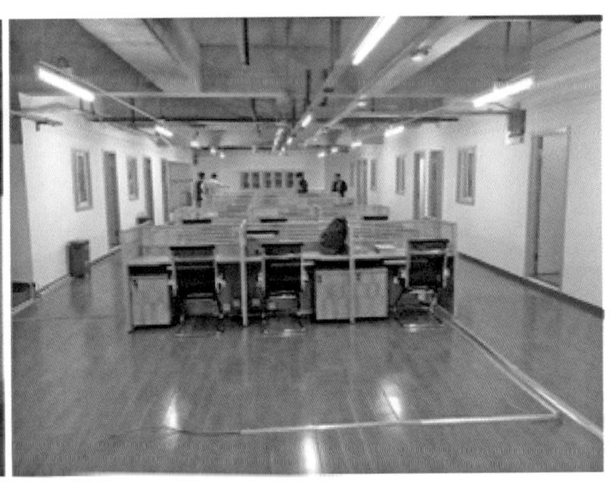

图 4-24 临时办公区内部

图 4-25 北广场人货梯

图 4-26 商场货梯

由于本工程拆除期间垃圾比较多，为了加快工程进度，楼层内的垃圾采用串筒运输到北广场的垃圾堆场。

由于人货梯部位的脚手架和两边的脚手架断开，所以幕墙材料的垂直运输不能依靠人货梯，本工程幕墙石材等材料的垂直运输采用卷扬机（图 4-27、图 4-28）。

2. 水平运输

整个工程精装修面积为 70 000 m^2，需要拆除的区域为商场公共区域，按照公共区域精装修约为施工区域面积的 40%，约为 28 000 m^2。室内部分拆除体量较大，水平运输距离较长。部分材料规格较小或长，进出采用搬运机械化推车，大部分替代传统手工搬运，提高材料进出效率（图 4-29、图 4-30）。

图 4-27　卷扬机固定

图 4-28　卷扬机吊装

图 4-29　液压推车

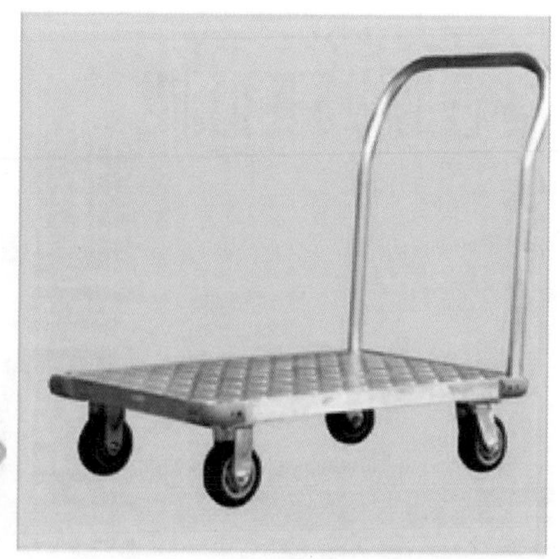

图 4-30　水平手动推车

4.2.6 文明施工要求高

(1) 本工程地处繁华商业区,周边人流车流较大,保证整个商场良好的卫生、安全、文明以及视觉效果尤为重要。

(2) 施工区域为全封闭结构,空气不流通,烟雾、粉尘长期积聚无法飘散。对现场造成视线受阻,令人窒息气味影响到施工人员正常施工。

1. 脚手架选型

脚手架采用新型盘扣式外脚手架,确保外脚手架整齐、美观;铺设钢板网走道,禁止采用易产生建筑垃圾的竹笆;外侧采用冲孔铝板封闭(图4-31—图4-33)。

2. 安全通道设置

为了满足安全文明施工要求,在主要顾客出入口及车库出口搭设安全通道,安全通道用盘扣式脚手架部件搭设,通道两侧用临时围挡进行隔离(图4-35、图4-36)。

图4-31 盘口脚手架

图4-32 钢板网走道

图4-33 钢板网背衬

图4-34 安全通道侧面

图4-35 安全通道正面

3. 施工围挡布置

围挡设置的主要目的是为了把外界正常使用区域和施工区域进行隔离，且保证正常使用区域的道路通行。根据现场实际情况，南泉北路原货物运输的一条路中间已有钢丝网搭设的临时围挡，因此施工围挡继续沿用此区域最为合适，这样在保证施工区域内的垃圾车辆通行的同时，也能保证正常使用区域内的人员行走。根据规范要求，围挡 2.5 m 高且围挡外侧设置广告。施工围挡的位置大概在原第一八佰伴用地红线向内(第一八佰伴一侧)偏移 1 m。围挡上安装喷雾系统用来控制扬尘(图 4-36)。

4. 噪音控制

拆除工作尽量限制于在商场运营结束后(与业主协商确定时间段)；室内原有地坪建筑面层凿除或拆除时采用低噪音设备；施工区域与商场运营区域进行隔音隔离措施。

5. 扬尘控制

实现施工作业层“正压通风、负压换气、循环空间气流”来改善作业面空气质量。

围墙安装自动喷淋设备，降低粉尘对外部的影响。工地上运用小型洒水车来防扬尘(图 4-37、图 4-38)。

图 4-36 围挡外侧设广告

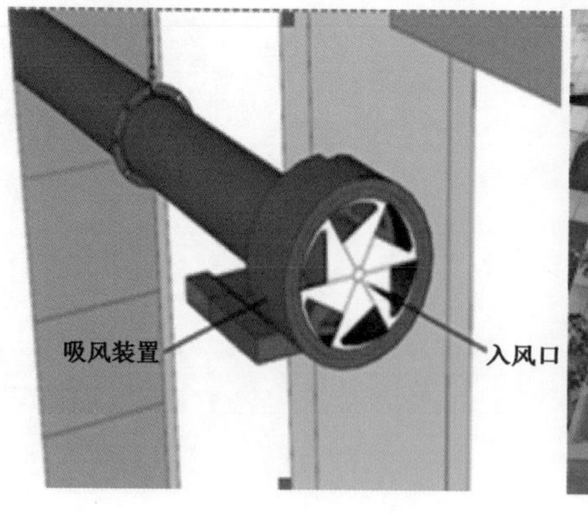

图 4-37 空气循环系统

图 4-38 围挡上喷淋设备

6. 建筑垃圾堆放与外运

原有装饰层凿除后建筑垃圾采用集装箱化归堆、运输，禁止建筑垃圾外露随意堆放。在北广场侧搭设垃圾仓库，用以堆放垃圾并装袋，垃圾仓库内设置喷雾装置，确保垃圾房封闭且无扬尘。

4.2.7 施工工期紧

由于本工程业主要求工期短(2016 年 7 月 1 日—2016 年 12 月 20 日)，且设计方案修改多，所以本工程工期比较紧。为了加快施工进度，满足工期要求，主要采取以下措施：

(1) 每个楼层平行施工。

(2) 24 h 不间断施工，施工人员及管理人员白天、夜间分批上班。

(3) 编制楼层日计划，对比现场实际施工进度情况并及时做出反馈。

(4) EPC 设计施工一体化，召开周设计例会。依据现场进度调整出图计划表，通过以上的各种措施，保证了第一八佰伴在 12 月 20 日全面开张的时间节点。

4.2.8 与商场租赁区小业主的接口施工多、管理困难

本工程商场区域为租赁区，其将在工程施工后期介入，在这个时候，机电安装各专业主系统干线均已完成，甚至部分建筑装饰施工均已到完成面。一般而言，商场租赁区的变动将很大，特别是对机电末端调整的要求高，而机电在主系统完成的情况下，改动是非常有限的，因此工程面临着与商业模块的接口施工多、管理困难。

(1) 在施工过程中，及时与业主联系，了解商场租赁区的布置细节，实行对口协调。

(2) 系统管线施工时，提前在商场租赁区与设计协调进行管线综合平衡，设置预留租赁区的接口。

(3) 同时对该部位施工完的预留及隐蔽管线采用图纸、照片、录像等形式进行备案，为今后租赁区小业主的施工做好准备。

(4) 小业主进场之前须找业主办理施工单，施工单办理完成之后方可进场。进场之后的施工活动必须严格按照总包要求，总包有权给小业主开停工单。

(5) 小业主进场前须签署协议，若出现对公共装修区域的破坏，需要负一定的责任。

(6) 小业主进场后提交一份施工工期表给总包，经总包协调修改，使总工期满足第一八佰伴开业的要求。

(7) 所有商铺施工时必须搭设围挡，确保安全文明施工。

(8) 所有基层板建议使用阻燃板，并提供检测报告。

(9) 成品柜台材料不得使用高密度板。

(10) 如有需要基层材料可由项目部提供，垃圾清运由项目部统一进行，收取小业主一定的费用。一是，可以有效地保证货梯垂直运输顺畅；二是，可以规范化所有基层质量。

(11) 规划小业主材料的堆放点，特别是水泥砂浆、粘结剂搅拌等容易造成污染的建筑材料。

(12) 对于小业主材料水平运输设备提出要求,接触地面必须包有柔性材料,不能损坏已完成装饰面。

(13) 施工人员安全帽需统一,便于管理。

(14) 饰面材料必须满足环保要求,并提供检测报告。

(15) 若在商场营业后再进行施工的单位,有噪音、扬尘污染、油漆喷涂等内容的须在夜间施工。

4.2.9 工程涉及专业多,分部分项验收相应较多

上海建工作为成熟的施工总承包商,在施工总承包管理方面积累了相当丰富的经验,尤其是在对分包单位的管理、协调、配合等方面均有一套详细的分包管理制度,将指挥、配合、服务运用到本工程并贯穿始终的,并体现在日常的管理中。进场之后以施工总承包管理合同为履约依据,将各分包单位纳入施工总承包管理范畴之内,以业主的整体工期、质量、安全要求为目标,进行整体调控,达到建设方、施工总承包方、各专业分包单位"三赢"的局面。

(1) 根据合同要求,贯彻公司整体经营管理理念及项目管理方针,理顺项目管理基本职能,优化项目管理过程,健全项目管理体系。

(2) 重视本工程的实施,挑选具有同类工程丰富总包管理经验的一级建造师担任本工程项目经理,组织专业、精干、高效的施工总承包管理团队承担本工程的施工总承包管理。

(3) 在公司合格分包供应商名录内挑选符合资质的分包商,并提交业主审批后进入施工现场,优选长期合作、技术水平高的工人进行施工,选用合格环保的材料进行施工。

4.3 盘扣式脚手架专项方案

在第一八佰伴改造过程中,裙楼和主楼局部都使用的是承插型盘扣式落地脚手架。脚手架平面布置示意图如图 4-39 所示。

4.3.1 方案特点

(1) 搭设高度:本工程外立面脚手架搭设高度最高为 49 m,远超规范中规定的 24 m 高度。

(2) 构造措施:斜杆、连墙件、门洞的设置都有了较大的加强。

(3) 外围防护:沿街采用了冲孔铝板,在安全防护、立面美观上相比灰网都有较大的提升。

(4) 安装方式:模块化组件,较以往的扣件式不仅在安装效率上大大提高,在安装的可靠性及安全性上也有较大的保障。

由于其搭设高度较高、难度较大,本工程脚手架在搭设前对方案进行了数次修改优化并通过了专家论证。在搭设过程中严格按照方案采取了诸多加强措施。

4.3.2 盘扣式脚手架构件规格

(1) 26 m 高盘扣式脚手架:

立杆:Q345B/Φ48×δ3.2;水平连杆:Q235B/Φ48×δ2.5

斜拉杆:Q195/Φ33×δ2.3;脚手板:Q345B/δ1.5

(2) 49 m 高盘扣式脚手架:

立杆:Q345B/Φ60×δ3.2;水平连杆:Q235B/Φ48×δ2.5

斜拉杆:Q195/Φ33×δ2.3;脚手板:Q345B/δ1.5

脚手架构件如图 4-40 所示。

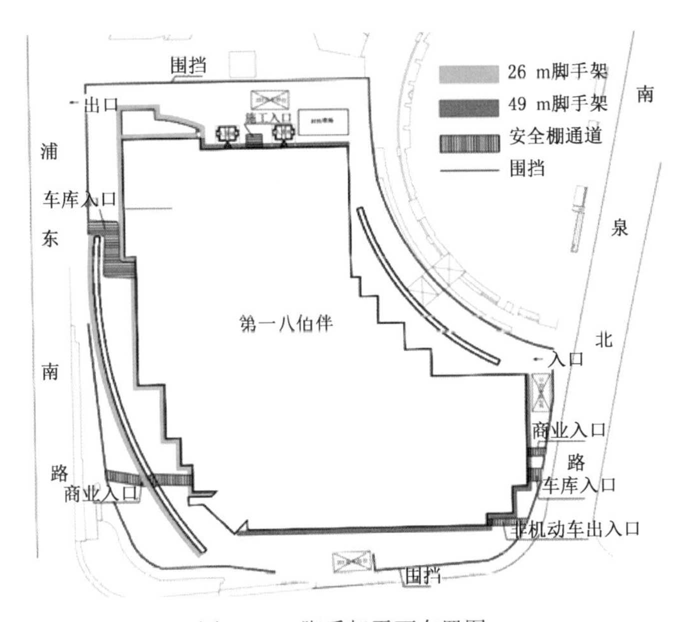

图 4-39 脚手架平面布置图

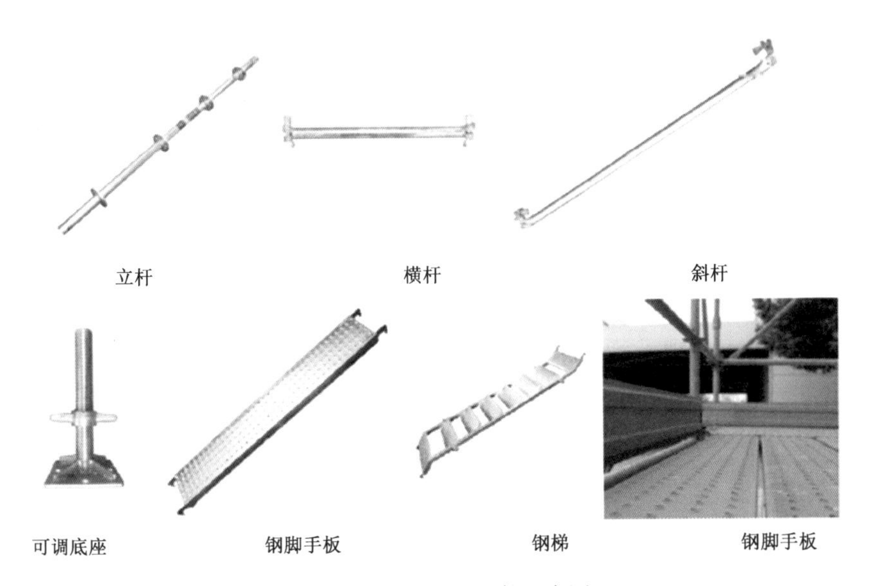

图 4-40 主要构配件示意图

4.3.3 脚手架构造措施

1. 斜杆的加强(图 4-41—图 4-43)

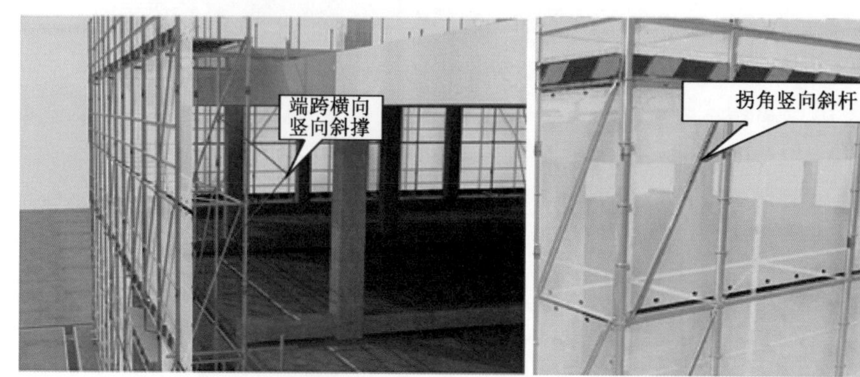

图 4-41 端跨横向竖向斜撑

图 4-42 拐角竖向斜杆

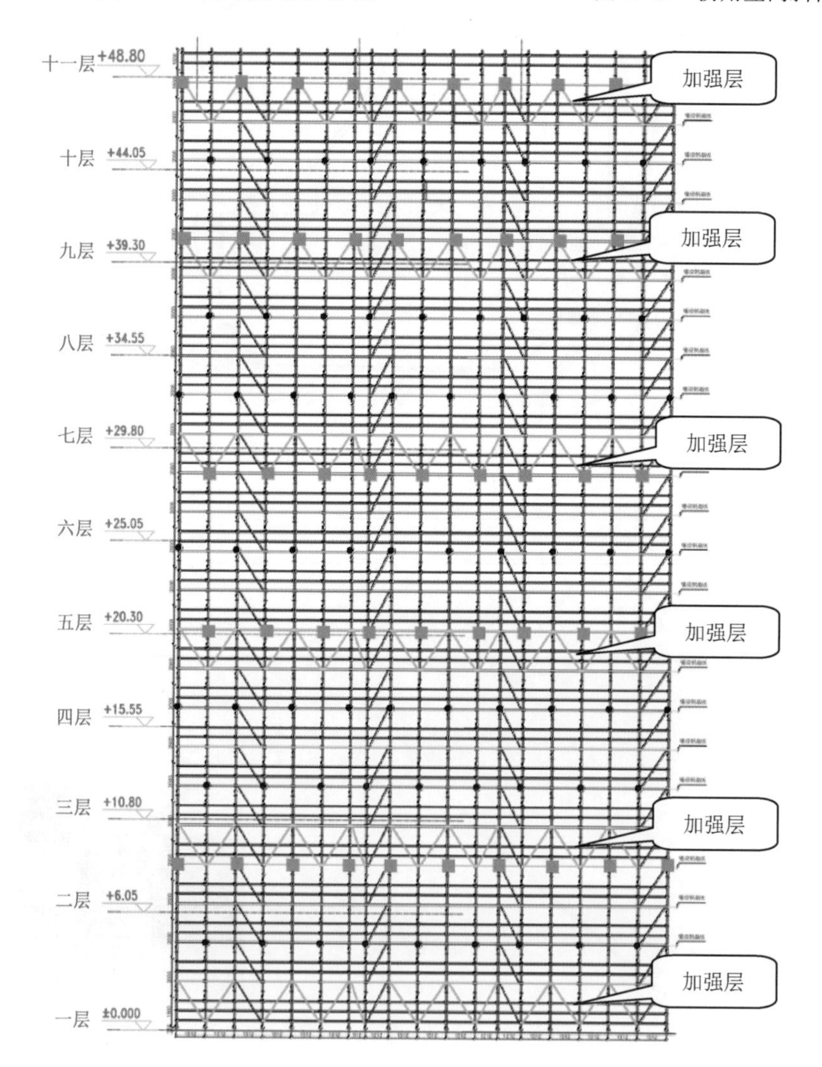

图 4-43 斜杆加强层位置

（1）架体外侧纵向每 5 跨每层设置 1 根竖向斜杆(常规措施)。

（2）26 m 高脚手架的顶层和底层满布斜杆(加强措施)。

（3）49 m 脚手架的顶层和底层满布斜杆且每 5 步满布斜杆(加强措施)。

2. 门洞构造加强

（1）脚手架开洞处工字型钢上方、工字型钢下方及两端设置斜杆(加强措施)如图4-44所示。

（2）工字梁受力部位增加筋板(加强措施)如图 4-45 所示。

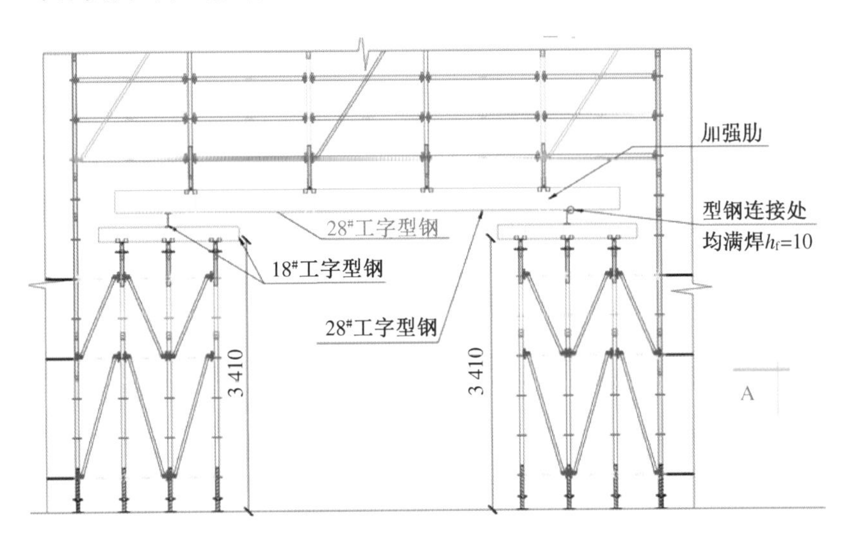

图 4-44 脚手架开门洞部位加强

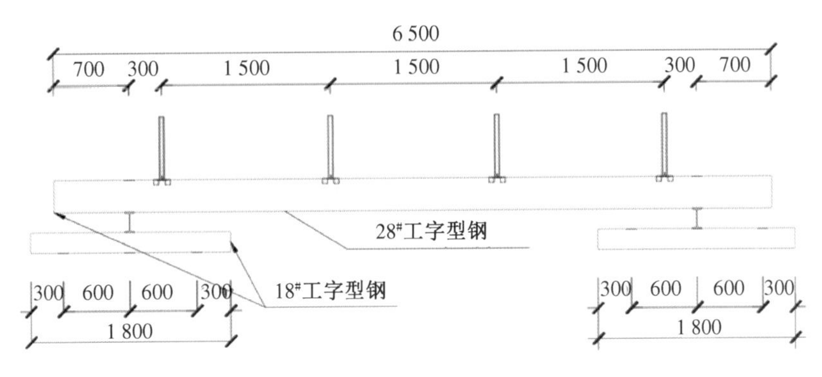

图 4-45 工字型钢梁受力加筋板加强

3. 连墙件设置

1）连墙件设置(普通拉结)(图 4-46)

（1）采用 2 颗 M12 化学螺栓(常规 1 颗)将 8 mm 厚钢板(常规角钢)固定在结构梁或墙板上。

（2）采用 Φ48×3 拉结钢管焊接在钢板上，另一端与脚手架内立杆用扣件连接。

（3）钢管与钢板连接处增加 4 块加劲板(加强措施)。

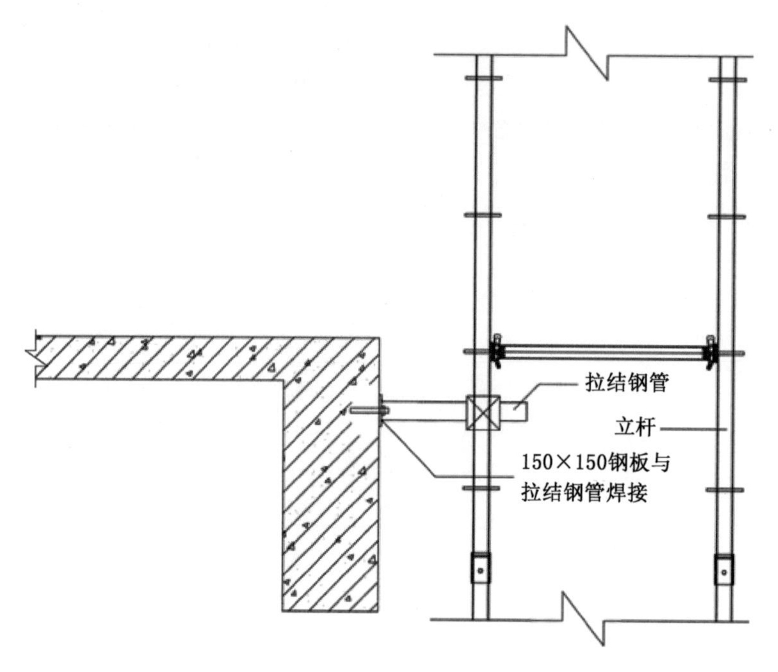

图 4-46 普通拉结连墙件设置

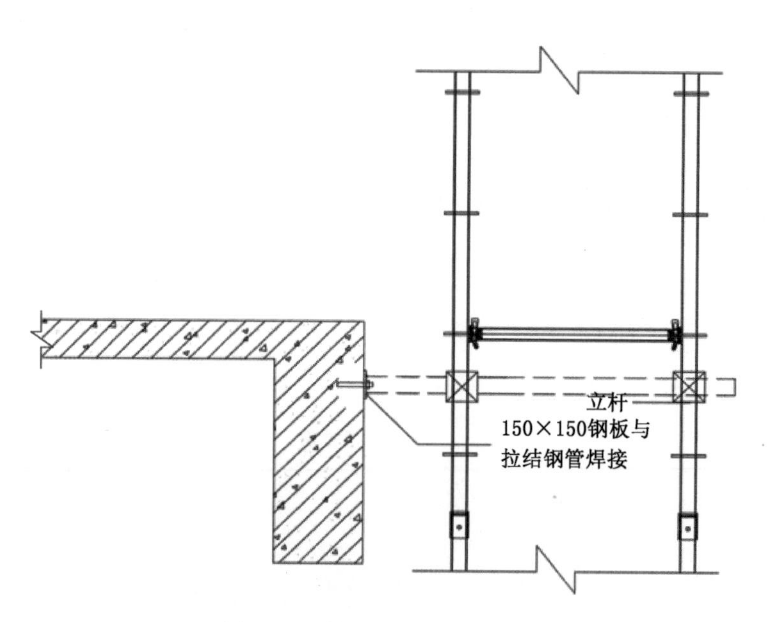

图 4-47 转角拉结连墙件设置

2) 连墙件设置(转角拉结)(图 4-47)

(1) 采用 2 颗 M12 化学螺栓(常规 1 颗)将 8 mm 厚钢板(常规角钢)固定在结构梁或墙板上。

(2) 采用 Φ48×3 拉结钢管焊接在钢板上,另一端与脚手架内立杆及外立杆用扣件连接(加强措施)。

(3) 设置在脚手架转角两边部位。

3) 连墙件设置(封边拉结)(图 4-48)

(1) 采用 2 颗 M12 化学螺栓(常规 1 颗)将 8 mm 厚钢板(常规角钢)固定在结构梁或墙板上。

(2) 采用 Φ48×3 拉结钢管焊接在钢板上,另一端与脚手架内立杆用扣件连接。

(3) 形成三角支撑,平衡脚手架竖向力(加强措施)。

(4) 脚手架封边部位,每两步一设置(加强措施)。

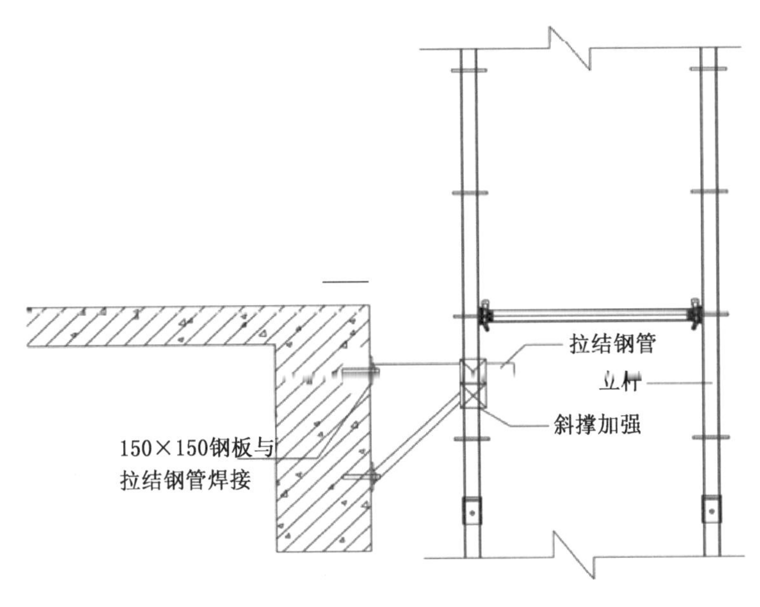

图 4-48 封边拉结连墙件设置

4.4 施工消防控制

4.4.1 消防施工总则

1. 消防控制原则

(1) 施工现场尽量减少动火作业,以场外加工为主。

(2) 保证商场营业楼层的原有消防系统正常使用。

(3) 施工不占用消防楼梯、消防通道,保证消防通道的畅通。

(4) 施工改建区域建立临时防火分区,保证与营业场所形成防火隔离。

(5) 商场顾客入口处设消防宣传广告,利用广告提高顾客的消防安全意识。

(6) 施工区域的消防安全配专人巡逻值守,发生火情能立即处置。

(7) 为了确保消防安全,避免或减少不必要的损失,切实加强消防工作的领导,建立以项目经理为组长的消防管理组织,实行防火责任制。

(8) 施工现场严禁吸烟,现场不设置吸引点,消防专职管理人员每天对现场进行检查,杜绝吸烟现象。发现工人吸烟立即清退出场并不再录用。

2. 火灾危险源分析(表 4-3)

表 4-3 火灾危险源分析表

重大危险源项目	防范措施
电焊作业	1. 焊工必须经安全技术培训、考核,持证上岗。 2. 作业前应检查焊机、线路、焊机外壳保护接零等,确认安全后方可作业。 3. 一人作业一人监护,监护人随时注意操作人员的安全操作是否正确等情况,一旦发现危险情况应立即切断电源,进行抢救。 4. 动火前应检查周边环境,确保电焊周围无易燃易爆物后方可作业
气割作业	1. 必须认真检查氧气瓶、乙炔瓶阀门关闭严密无泄漏,氧气、乙炔足量,压力负荷达到要求。 2. 氧气瓶、乙炔气瓶工作间距不小于 5 m,两瓶同明火作业距离不小于 10 m。 3. 气割时每隔 20 分钟须停止作业 5 分钟,不得长时间连续气割。 4. 瓶内气体严禁用尽,氧气瓶至少应留 0.5 MPa 的压力,乙炔瓶至少应留 0.3 MPa 的压力,并将阀门拧紧
管道工程	1. 焊接操作时配备灭火器并设有专人监护。 2. 冷却塔施工区域严禁动火。 3. 冷却塔安装时配备灭火器并设有专人监护
设备安装	1. 设备试压时要使用符合规定的介质。 2. 试车现场混可燃物杂物清理干净。 3. 发生回火或鸣爆时及时关闭开关。 4. 禁止割具皮带放置在高热的工作面上

4.4.2 消防管理组织架构及分工

如图 4-49 所示,消防管理组织架构及分工,除了以上管理人员以外,每个施工楼层配置 1 名消防安全总负责、2 名楼层消防安全员。

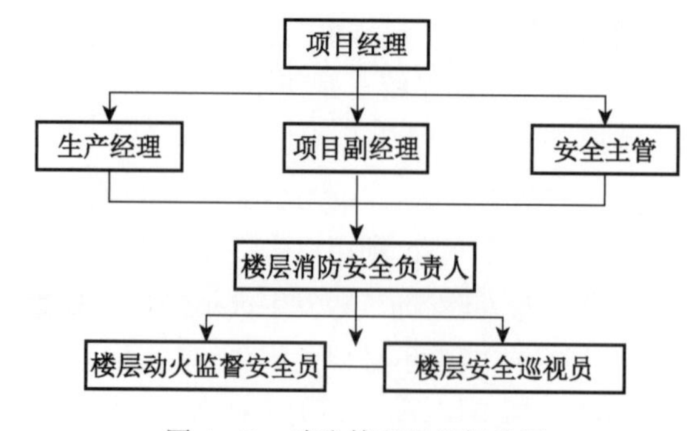

图 4-49 消防管理组织架构图

1. 项目经理职责

(1) 认真贯彻执行国家有关法律、法规和规范，对本工程安全生产工作负全面责任。

(2) 定期主持召开消防安全会议，研究解决消防安全中的重大问题，保证安全生产管理体系正常运行。

(3) 检查并考核项目部各部门消防安全责任制落实情况。

2. 项目副经理

(1) 在项目经理领导下，负责本工程的消防安全生产工作，确保安全生产管理体系正常运行。

(2) 协助项目经理组织贯彻国家劳动保护方针、政策、法令和上级有关安全生产方面的指示。

(3) 贯彻安全生产“五同时”的原则，即在计划、布置、检查、总结、评比生产的同时，同样要计划、布置、检查、总结、评比安全工作。

(4) 对各级干部、工程技术人员、工人定期进行消防安全教育。

(5) 组织安全大检查，定期召开消防安全专题会。

3. 生产经理

(1) 在项目经理领导下，对本工程消防安全生产工作负责。

(2) 对已提出的技术方面的安全隐患，未能及时采取措施解决而酿成的事故负直接责任，对虽采取措施，但由于下属人员执行不力造成的事故负领导责任。

4. 安全主管

(1) 在项目经理的领导下，协助领导贯彻落实消防安全工作。

(2) 施工前对各楼层消防安全负责人以及楼层安全员进行消防安全交底，明确消防安全员的工作内容以及权限。

(3) 每周组织各楼层消防安全负责人以及楼层安全员进行消防安全例会，总结上周出现的消防安全隐患以及下周的消防安全工作计划。

5. 楼层消防安全负责人

(1) 落实安全主管交代的消防安全的任务，对整个施工楼层的消防安全情况做到统筹安排。

(2) 每天巡视楼层两次，安排好楼层安全员的工作内容。

(3) 及时将楼层里面的消防安全隐患报给安全主管。

6. 楼层安全员

(1) 每两小时巡视施工楼层 1 次，对楼层的消防隐患进行彻底排查。

(2) 监督动火作业，保证动火作业在可控的范围内进行。

(3) 发现携带火种、吸烟等有消防隐患的人和物立刻要求其退场。

4.4.3 施工区域防火分区隔断

在装修施工期间，施工区与正常营业区域采用石膏板墙＋防火卷帘进行隔离，满足隔断 3 小时耐火极限(图 4-50、图 4-51)。

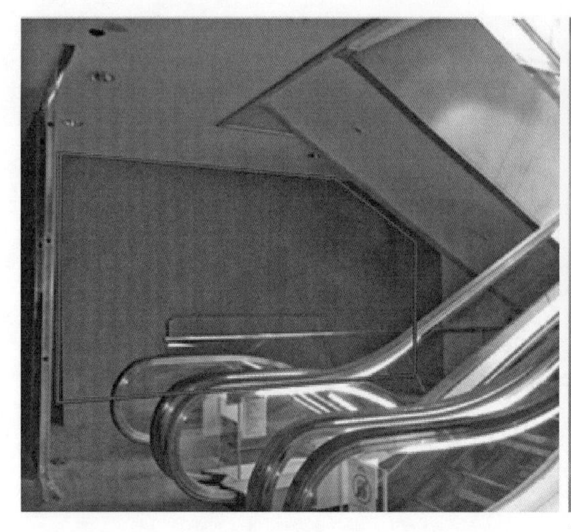

图 4-50　五至六层自动扶梯防火隔离

图 4-51　施工区域与顾客区域防火隔离

4.4.4　应急疏散路线

第一施工阶段一至五层属于施工楼层，地下一层、地下二层以及六至十层正常营业。一至五层是整层全部施工。

根据消防相关要求，消防应急通道只能走楼梯，自动扶梯和电梯在消防逃生时不可使用。在排摸清楚商场应急疏散路线后，清理消防楼梯堆放杂物，保证消防楼梯畅通，最后将应急疏散路线制图张贴在对应楼层（图 4-52）。

（1）施工人员应急疏散路线。施工人员通过商场消防楼梯从施工楼层（地下一层以及一至五层）疏散到室外（图 4-53）。

（2）顾客人流应急疏散路线。顾客人流通过消防楼梯从商场正常营业楼层（六至十层）疏散到室外。

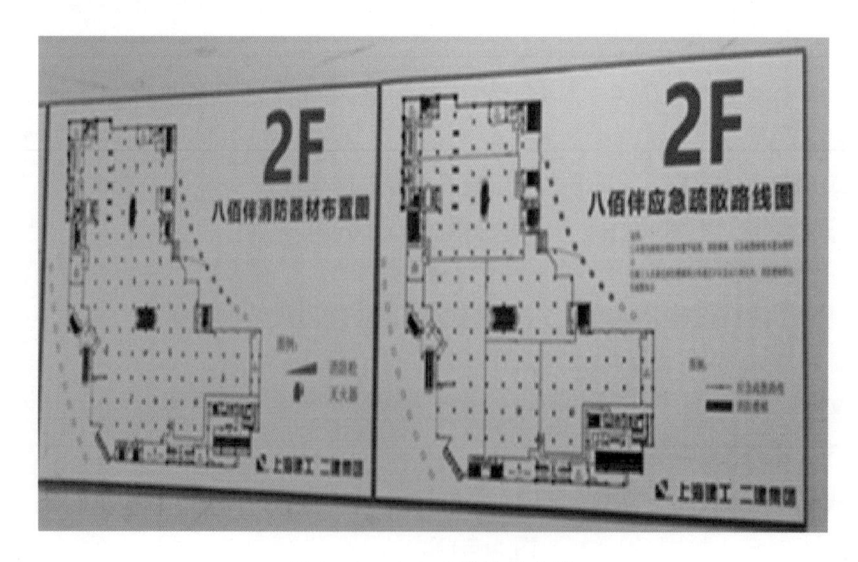

图 4-52　应急疏散路线上墙

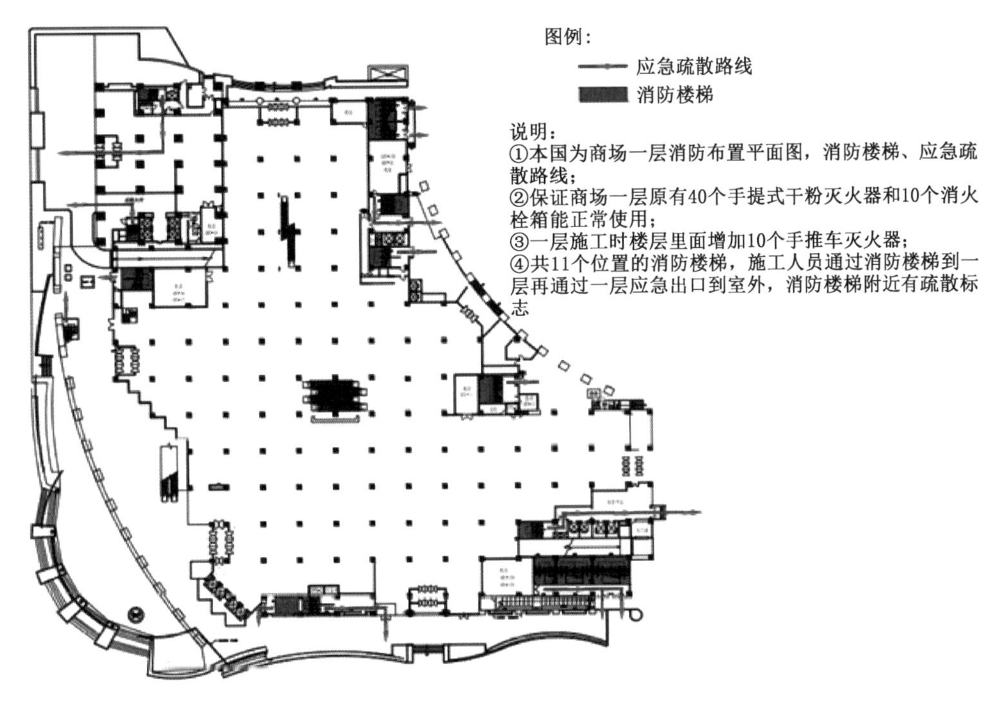

图例:
应急疏散路线
消防楼梯
说明:
①本国为商场一层消防布置平面图，消防楼梯、应急疏散路线;
②保证商场一层原有40个手提式干粉灭火器和10个消火栓箱能正常使用;
③一层施工时楼层里面增加10个手推车灭火器;
④共11个位置的消防楼梯，施工人员通过消防楼梯到一层再通过一层应急出口到室外，消防楼梯附近有疏散标志

图 4-53 一层应急疏散路线图

4.4.5 消防系统

1. 灭火器系统

经过排摸,发现每层原有手提式干粉灭火器 40 个,施工楼层在保证原有手提式干粉灭火器能正常使用的前提下再增加每层 20 个手推车干粉灭火器,正常营业楼层保证原有 40 个手提式干粉灭火器能正常使用(表 4-4)。

表 4-4 灭火器信息表

灭火器种类	推车式干粉灭火器	手提式干粉灭火器
干粉充装量	50 kg±1 kg	4 kg
灭火级别	10A 233B	2A 55B
灭火种类	① 普通的固体材料火; ② 可燃液体火; ③ 气体和蒸汽火; ④ 涉及带电的电器设备	① 可燃固体火; ② 可燃液体火; ③ 可燃气体火; ④ 带电火灾
使用方法	① 取出喷枪,展开喷射软管; ② 拔掉保险销,向上提起进气杆; ③ 打开喷枪开关,对准火焰喷射	① 拔掉保险销; ② 一手握住压把,一手握住喷管; ③ 对准火苗根部喷射

（续表）

灭火器种类	推车式干粉灭火器	手提式干粉灭火器
注意事项	① 存放在干燥通风处，切勿受潮和暴晒； ② 经常检查压力表压力，当每次发现指针低于绿色区应立即送专业部门修理	① 放在干燥、无腐蚀气体的场所，不得火烤、暴晒或碰撞； ② 经常检查灭火器内部的压力，发现压力表指针低于绿色区应送维修部门处理； ③ 拆卸灭火器前，先旋松器头螺丝，待卸压后方拆卸
布置数量	每个楼层布置 20 个，临时办公区布置 1 个	保留商场每层原有 40 个，办公区新布置 10 个

现场灭火器设置要求：

（1）灭火器应设置在明显的地点。灭火器应设置在正常通道上，能使人们一目了然地知道在何处可以取用灭火器，减少因寻找灭火器而耽误灭火时间，以便及时有效地扑灭初起火灾。

（2）灭火器应设置在便于取用的地点。能否方便安全地取到灭火器，在某种程度上决定了灭火的成败。如果取用灭火器不方便，即使离火灾现场再近，也有可能因取用的拖延而使火势扩大，从而使灭火器失去作用。因此，灭火器应设置在没有任何危及人身安全和阻挡碰撞、能方便取用的地点。

（3）灭火器的设置不得影响安全疏散。这不仅指灭火器本身，而且还包括与灭火器设置相关的托架、箱子等附件不得影响安全疏散。这主要考虑两个因素：一是，灭火器的设置是否影响人们在火灾发生时及时安全疏散；二是，人们在取用各设置点灭火器时，是否影响疏散通道的畅通。

（4）灭火器应选择正确的设置位置并设置稳固。推车式灭火器禁止设置在斜坡和地基不结实的地点。灭火器应设置稳固，具体地说，推车式灭火器要防止发生滚动等现象。

（5）灭火器不应设置在潮湿或强腐蚀性的地点或场所。如果灭火器长期设置在潮湿或强腐蚀性的地点或场所，会严重影响灭火器的使用性能和安全性能。如果某些地点或场所情况特殊，则应从技术上或管理上采取相应的保护措施。如多数推车式灭火器和部分手提式灭火器设置在室外时，应采取防雨、防晒等措施。

（6）灭火器不应设置在超出其使用温度范围的地点。在环境温度超出灭火器使用温度范围的场所设置灭火器，必然会影响灭火器的喷射性能和使用安全，甚至延误灭火时机。因此，灭火器应设置在其使用温度范围内的地点。

（7）灭火器的铭牌必须朝外。这是为了让使用者能直接看到灭火器的主要性能指标、适用扑救火灾的类别和用法，以正确选择和使用灭火器，充分发挥灭火器的作用，有效地扑灭初起火灾。此外，对于哪些必须设置灭火器而又确实难以做到明显易见的特殊情况，应设明显的指示标志，指明灭火器的实际位置，使人能及时迅速地取到灭火器。

2. 消火栓系统

经过现场排摸，发现商场每层原有消防栓 10 个，商场原有消防栓的平面布置如图 4-54 所示。

(1) 每个消防栓箱位置包含：口径 65 mm 长度 25 m 的承压 10 kg 的消防水带两根以及消防水栓头 2 根，消防水带水喷射长度为 15 m(图 4-55)。所以每根消防水带的覆盖半径为 25 m＋15 m＝40 m(图 4-56)。

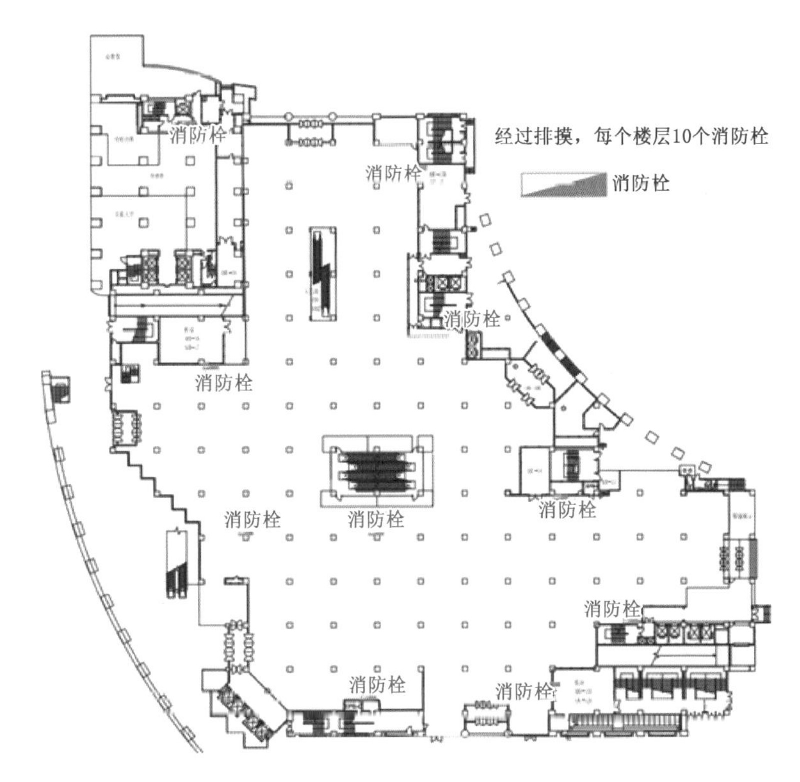

图 4-54　消火栓平面位置图

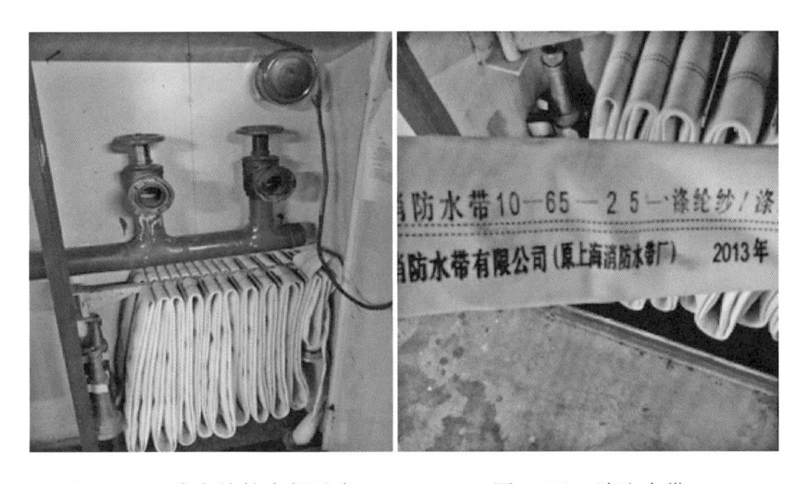

图 4-55　消火栓箱内部示意　　　　图 4-56　消防水带

(2) 施工楼层的消防用水:经过现场排摸,商场每个楼层原有 10 个消防栓设置点,消防栓用于普通固体可燃物灭火。

对于施工楼层地下一层以及一至五层,为了满足消防用水要求,每层先拆掉 5 个消防栓,其余 5 个消防栓保留。待拆掉的 5 个消防栓重新安装之后再拆除另外 5 个消防栓,新安装的 5 个消防栓作为消防用水供水点使用,通过这种拆除搭接的方式保证每个施工楼层始终有 5 个消防栓能够正常使用,满足消防要求。

每一层保留的先保留的 5 个消防栓位置如图 4-57 所示。

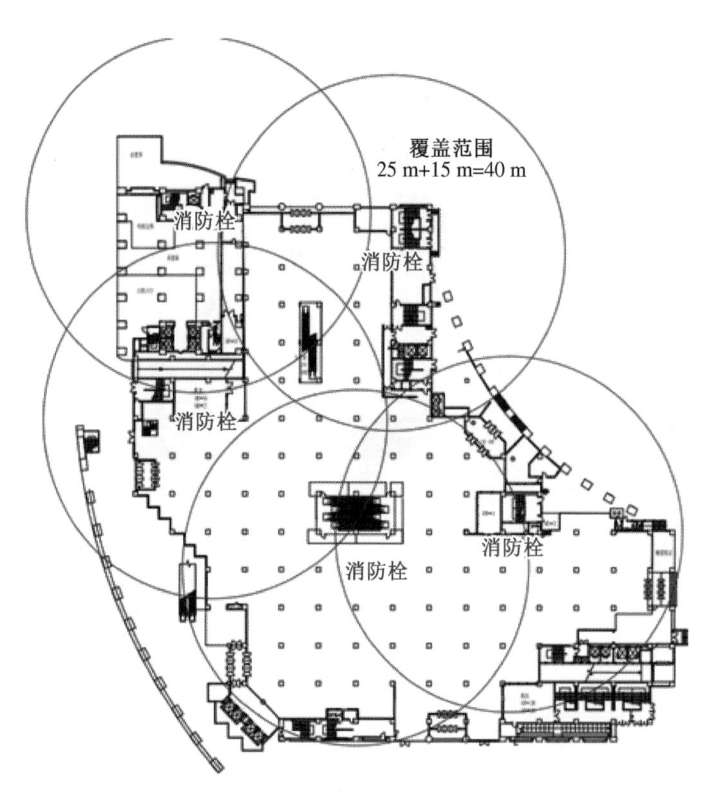

图 4-57 消火栓覆盖范围图

可以看出保留的 5 个消火栓位置能满足覆盖整个商场范围,由于消火栓每个位置有消防水带 2 根以及消防水栓头 2 根,所以能满足商场任何部位有两个水枪充实水柱能够同时到达。

(3) 正常营业楼层的消防用水(满足消防规范)。对于正常营业楼层地下二层以及六至十层,由于 10 个位置有消火栓箱,每个消火栓口径包含 65 mm 长度 25 m 的承压 10 kg 的消防水带 2 根以及消防水栓头 2 根,水喷射长度 15 m,所以商场原有消火栓系统完全符合消防规范要求。所以保证商场原有消防栓能正常使用即可。

本次根据新的消防规范,需增加平面消火栓平管,与立管接驳需将其中两路立管水放空,接驳工作采用夜间施工,完成后立即恢复供水,确保不影响第二天营业使用。

当一标段施工时,水喷淋系统仅针对施工楼层平面末端管道更新,不影响营业层(六至十层、地下二层)正常使用。消防喷淋系统提前施工,尽量保证施工楼层的喷淋系统快速更换。

3. 消防喷淋系统

第一阶段施工时,上部营业楼层的喷淋系统不拆,由于水喷淋系统仅针对施工楼层平面末端管道更新且消防主管不动,各个楼层的喷淋系统都是独立的,所以施工楼层的喷淋系统拆除不会影响到正常营业楼层的喷淋系统的正常使用。

对于施工楼层,只有加快水喷淋系统加快施工进度,尽快恢复新的喷淋系统使用。

4. 消防排烟系统

排烟及正压送风系统更换之前应提前通知业主,并采取相应补救和预防措施。

(1) 更换消防风机时尽量利用夜间抢工。

(2) 分系统逐台更换,并充分做好更换前准备工作,利用非营业时间更换风机。风机安装完毕后,接通电源,并进行消防监控点位的接驳和调试工作,第二天商场开门前由总包管理人员及安装管理人员进行验收监督,保证第二天营业前可以正常使用。

(3) 在相应营业区域增加消防保障措施,如增加灭火器数量,适当增加安保人员或疏散指导人员。

(4) 更换期间,加强对商场的防火检查。

5. 消防平面布置图

施工楼层在保证原有手提式干粉灭火器能正常使用的前提下再每层增加 20 个手推车干粉灭火器,正常营业楼层保证原有 40 个手提式干粉灭火器能正常使用,消防栓先保持原来位置不变,如图 4-58 所示。

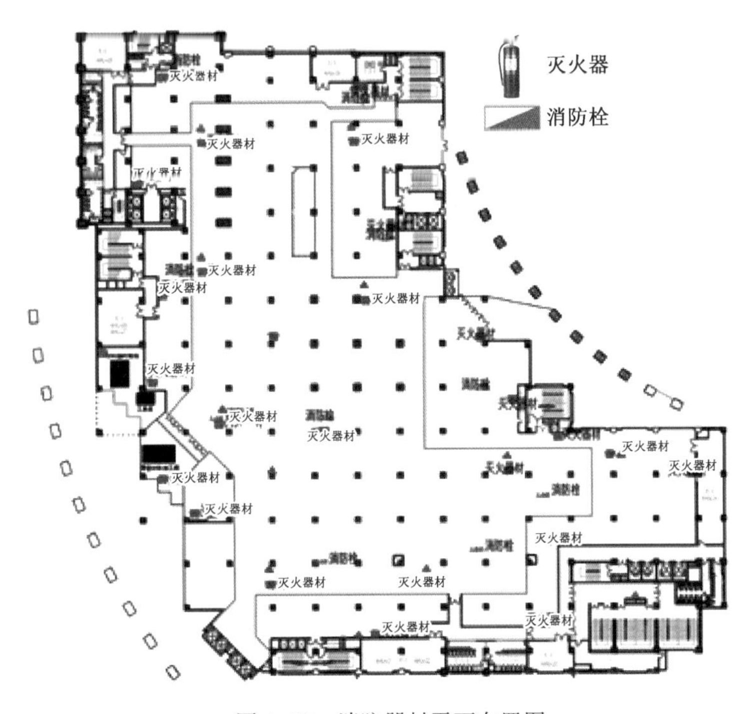

图 4-58 消防器材平面布置图

4.4.6 消防管理

1. 危险品仓库管理

由于第一八佰伴地处闹市且不停业施工，综合第一八佰伴周边环境考虑，确定将危险品仓库放到北广场，危险品仓库为集装箱式(图 4-59、图 4-60)。

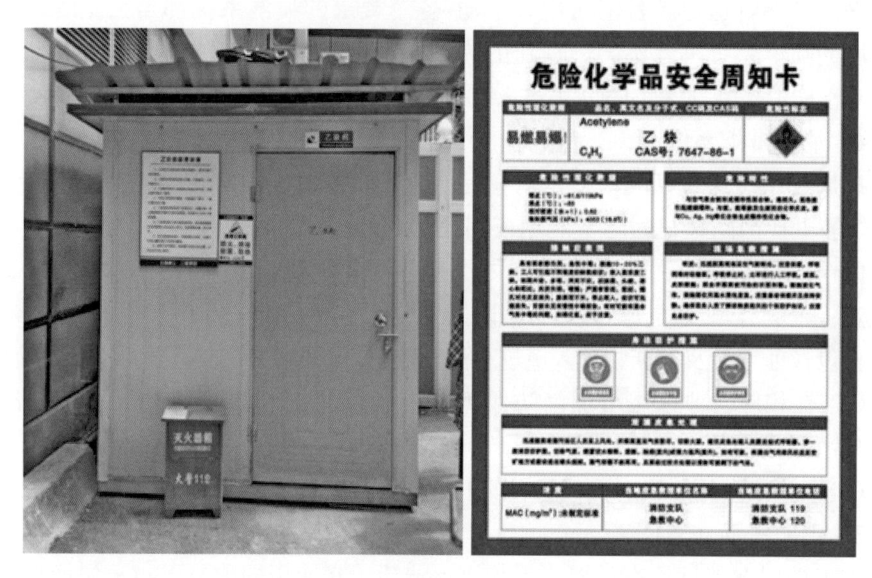

图 4-59 危险品仓库　　图 4-60 危险品安全周知卡

对于危险品仓库设置以下的规章制度：

(1) 危险品仓储必须按相关规定专门存放，设立警戒区域，明显警示标志。

(2) 危险品仓库设专门的仓库管理员，仓库管理员应经培训考试合格方可上岗。

(3) 危险品申请、采购与发放，必须严格执行申购、领用审批手续，根据控制和限定数量的原则：用多少、申购多少、领用多少。没有部门领导签字不准发货。

(4) 入库严格按验收要求，核对进库物品规格、质量、危险标识和数量后方可入库。对无检验合格证和无危险标识的物品不得入库。

(5) 建立仓库物资明细台账，做到危险品入库必须登记造册，要做到账目清楚、日清月结。严密把锁、专人负责保管。并做好危险品及其危险品容器的领用和回收工作。

(6) 危险物品的储存要严格执行危险物品的配装规定，对不可配装的危险物品必须严格隔离。

(7) 禁忌物不得同库存放。对性能相抵触的危险物品、钢瓶不得同库存放。

(8) 部门贮存的危险品，必须分类贮存在专门的储存室或储藏柜内，存放的支架、垫板必须用钢材或不燃材料制作并落实专人管理。

(9) 油漆、香蕉水等易燃液体必须专库储存；氧化性物质要与易燃液体或酸性腐蚀品分开储存。

(10) 氧气、乙炔、二氧化氮瓶必须按规定存放在保护架内。空瓶和有气瓶要有明显的标志。

(11) 危险物品贮存处防火间距内，不得存放任何易燃物。通道、安全出入口以及通向消防设施和火源的道路应保持畅通。

(12) 危险品仓库应有明显的危险品标识，并按贮存物资的性质配置合适种类、数量的灭火器材，并经常检查，确保灭火器材的完好无损。

(13) 每种危险物品都要按垛分别存放(特殊情况应用定制的铁箱，并保持 2 m 以上的间距分类储存)，并做好通风、防潮、遮阳、降温、防火等安全措施。

(14) 垛堆距离应符合要求，货堆应距离地面 15 cm，堆距，10 cm，主通道距离，180 cm，支通道距离，80 cm，墙距，30 cm，柱距 10 cm。

(15) 危险物品存放的支架、垫板必须用钢材或不燃材料制作。搬运危险品时必须轻拿轻放，严禁抛、扔、掼、滚，防止散落，注意按危险品标识要求放置。

(16) 库房严禁火种和明火，库房周围 10 m 之内不准堆放其他易燃、易爆物品。确需动火必须经安全办审核，经主管领导批准。并在安全办消防核实、确认安全之后方可动火作业。

(17) 物品装卸、搬运应做到轻装轻放，严禁摔、碰、撞击、拖拉、倾倒和流动。

(18) 保管人员应配备必要的防护用品、器具。

(19) 包装容器应在国家定点厂家采购，容器应牢固密封，发现破损、泄漏、残缺、变形、变质，及时进行安全处理。

(20) 危险品的领用，必须填写专用领料单，领料单上必须完整填写用量、使用地点、范围、使用时间、领用人等。

(21) 库房内不准设立办公室、休息室，每天工作结束后，应进行安全检查，关闭窗户，切断电源方可离开。停止作业后，应及时将用剩的易燃、易爆或有毒化学危险品送回仓库。使用后的废溶剂不得随地乱倒，必须用专用桶及时回收，并加盖密闭，及时送危险品仓库集中处理。

(22) 对于危险品库房当天发出的危险品做好记录，并在当天用完之后撤回危险品仓库，危险品不得在施工现场过夜，必须当天用当天归还到仓库。

2. 动火作业管理

(1) 审批程序。施工现场内的动火作业应报总包安全部门审批备案，并由总包单位开具施工动火证后方可进行施工，施工过程中需由安全员监督操作，操作时应配备消防器材，监护人，并采取有效的安全隔离措施。电工、焊工从事电气设备安装和电、气焊切割作业，有操作证和用火证，动火前，要清除附近易燃物，配备看火人员和灭火用具。用火证当日有效。动火地点变换，要重新办理用火手续。凡是进行电、气焊作业的，必须先填用火申请表，安全负责人签字后，方可生效，否则不准进行作业。施工单位对动火操作、监护人员进行“动火交底”并做好记录。

(2) 审批内容。用火审批证明中必须注明施工单位、工程名称、用途、用火部位、用火人、看火人和灭火器等内容。

(3) 动火审批人员要求。动火作业的审查批准人审批动火作业时必须亲自到现场，了解动火部位及周围情况，确定是否需作动火分析，审查并明确动火等级，检查、完善防火安全措施，审查《动火作业许可证》的办理是否符合要求。在确认准确无误后，方可签字批准动火作业。

(4) 动火人员要求：

① 必须持有动火作业证及焊工有效证件。

② 没有办理《动火作业许可申请》和审批，不得动火。

③ 没有明确作业内容不得动火。

④ 现场没有安全防护措施不得动火。

⑤ 发现违章或不具备安全作业条件时，需立即终止动火作业。

⑥ 动火作业后应清理作业现场，解除相关的隔离设施。

(5) 动火作业时间点。商场营业结束后(经过协商 8:00)，规定每天 22:00—24:00为可动火作业时间，其余任何时间严禁动火作业。

(6) 动火作业监护。施工现场设置固定的动火作业点，动火作业点周围布置足够的消防设施，总包针对动火作业配置专门的消防安全管理人员进行监督。

(7) 动火作业管理制度：

① 由申请单位提前一天通知并告知总包楼层消防专职人员共同对动火部位及周围情况进行检查，审查并明确动火等级，检查、完善防火安全措施，审查《动火作业许可证》的办理是否符合要求。

② 每日中午 11:30—12:00 为动火证签发时间，由楼层消防专职人员和申请动火人员(持操作证原件)及监护人员至总包处办理《动火作业许可证》；动火人员需具备有效焊工证，特殊工种操作证方可进行施工。

③ 作业前应检查焊机、线路、焊机外壳保护接零等，确认安全后方可作业。动火前应检查周边环境，确保电焊周围无易燃易爆物后方可作业。在现场焊接时，应在焊件下方加设按火斗，以免发生火灾。

④ 必须认真检查氧气瓶、乙炔瓶阀门关闭严密无泄漏，氧气、乙炔足量，压力负荷达到要求；氧气瓶、乙炔瓶间距不得小于 5 m，二者与动火点之间的距离均不得小于 10 m；气瓶不准在烈日下暴晒，乙炔瓶禁止卧放；动火作业过程中，遇如跑料、串料和易燃气体，应立即停止动火。

⑤ 监护人应熟悉现场环境和检查确认安全措施落实到位，具备相关安全知识和应急技能，与岗位保持联系，随时掌握工况变化，并坚守现场；监护人应随时扑灭飞溅的火花，发现异常立即通知动火人停止作业，联系相关人员采取措施。

(8) 冷却塔拆除。由于第一八佰伴裙楼顶部的冷却塔包含在本次施工范围内，所以对冷却塔的施工必须严格控制安全，冷却塔拆除更换时要注意做好防火措施，在周围布置灭火器，拆除更换前做好交底签收工作。

3. 人员管理

(1) 北广场设置闸机系统，对进场工人进行安检，防止易燃易爆物品进入施工现场。所有施工人员进场前必须交出火种(图 4-61、图 4-62)。

图 4-61 施工人员进场闸机

图 4-62 进场安检仪器

(2) 施工人员进场时,向施工人员进行消防安全教育和培训,保证每一名施工人员能开展防火检查,会使用灭火器材,熟悉灭火工艺或其他一般手段整改火险隐患,会扑救初起火灾,清楚消防逃生路线。在工人进场施工前进行消防知识方面的考评及消防设施的演练,不能熟练掌握消防知识和消防设施使用方法、消防逃生路线的工人不得进场进行施工,对于这种工人进行消防安全方面的继续教育,直到施工人员掌握为止。

(3) 总包组建一批专职消防队员,施工区域的消防安全配专人值守,杜绝消防事故,每个施工楼层配置 1 名专职消防安全负责人以及 2 名消防安全员,每天 24 h 分两岗进行施工楼层的巡查,每个施工楼层每一个小时巡查一次。在商场货梯厅以及施工人员和顾客人流进口位置都设置保安,保证安全有序(图 4-63)。

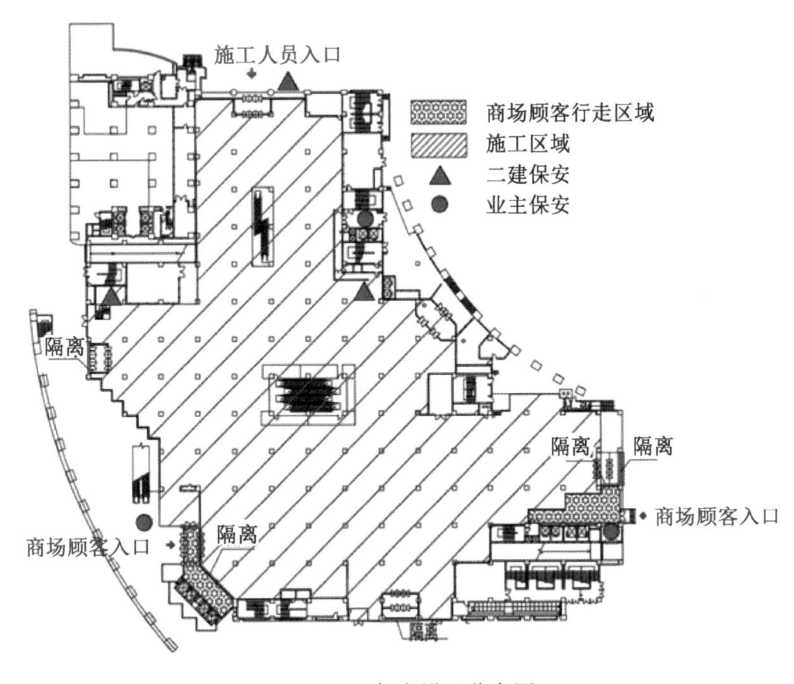

图 4-63 保安设置分布图

(4) 每周一召开消防安全例会，宣传消防安全的重要性以及消防知识，提高管理人员对消防安全的重视性。

(5) 维护和保养好消防器材设施，经常检查消防器材，保证消防的可靠性，发生火灾时迅速报警，积极扑救。做好消防设施检查记录。

(6) 建立以项目经理为组长的消防管理组织，实行防火责任制，消防领导小组在工程开工前组织一次消防演练(图 4-64、图 4-65)。

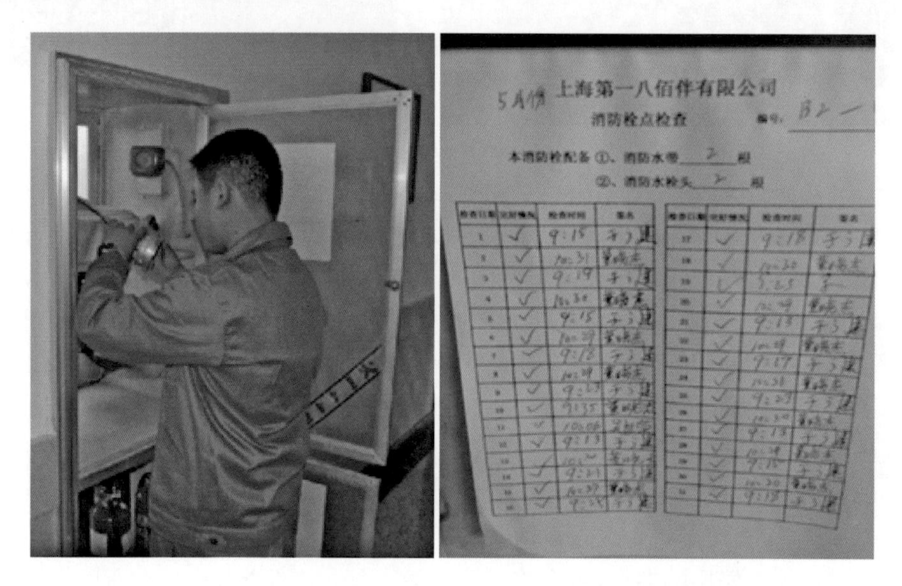

图 4-64　消火栓日常检查　　　　图 4-65　消火栓检查记录表

5　项目实施篇

5.1 机电安装

5.1.1 前期工作

5.1.1.1 原始资料收集

对1995年设计施工蓝图和竣工图进行拍照，作为设计的基础参考资料同时对设备资料收集，作为设备选型计算过程的对比分析的资料(图5-1、图5-2)。

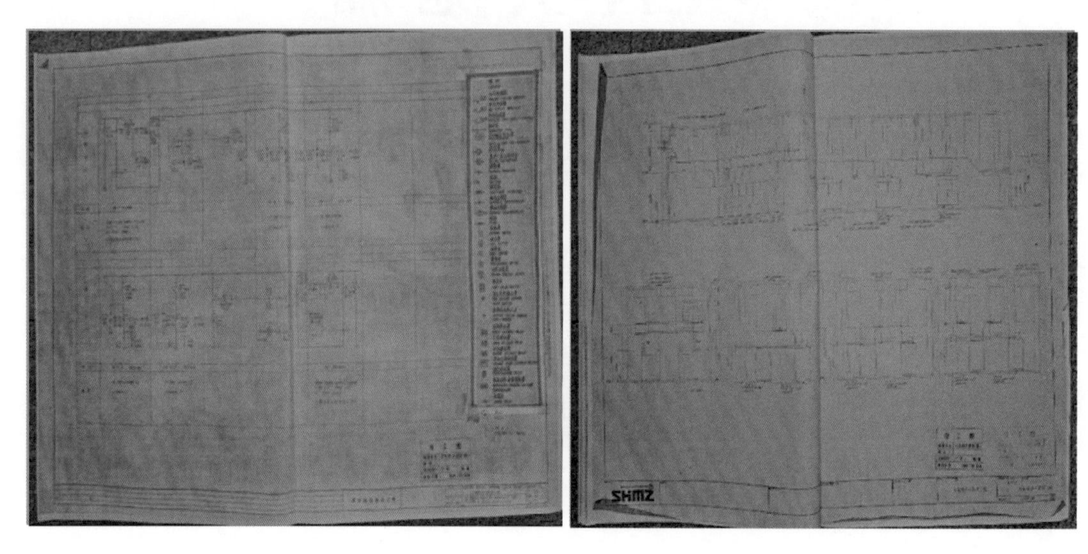

图5-1 原始竣工图纸

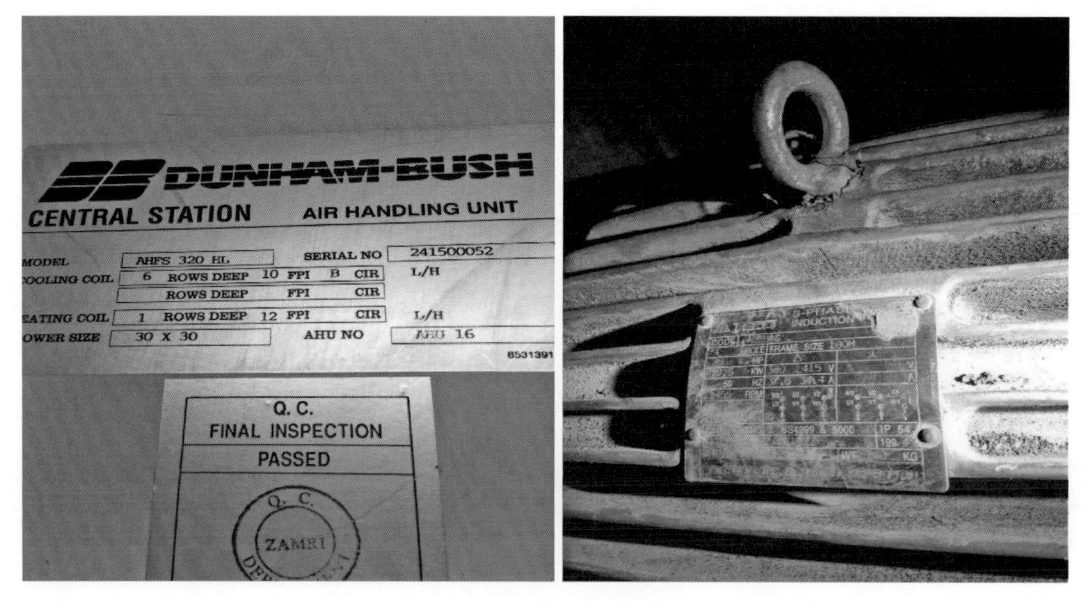

图5-2 原始设备铭牌

5.1.1.2 机电系统调研

(1) 实地勘察各个机电系统现有设置,逐一查看每个机房的设备、管路,记录设备参数,与1995年设计蓝图资料对比分析。

(2) 调查各个机电系统运行状况,如:一层商场冬季温度低影响购物体验;三层东侧区域空调不足,夏季温度偏高;塔楼办公冬季是电采暖形式,能耗大等。

(3) 对往年因功能变化等引起的机电系统的改造情况进行调研现场踏勘,如仓库改造为店铺、B1层车库改为超市、店铺改为餐饮等情况,并与机电系统设置的匹配情况进行分析。

(4) 在改造过程中,设备翻新将会导致用电功率变化,对现场已设置的动力配电箱信息进行抄录,以便日后设计过程中时时比对用电量浮动(表5-1)。

表5-1 动力配电箱信息表

动力配电箱	总开关	所在机房
2-MCC-A1	75A	AHU-29
2-MCC-A3	150A	AHU-26, AHU-27
2-MCC-B1	40A	AHU-28
2-MCC-B2	100A	AHU-25A
2-MCC-C1	125A	AHU-21, AHU-22
2-MCC-D1	50A	AHU-23
2-MCC-D2	100A	AHU-24

(5) 复核现场照明各层各区配电总箱(含租户配电)的设置与蓝图资料是否一致,并摘录电箱信息。

(6) 根据《公共建筑节能改造技术规范》(JGJ 176—2009)7 ? ? 条倡议,供配电系统新增及改造的线路敷设宜使用原有路由。当现场条件不允许或原有路由不合理时,应按照合理、方便施工的原则重新敷设。投入现场查看桥架可再利用情况及其路由描绘。

5.1.1.3 机电系统排摸

施工前的排摸不仅有利于施工人员熟悉旧系统的结构,而且是拆除工作顺利开展的前提。同时,现场管线排摸情况能够为设计提供新思路,为后续施工提供有力支撑。

1. 管道系统

第一八佰伴管道系统有以下系统组成:空调水系统、消防水系统、给排水系统和雨污水系统。目前的管道系统设备老化,性能降低、各类管道锈蚀严重,系统状态无法满足现行规范和法规要求,无法满足未来第一八佰伴更高的经验需求,所以设备管路更新是刻不容缓的(图5-3—图5-12、表5-2—表5-4)。

图 5-3 金属软接头腐蚀

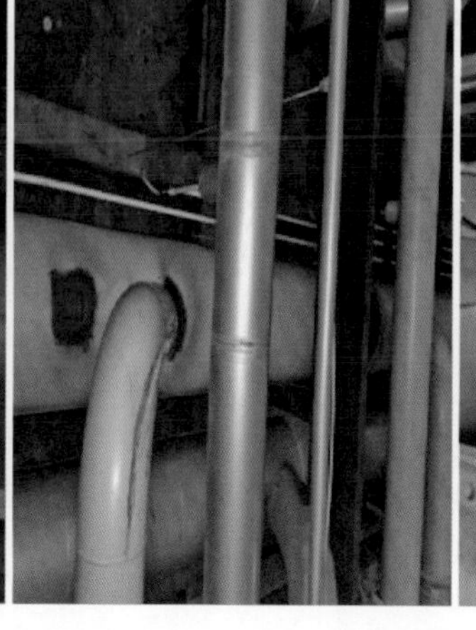
图 5-4 冷冻水管腐蚀

图 5-5 冷冻机组老化

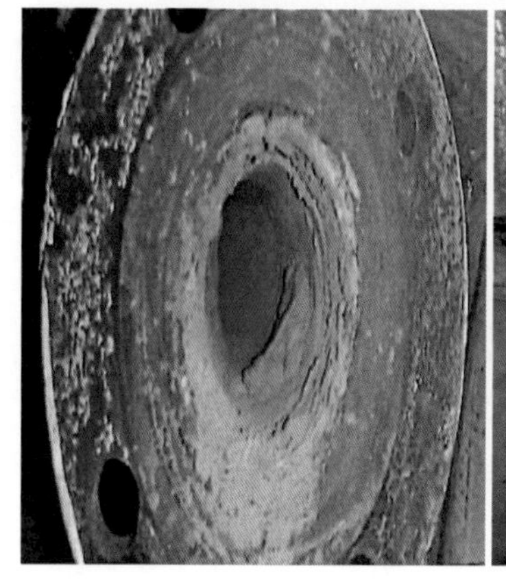
图 5-6 水管法兰锈蚀

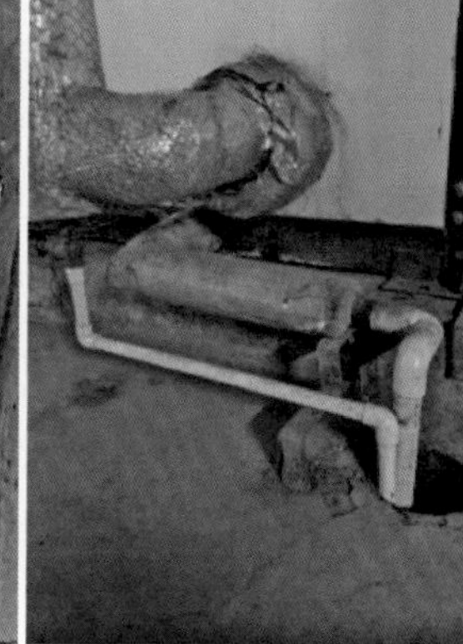
图 5-7 空调水管老化

图 5-8 空调机房水管保温腐蚀

表 5-2 空调水系统排摸情况表

序 号	排摸事项	设备现状
1	离心式冷冻机组	设备已经老化，表面油漆脱落
(1)	冷冻机配管	腐蚀严重，表面油漆脱落
(2)	冷冻机配管阀门	表面光洁、无明显生锈
(3)	设备管道橡胶软接	表面破损
2	冷冻、冷却水泵	泵体老化、机械疲劳严重
(1)	补水泵	泵体老化，部分锈蚀
(2)	水泵配管	腐蚀严重，表面油漆脱落
(3)	水泵配管阀门	部分阀门 3 年前换过，其余已使用 20 年
3	冷却塔	锈蚀严重、主要轴承磨损、塔体变形
4	AHU 组合式空调箱	机体老化、腐蚀漏水、能耗增加
(1)	AHU 组合式空调箱水管	腐蚀严重，表面油漆脱落

图 5-9　喷淋管保养良好

图 5-10　消防泵房保养良好

表 5-3　消防管道排摸

序号	排摸事项	设备现状
1	消火栓水泵	消火栓水泵保养良好
2	喷淋泵	喷淋水泵保养良好
3	稳压泵	稳压水泵保养良好
4	稳压罐	稳压罐保养良好
5	地下室湿式报警阀	保养良好
6	消火栓系统管线及配件	地下室平面管线保养良好，楼层吊顶区域无法查看
7	喷淋系统管线及配件	地下室平面管线保养良好，楼层吊顶区域无法查看
8	消火栓箱	进入消火栓线的管道为焊接形式

图 5-11　给水管道附件腐蚀严重　　图 5-12　生活水泵本体老化

表 5-4　　生活水系统排摸情况

序　号	排摸事项	设备现状
1	生活水泵	泵体老化，部分锈蚀
2	上水管线及阀门附件	上水管道立管 3 年前刚更换，无须更换，平面管线使用 20 年，腐蚀严重
3	排水管线及阀门附件	下水管道使用 20 年，立管和水平管没有更换过，腐蚀严重

表 5-5　　雨污水系统排摸情况

序　号	排摸事项	设备情况
1	污废提升泵	泵体老化、锈蚀
2	污水处理设备	设备无法实现处理功能
3	污水管线	管线老化严重
4	废水管线	管线老化严重

图 5-13　动力配电箱陈旧

图 5-14　照明配电箱陈旧

图 5-15　违规电线敷设于 T 架内

2. 电气系统

电气系统的排摸主要是从变电所开始，再到电缆走向，然后到配电箱及机房，机房内断路器大小等。目前电气系统存在配电系统构造单一、设备老化性能不稳定、各类线缆排布杂乱等现场。如果不改造用电的安全性、稳定性等存在的风险，可能会产生不可控的安全、稳定风险，同时也无法满足现行规范的要求和未来新业态的电量分配要求，这都需要重新改造配电设备，改变配电结构。

3. 通风及动力系统

通风及动力系统包括空调风系统、消防排烟系统、排油烟系统、柴油发电系统。通风系统及排烟设备老化，严重影响商场未来的使用功能。未来只有重新改造风管和更新设备，才能适应新业态要求。

图 5-16　电线敷设混在一起　　　图 5-17　强弱电间在一间

表 5-6　电气设备排摸情况表

序　号	排摸事项	现场情况
1	电缆	电缆为三相四线制电缆，用铜牌作为接地干线
2	照明、动力配电箱	配电箱设备陈旧，无法满足消防要求和功能要求
3	配电箱出线电缆电线	平面布线混乱，同一楼层应急照明被接在同一回路上
4	强弱电间现为合并间	照明配电箱和弱电所有设备在一个电气管井内；动力配电箱设在空调机房；母线槽位于强弱电间合并间内

图 5-18　柴油发电机表面锈蚀　图 5-19　约克热泵设备图　　图 5-20　排油烟风机老化

图 5-21　空调风管老化　　　　图 5-22　日用油箱锈蚀

表 5-7　　通风系统及动力设备排摸表

序　号	排摸内容	现场情况
一、空调风系统		
1	空调风管	已老化、仍能使用
2	约克机组	表面生锈，老化，冷凝器结霜
二、消防排烟系统		
1	消防风机	铭牌缺失，表面锈蚀
2	消防排烟风管	表面有锈斑，仍能使用立管为土建风道
三、排油烟系统		
1	厨房排烟设备	油烟净化器设备老化
2	油水分离设备	部分设备无法使用
四、柴油发电系统		
1	柴油发电机	设备老化，表面生锈明显
2	日用油箱及管线	老化，表面生锈

图 5-23 消防报警设备

图 5-24 消防报警主机

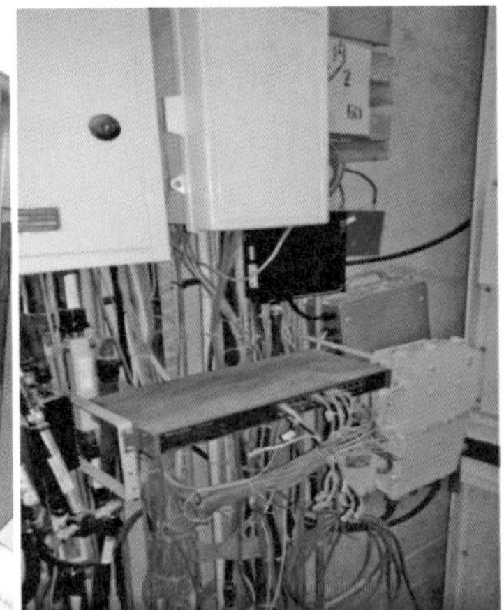
图 5-25 综合布线系统

表 5-8 弱电系统排摸情况

序 号	勘查内容	现场情况
1	消防报警系统	消防末端设备老化，系统无法正确工作
2	视频监控系统	模拟摄像机＋矩阵＋硬盘录像机＋监视器＋客户端
3	综合布线系统	设备零散分布，强弱电混用
4	背景音乐兼消防广播	模拟系统
5	BA 系统	原有设备已经停产，且基本都已过使用年限

4. 弱电系统

弱电系统包括：消防报警系统、安防监控系统、综合布线系统、机房工程、楼宇自动化系统、背景音乐广播系统。弱电系统设备老化，严重影响商场未来信息化功能。未来只有重新改造系统，才能适应新时代信息化需求。

5.1.1.4 施工策划

第一八佰伴从 7 月开工到 12 月 10 号消防验收结束，在 6 个月的时间内必须完成第一八佰伴 10 万 m^2 机电系统的改造。施工周期短，任务极重。

为确保本工程各项指标顺利完成，必须充分做好施工前的策划工作，预见性地做好施工准备工作。比如施工前期对施工设计图纸的熟悉与研究，编制准确的施工预算，对施工现场充分调研，制定切合实际的技术方案。对施工机械合理配置，做到随要随到，并能够保证机械完好合格。对设备材料要充分考虑其到货期对工程进度的影响等。对施工总进度进行细化分解，形成每日作业计划，并做到层层分解和落实(图 5-26)。

在开工之前进行机电系统和设备机房综合管线深化工作，进一步完善各类施工详图、大样图，缩短设计及深化图纸时间，挤出足够的施工时间。其次，采用集中化管道和支架深化预制工作，提高管道安装速度应对工期紧张、施工场地紧张的状况；提前相关设备采购申报工作，做好物资配备需求。

5.1.2 拆除保障工作

该阶段的系统管线甄别和排摸，是拆除施工前的准备工作，保证风管、管道正确拆和安全拆，保证保留管道完整性，保障电气设备拆除安全性。同时，拆除保障工作更是维护商场稳定、安全、不间断运营的必要条件。

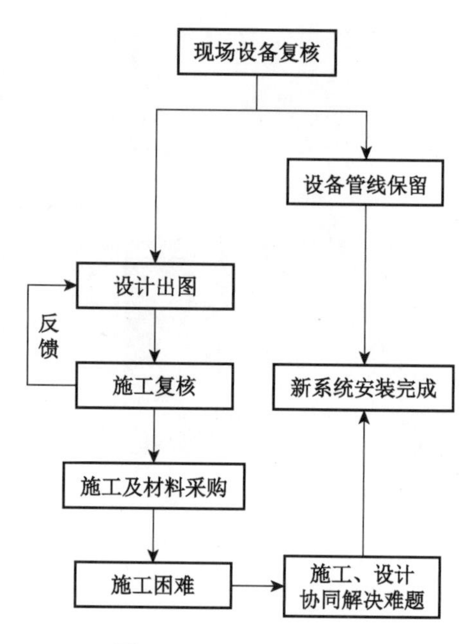

图 5-26 施工流程图

1. 给排水系统

排摸确定每个楼层给水总阀位置，排查阀门是否可正常关断，阀门挂牌或贴明显标识不得随意开启，重要阀门处派专人定期巡视。如遇阀门损坏无法关死，在阀门到场后更换阀门，损坏情况严重时，利用夜间放空本路立管水，更换阀门。摸清每一路确定给排水管管道走向，并在需要拆除的管道处贴上标签(图 5-27、图 5-28)。

图 5-27 给水管拆除

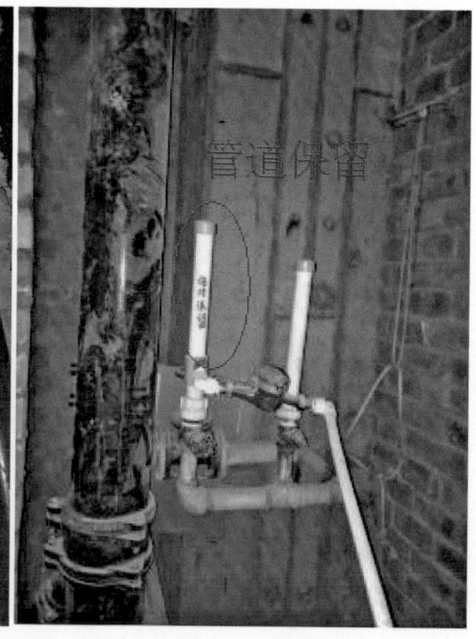

图 5-28 给水管保留

2. 雨水系统

雨水管按照拆除方案,前期拆除部分贴好拆除标签,其余保留。

3. 消防水系统

喷淋系统:首先找到本楼层喷淋管道的进水阀门,然后找到打开前端快速放水阀门和末端放水阀门。

消火栓系统:找到本楼层所有进水阀门,对阀门进行标记和巡查。对需要拆除或保留的消火栓进行标记。

4. 消防报警系统

排摸清楚报警主线,并标记清楚保留(图 5-29、图 5-30)。

图 5-29 消防主线的保留

图 5-30 消防设备的拆除

5. 空调水系统

排摸空调水系统的关断点及排水点,找到空调水补水阀门,泵房间的进出水阀门,在图纸上标出;确定拆除水管区域和数量,贴好标记。

6. 空调风系统

平面风管排摸工作在吊顶拆除后开始,找到系统切断点位于各建筑风井每层接出的阀门位置,在图纸上标出(表 5-9)。

排摸清楚机房和屋面风机所负责区域,以及风机的电源位置。

统计好相应的空调设备参数和数量,包括空调箱、风机盘管、风口等。

7. 强电系统

(1) 第一八佰伴投入运营已长达 20 多年,现场实际情况与竣工图纸情况存在不符,且桥架内电缆存在交叉、重叠,因此拆除前先摸清电缆线路,确保不误拆电缆。

(2) 排摸配电系统的结构,拆除配电箱之前必须在搞清进线电源电缆来源,然后查清出现出线回路的功能区,最后标记拆除内容(图 5-31、图 5-32)。

表 5-9 设备服务区域表

设备编号	一层服务区域	一层安装位置	设备形式
AHU-11	商场(南)	机房	卧式
AHU-12A	商场(南)	机房	卧式
AHU-12B	快餐厅(南)	机房	卧式
AHU-13	商场(南)	机房	卧式
AHU-14	商场(北)	机房	卧式
AHU-15	快餐厅(北)	机房	卧式
AHU-16	商场(西)	机房	卧式
AHU-17	商场(西)	机房	卧式
AHU-18	大堂	机房	卧式

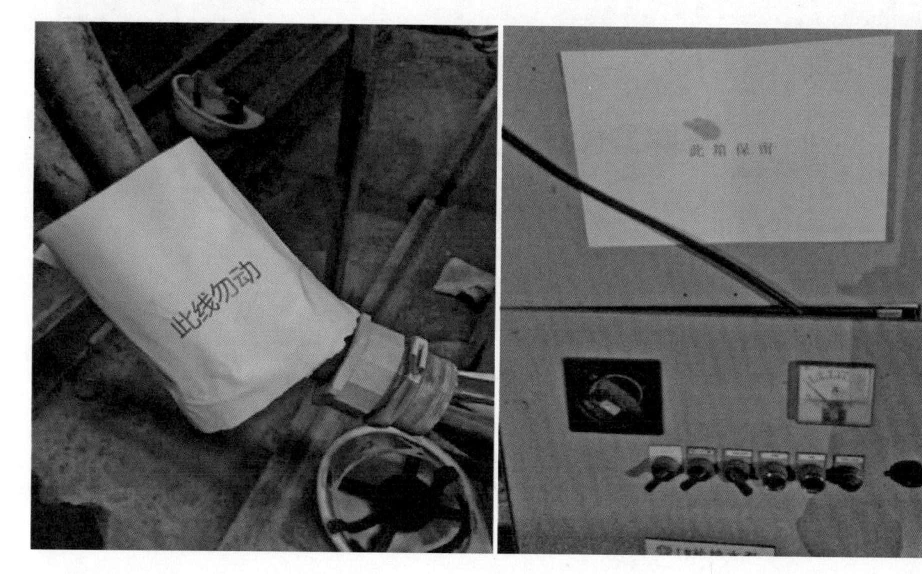

图 5-31 电缆保留　　图 5-32 配电箱保留

8. 弱电系统

由于大楼改造前弱电系统比较简单,原有管线排布又比较杂乱,故对于原弱电系统管线的排摸是整个改造工程能否成功的先决条件。经过我方实地勘测,大楼原弱电系统包括消防系统、公共广播系统、综合布线系统、安防系统、机房系统、BA 系统。由于大楼自竣工之日起,又经过数次局部改造及弱电功能性增加,故原竣工图与现场实际管线情况存在较大出入,无法作为现场管线走向的实际依据。在前期对大楼的实际管线情况做了深入的现场排摸。结合原竣工图纸,通过掌握大楼各个弱电系统在各个位置的实际管线走向,在物业的配合下,对原有系统的总线、支线进行了细致区分并记录标签,以便在系统设计时能够满足大楼不停业装修的要求,保证部分系统拆除时营业区域的正常功能使用，并且也为大楼弱电系统将来进行无缝切换打下基础(图 5-33、图 5-34)。

5.1.3 机电升级系统

5.1.3.1 冷热源系统

1. 塔楼(办公区)空调冷热源改造

原始蓝图设计高区塔楼空调冷源是冷冻机房提供一次测冷冻水，供/回水设计温度为 6.5℃/11.5℃，在十层设置两台板式热交换器，二次测供/回水设计温度为 8℃/13℃供高区塔楼办公区，设置两台循环水泵与板式热交换器对应。原始设计的蒸汽热源现已不使用，而采用电采暖运行费用高。因此为塔楼(办公区)设置独立的空调冷热源，便于运维和物业管理。

空调冷热源采用两台风冷热泵，取消原有板式换热器，水泵、水处理装置等放置于原板换机房，供回水主管管径 DN250，由 11 层屋顶至十层板换机房后，接至原始设计之原有二次测冷冻水管路，供塔楼空调箱冷热水，系统设备配置如表 5-10 所示。

图 5-33 通讯设备保留

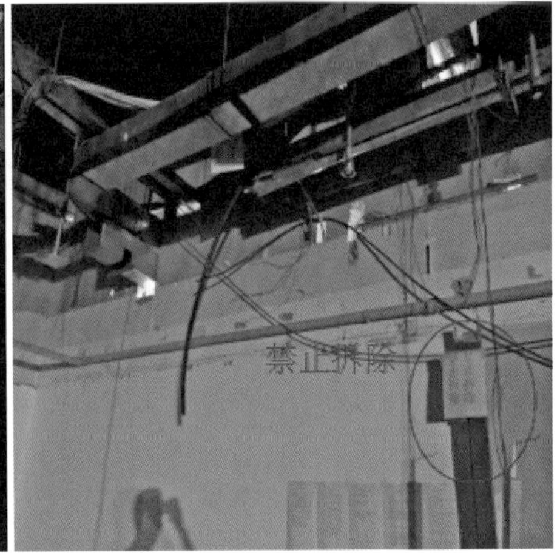

图 5-34 通讯线缆保留

表 5-10 办公楼风冷热泵参数表

序 号	名 称	设备型号规格	数量	性能系数(COP)
1	风冷热泵机组	制冷量：1 166 kW 输入功率：351.5 kW 供回水温度：7℃/12℃ 制热量：1 154 kW 输入功率：364.3 kW 供回水温度：45℃/40℃	2 台	3.317
序号	名称	设备型号规格	数量	功率
2	空调热水循环泵	流量：220 m³/h 扬程：35 m	3 台 (两用一备)	30 kW

2. 一层空调热源改造

由于商场的集中空调系统仅有冷源，原蒸汽热源系统已不再使用，根据往年的运行效果和切实的消费体验，在无采暖热源的情况下商场一层冬季比较冷，为改善顾客的消费体验，并满足工作人员的舒适度要求，建议为商场一层增设空调采暖热源。

空调冷热源采用风冷热泵系统，一层空调机组采用两管制，夏季空调冷冻水利用原系统由地下室冷冻机房提供，冬季空调热水管由裙房风冷热泵系统提供，采用电动(或手动)阀门在季节转换时进行切换。系统设备配置如表 5-11 所示。

3. 新增风冷热泵及冷却塔屋顶布置图

优化冷却塔选型，在原来 10 台冷却塔的位置能满足改造设计的冷却塔和 2 组风冷热泵的布置，裙房屋顶设备布置如图 5-35 所示。

表 5-11　一层商场风冷热泵参数表

序　号	名　称	设备型号规格	数量	性能系数(COP)
1	风冷热泵机组	制热量：650 kW 输入功率：194 kW 供回水温度：45℃/40℃	2 台	3.35
序号	名称	设备型号规格	数量	功率
2	空调热水循环泵	流量：120 m^3/h 扬程：35 m	3 台 (两用一备)	18.8 kW

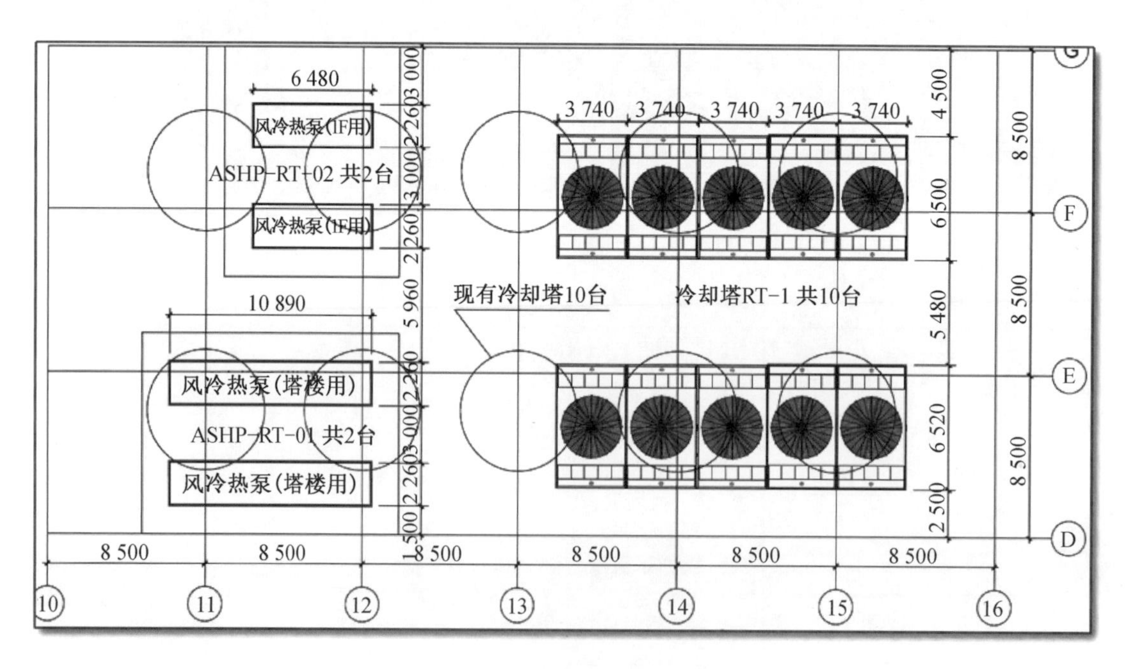

图 5-35　裙房屋顶设备布置图

5.1.3.2 强电系统

根据《建筑设计防火规范》(GB 50016—2014)版要求对于建筑面积大于 100 000 m^{2}的建筑，必须满足消防动力系统必须满足末端自切，消防配电干线宜按防火分区划分，消防配电支线不宜穿越防火分区。任一层建筑面积大于 3 000 m^2 的商店和展览建筑宜设置电气火灾监控系统。所以，为了满足消防验收规范要求以及业主更好地进行电气系统管理，强电系统必须进行升级改造。

1. 消防动力系统

对电梯、水泵、重要机房、消防排烟风机、卷帘门等提供双电源。

2. 电气火灾漏电系统

依据《商店建筑设计规范》(JGJ 48—2014)条文 7.3.16 设计：大型和中型商店建筑的营业厅照明、配电干线(除消防设备及应急照明外)回路，布线繁杂、不便于维护，设置剩余电流动作报警系统是防止其发生电气火灾的必要措施。

当被保护线路中的被探测参数超过报警设定值时，能发出报警信号、控制信号并能指示报警部位。该系统的特点在于漏电监控方面属于先期预报警系统。与传统火灾自动报警系统不同的是，漏电火灾报警系统早期报警是为了避免损失，而传统火灾自动报警系统是为了减少损失(图 5-37)。

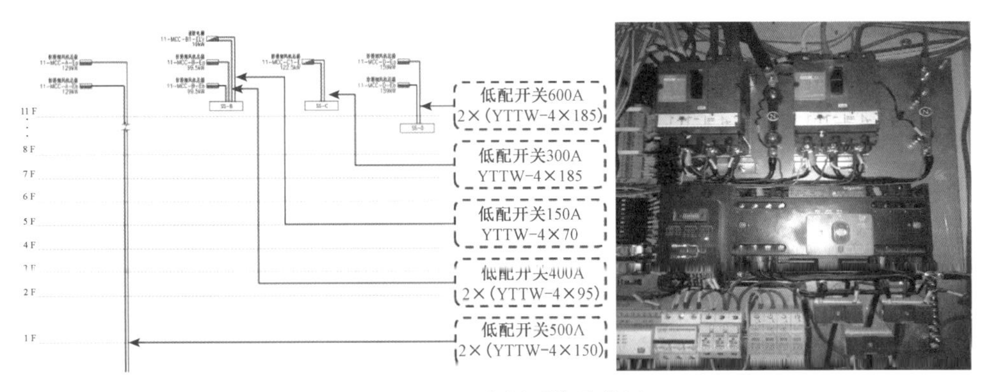

图 5-36 双电源系统及装置

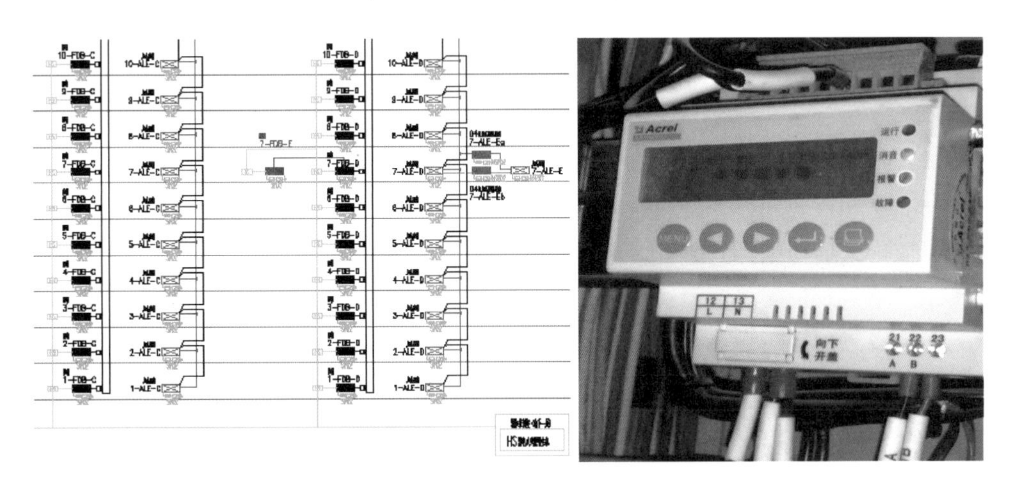

图 5-37 漏电保护系统及装置图

图 5-38　消防电源监测装置

3. 消防电源检测系统

依据《火灾自动报警系统设计规范》(GB 50116—2013)条文 3.4.2 设计此系统，条文要求消防控制室内设置的消防设备应包括火灾自动报警控制器、消防联动控制器、消防控制室图形显示装置、消防专用电话总机、消防应急广播控制装置、消防应急照明和疏散指示系统控制装置、消防电源监控器等设备或具有相应功能的组合设备。

当消防设备供电电源发生过压、欠压、缺相、过流、中断供电故障时，消防电源监控器进行声光报警、记录；显示被监测电源的电压、电流值及故障点位置并上传信息至消防控制室图形显示装置。

4. 电能管理系统

依据《公共建筑节能改造技术规范》(JGJ 176—2009)条文 7.2.4 设计此系统，条文要求建筑面积超过 2 万 m^2 的为大型公共建筑，这类建筑的用电分项计量应采用具有远传功能的监测系统，可实现电压、电流、功率等电参数的实时和历史趋势曲线显示，对某一时刻的电参数变化进行查询，也可进行报表的查询和打印，包括有三相电流、三相电压，功率因数等参数的查询和打印，同时支持自定义查询电表数据。

5.1.3.3　弱电机房工程

对于新系统的整体升级，机房工程是其中的重中之重，关系到所有弱电系统构架及业主的使用效果。

智能化子系统较多，要求各异，又常共用主机房。在各子系统基本确定后，把它们对机房布置的具体要求归纳起来，统一协调、规划、设计，制定装修标准，避免施工上各自为政、管理上混乱无章。为了方便使用和管理，中控室按有关规定标准设置独立的通风空调系统或恒温恒湿设施，铺设防静电架空地板。统计各系统用电消耗功率，留足容量，设置专用的电源配电箱，采用双回路供电末端切换的方式，并且各个子系统共用一套 UPS 电源。重要的机房消防设施。中控室还提供连接各个弱电子系统的专用接地端子排。统一布置安排布置各种设备盘、柜、显示屏幕墙、台座支架的排列方式和位置，走线应规整划一。保证各个系统总体安装效果既美观、实用，又便于以后使用和管理。

第一八佰伴弱电系统大量增多，而电子设备对环境条件要求较高，特别对温度尤为敏感。现场设备需要有足够空间与位置，以满足安装、测试、使用、检修上的要求，而且弱电设备和线路与其他专业设施紧邻，也存在着安全、干扰、稳定性方面的隐患。即使是普通建筑物也应考虑，若干年后也有翻修、改建、更新换代上的需求，因此此次规划的弱电间，在各楼层的 3 个区域设立独立的弱电设备间和井道。

专用弱电间考虑有良好的通风散热措施和工作照明，配置充足的工作电源，由专用回路供电回路配送，由控制室集中管理和控制，弱电间有进出孔洞封堵和防止小动物进入的措施。

楼层弱电间涵盖的服务范围要受到设备信号总线传输距离的限制。例如：综合布线系统水平工作区长度不得超过 90 m。

将原有的总线制系统如：消防系统、安防系统、广播系统、BA 系统等重新设计，新系统全部为基于 TCP/IP 协议的网络系统，新系统构架具有容易扩容、安装方便、造价低廉、运行稳定等特点。由于新系统是基于网络架构，这样只要在同一个网段内，业主今后可以按照自身的需求，任意添加设备，而无须再重新布线；且只要给予权限管理员权限，同网段内任意工作站都可作为主机对系统进行管理(图 5-39—图 5-42)。

图 5-39 信息机房　　图 5-40 通讯机房

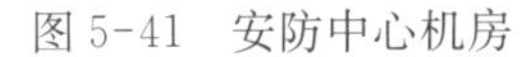

图 5-41 安防中心机房　　图 5-42 弱电间

5.1.4 工程难特点及应对措施

1. 空调箱设备运输

第一八佰伴商场的货梯的设计承重为 1.8 t，经过二十余年的长期使用，电梯载重量已经不足 1.5 t；同时运输设备的后勤通道的尺寸为 2.5 m，但是电梯和后勤通道的先天条件，无法满足更换的空调箱的体积和重量，无法从现在的商场电梯进入后搬运至各楼层机房。所以，在实际实施中只能将成品空调箱拆散，将马达、封板、内部其他零件分别运至相应机房，然后进行组装（图 5-43—图 5-45）。

图 5-43　空调箱风机马达搬运

图 5-44　空调箱拼装过程

图 5-45　空调箱拼装完成现场图

2. 风冷热泵的吊装

为了满足业主需求，即商场首层和办公楼提供集中热源冷源，安装风冷热泵。然而在实际工程中面对的挑战是在浦东市中心要将两台 6 t 重的风冷热泵和 2 台 12 t重的风冷热泵吊装至标高 50 m 的屋面，并需要定点落位。

因此于 2017 年 1 月 19 号晚 12 点，对 4 台热泵进行吊装，根据计算选用利勃海尔 500 t 全液压汽车式起重机吊装(热泵最大单件设备重量 11 750 kg，外形尺寸 12 200 mm×2 300 mm×2 450 mm)。当设备吊至楼顶时，把设备固定住预先制作好的钢拖排上，然后使用卷扬机和滚杠拖至基础上。

利勃海尔 500 t 全液压汽车式起重机卸车。卸车半径 28 m，主臂 78.6 m，吊装高度 73 m。

图 5-46　风冷热泵施工现状

3. 变电所改造

为满足上海第一八佰伴照明动力配电的需要，解决低压供配电设备容量问题，保证日常用电安全，将对本区域的低压供配电设备进行扩容升级改造。

扩容升级改造区域分 A，B，C，D 共 4 个变电所，增加低压柜 8 台、码头箱 4 只。低压柜小室改造共 18 只。

由于改造低压柜需要停止整台低压柜及相应变压器，低压柜所带负载必须全面停电，不可避免的电梯、九至十层有餐饮和影院等娱乐场所用电、照明都会受到影响。然而第一八佰伴改造是边营业边施工，停电必须在夜间 12:00 至次日凌晨 7:00。施工的难度是显而易见的。

传统项目中变电所的改造，需要在足够的时间下，仔细计算现场需要的施工材料，同时在现场加工材料，随后跟进施工，施工时间有保障，施工质量有保证。然而对于本工程，为了节约时间，需为施工人员提供足够的时间，以便完成任务。通过相当紧密的计算，和对低压柜的结构提前排摸清楚，将铜排和面板等器件提前加工成直接安装件，在 7 h 内进行模块化的拼装。

图 5-47　拼装低压柜　　　　图 5-48　新增开关仓位

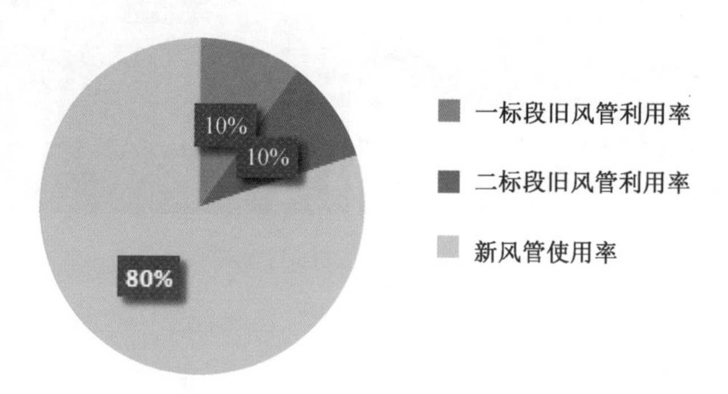

图 5-49　风管利用分布图

4. 旧风管的再利用

在此次第一八佰伴改造工程中，基于前期的勘察和后期拆除吊顶后整体的复验，得出了一条结论：现有的空调风管无论从外观观感质量上还是从施工工艺上来说，空调风管部分是可以再利用的。然而在施工过程中，再利用旧风管时，遇到了3个问题。

(1) 旧空调风管的拆装。首先，施工人员对于需要再利用的风管进行识别和标示，之后对旧风管实施保护性拆卸，然而由于第一八佰伴的工期比较紧张，这种方式严重影响了风管的整体施工进度。

解决方法：项目部施工员通过试验和对比，找到破解方法。一是，对于小管径的风管，采取先拆不装，整体大风管施工完毕后再利用；二是，对于大管径风管采取法兰处整体切割的方式，加速可利用风管的拆卸。

(2) 旧空调风管的清洗。第一八佰伴历经二十余年,旧风管内的污垢很多,直接利用会影响空调的空气质量。

解决方法:为了保证空气的清新,专门研究了清洗风管的方法,最终确定了风管清洗工艺(图 5-50)。

(3) 旧空调风管与新管线的碰撞。在新图纸和新装修标高的要求下,机电安装部经常遇到管线碰撞的问题,由于风管体积和布局等特性,修改风管路线往往是牵一发而动全局,所以处理好旧风管也是困难不断。

解决方法:首先是对空调风管、消防风管、消防水管进行综合深化,然后根据深化图纸,进行现场测量,提前修改路径,在保障技术指标的条件下,进行合理避让和修改(图 5-51)。

图 5-50 风管清洗设备

图 5-51 新旧风管碰撞

5. 弱电系统的拆折

在设计阶段,由于大楼建成已有二十余年,且经过多次改造,原有竣工蓝图已经无法反应实际现场情况,这也对现场勘查带来了困难。在前期排摸阶段,由于大楼尚处于整体营业状态,其中有大部分区域由于无法看到,所以无法得知其中旧系统的管路走向,只能根据物业的口述及过往楼宇弱电改造的经验判断线路走向,这也造成了在实际施工过程中有误拆除而影响部分功能的问题。

在实际施工过程中的解决办法是与拆除单位协调,对施工区域实行分区域的局部拆除,为创造在正式拆除工作前一天的排摸时间,同时安排专人在这段时间内抓紧对现场情况进行排摸,将施工影响大楼正常运营的限度减到最小。

由于商场的特殊性,在我方整体施工完成后还涉及小业主的二次装修问题。在二次装修的过程中,部分小业主会因为自己的装饰效果设计需要修改管线及末端点位安装位置。

为此机电安装部通过积极与业主及小业主沟通，在满足现有规范的情况下，征得业主的同意后最大限度配合小业主的装修风格来调整设计，并且将最终设计反映到竣工图上。

5.1.5 安全文明施工

为了在2016年年末完成安装任务，安全施工与快速施工是矛盾的，但是为了完成工期任务，同时本工程位于浦东市中心，安全文明施工是重中之重。所以项目部从管理模式，到安全使用机械和人员管理，再到严格控制施工影响，保障商场运营正常和周边环境无差异化。

1. 安全文明施工目标

(1) 事故负伤频率控制在0.1‰以内。

(2) 死亡、重伤事故为零。

(3) 杜绝火灾、食物中毒等重大事故。

(4) 没有业主、社会相关方面和员工的重大投诉。

(5) 粉尘、污水、噪声达到城市管理要求。

(6) 施工现场夜间无光污染。

2. 安全施工具体措施

遵守安全生产六大纪律和各项安全操作规程。未经许可不得从事非本工种作业；严禁酒后生产、工作，严格执行安全技术操作规程。

安全检查要有重点，有针对性，要讲究实效，不流于形式，发现隐患，坚决采取整改措施，该停的停，该封的封，该处理的处理。对查出的隐患要做到三定(定人，定整改措施，定时间)，及时消除；对重大隐患要进行复查，较大的隐患短期内不能解决的，要采取措施限期解决。

高空作业应在施工方案中制定切实可行的安全技术措施(如规定搭设的脚手架、铺设安全网、佩戴安全带、装保护栏杆、设警告标志牌以及设置其他安全设施等)，并检查落实后，方可登高操作。由于施工区域离周围道路的水平距离很近，应加强教育，坚决杜绝高空坠物。

在“四口五临边”(阳台口、扶梯口、井架口、屋檐和预留洞口，无外脚手四周临边、屋檐四周临边、框架建筑层楼边、无预防措施阳台边、井架通道两边)上面或附近施工作业时，应采取可靠安全保护措施，无安全可靠的保护措施，一律不准施工。

脚手架必须可靠牢固，其上侧应有扶手，铺板宽度和厚度必须能保证安全施工的需要，有探头板必须捆牢。脚手架搭设完毕，必须检查验收合格后，方可使用。脚手架如需拆动，必须经过有关施工负责人和现场安全人员的同意。

现场的施工机具、照明线路必须接地良好，未经许可不得擅自拆、装、改。机械设备应有专人维修、保养。

施工现场要设置专职安全、消防监控人员。

各类登高设施，包括登高梯、移动平台、临时脚手架等都须经安全验收挂牌后方可使用。

灯具使用统一的LED灯具(图5-52)。

火灾预防控制措施如下：

(1) 严格监控施工动火作业。

(2) 焊工必须带“双证”施工、遵守“十不烧”纪律。

(3) 油漆、油品等易燃物按有关化学物品在集中地区摆放。

(4) 氧气、乙炔等易燃易爆物品在集中区域摆放。

(5) 严禁在禁火区域吸烟。

如图5-53—图5-55所示。

图5-52 LED统一灯具

图5-53 脚手架的管理

图5-54 风管保护标识

图5-55 桥架保护标识

3. 文明施工具体措施

本工程位于浦东新区中心，做好施工文明，控制环境恶化的工作特别重要。针对工程的特点，对施工文明制定以下措施。

1）材料控制措施（图 5-56、图 5-57）

（1）材料集中堆放，并堆放整齐。

（2）必须设立集中材料加工区。

（3）材料进场必须按照施工进度要求进场，不能堆积材料。

图 5-56　风管统一堆放

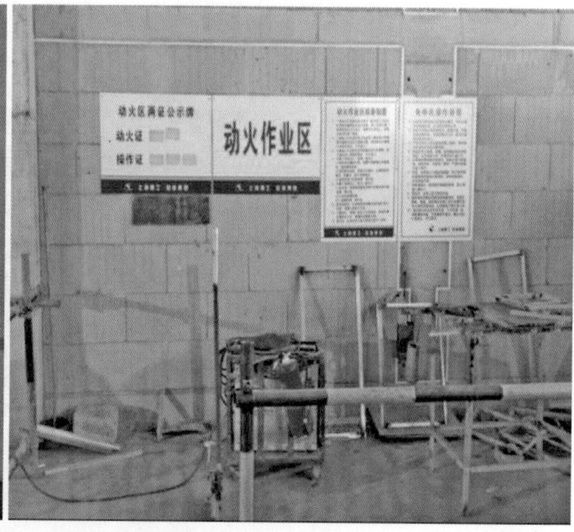

图 5-57　动火作业集中区

2）粉尘控制措施

做好施工现场落手清工作，安排专人进行场地清扫及洒水，及时清除各类垃圾。

3）噪声控制措施

（1）锤击工件不准白天作业，夜间施工或外加工。

（2）打磨管口、工件设置围挡，白天不许作业。

（3）空压机宜夜间作业、白天不许使用。

4）固体废弃物控制措施

（1）施工用废木料、废油漆桶、废漆上刷、废钢材、废 PVC 管收集、集中处理。

（2）电焊作业废焊条头收集、集中处理。

5）废水、废油控制措施

（1）管道清洗污水集中排放至污水管内。

（2）机械施工废机油收集，集中处理。

5.1.6　经验教训及建议

1. 设计与施工的配合

半年的设计与施工配合的过程，是设计与施工一体化的模式的摸索阶段，这种模式一方面提高了设计和施工的沟通速率，另一方面间接地缩短了施工的周期。然而在配合程度上来说，仍然是设计和施工对口专业之间单独的沟通和协调，只是孤立的图纸和现场实际情况的差异反馈。施工人员和设计师之间往往也会因为各自专业的技术和工艺问题出现争议。所以设计和施工之间需要改进的地方有以下几点：

(1) 施工人员要多了解设计意图和规范，设计也应该从施工的角度思考可行性，确保施工图合理可行。

(2) 施工人员对于现场情况的反馈要更早、更快、更细，方便设计提前进行修改，尽早完成图纸变更。

(3) 不同专业之间需要多方面的沟通和交流，实现真正的设计综合深化。

2. 与装饰单位的配合

在装修工作开始前，机电专业应完成与装饰的配合深化设计工作。在装修施工阶段，机电各专业很重要的工作内容为配合装修专业进行末端追位，所以各专业在进行末端追位前取得装修专业提供的基准线显得尤为重要。需要装修专业提供的主要基准线有：建筑标高线、吊顶标高线、柱的中心线等。此外，对于灯具、风口及特殊机电末端的安装位置，需要装修专业提供具体、准确的定位位置。

与装饰单位的配合过程中将需要改进的地方归纳如下：

(1) 消防末端喷淋的数量和定位。装修设计单位应尽早将装修天花图提供至机电设计，深化喷淋点位和数量，一旦提供时间延后，必将避免延误施工周期，造成不必要的返工。

(2) 风口的定位。由于业态和施工现场的变化，风口形式和位置的多变导致了风口的定位和开孔很大程度上影响了工期的进展。在今后的工作中，机电部要及时提供风口位置和尺寸，在双方施工的配合上要进一步紧密沟通交流。

(3) 墙面的电气设施配合。由于墙面装饰面的结构和装饰面的要求，往往会造成墙面的配电箱、开关、插座需要重新安装，造成返工。希望装饰单位能够与机电单位进行电气设备实际尺寸和标高进行核对，同时及早在墙面标示安装设施的尺寸和位置，有利于双方更好地配合。

3. 成品保护

施工人员要认真遵守现场成品保护制度，注意爱护建筑物内的装修、成品、设备、家具以及设施。

做好设备安装前的开箱清点，在有关部门人员参加下做好记录，发现缺损及丢失情况，及时联系解决。

设备开箱点件后对易丢、易损部件应指定专人负责入库，妥善保管。各类小型仪器、仪表及进口零部件，在安装前不要拆包装，设备搬运时明露在外的表面应防碰撞。

对管道、通风保温成品要加以保护，不得随意拆、碰、压，防止损坏。

凡不具备安装条件的场所不得进行设备安装。各类机房设备就位后应加门锁锁好，必要时专人看护。

对于贵重、易损的仪表、零部件尽量在调试之前再进行安装，必须提前安装的要采取妥善的保护措施，以防丢失、损坏。

4. 业态二次装修配合

对商场内商铺数量的预估不足，导致后期商铺增加后，商铺功能点位的增加，导致施工难度增加、材料和人工的浪费，在今后的商场的改造中，尽早考虑业态变化，预留充足点位，避免误工和材料浪费。

5.1.7 技术创新

1. 节能设备应用

1）冷冻水泵节能优化

本工程离心式冷水机组位于地下二层的冷冻机房，冷冻水泵与冷水机组一一对应。冷冻水循环泵原设计参数如表 5-12 所示。

经现场情况勘查，改造前现场的冷冻水泵出口蝶阀的设定位置开度仅为 20%左右（图 5-58），表明原设计冷冻水泵扬程应远大于实际水系统扬程需求量。5 月 31 日现场勘查，开启两台制冷机组，冷冻水泵进出口压力 0.35/0.64 MPa，扬程 29 m，该阀门阻力达 8 m。

表 5-12　　地下二层的冷冻水循环泵设计参数表

设备编号	安装位置	数量	流量	原设计扬程	原设计功率
			m^3/h	m	kW
PCP-1	冷冻机房	5	433	60	110
PCP-2	冷冻机房	1	303	60	90

图 5-58　冷冻泵

依据节能规范核算原设计水泵

根据《公共建筑节能设计标准》(GB 50189—2015)要求，对原设计水泵水系统耗电输冷(热)比[EC(H)R-a]进行核算。

$$\text{规范要求 } EC(H)R-a=0.003\,096\Sigma(G\times H/\eta b)/Q\leqslant A(B+\alpha\Sigma L)/\Delta T$$

经计算(水泵效率按 80%，管路总长度按 500 m 估算)：

$0.003\,096\Sigma(G\times H/\eta b)/Q=0.028\,59>A(B+\alpha\Sigma L)/\Delta T=0.028\,19$，不满足节能规范要求。

2) 水泵优化选型

冷冻水系统长度按 500 m 计算，沿程阻力按 300 Pa/m 计算，冷冻机组实际阻力 66.8 kPa，末端最不利环路空调箱阻力按 70 kPa 计算，阀门管件等局部阻力当量长度按 250 m 计算。

因此方案阶段对冷冻水泵扬程计算如下：

$$H=66.8+70+300/1\,000\times500+300/1\,000\times250=361.8\text{ kPa}$$

水泵选型扬程考虑 1.1 安全系数后，扬程选型 40 m(表 5-13)。

表 5-13 水泵参数表

设备编号	地下二层安装位置	数量	流量	设计扬程	设计功率	原设计功率
			m^2/h	m	kW	kW
PCP-1	冷冻机房	5	433	40	75	110
PCP-2	冷冻机房	1	303	37	55	90

3) 水泵运行能耗估算

按照上述方案阶段选型结果来看，每台水泵电机功率减小 35 kW，按照规范中 IPLV 对部分负荷的运行时间，100%负荷占 1.2%，75%负荷占 32.8%，50%负荷占 39.7%，25%负荷占 26.3%，约为 52%。

空调系统运行时间按 6 个月，每天运行 12 h 估算，则水泵优化选型能节约能耗为

$$P=35\text{ kW}\times6\text{ 台}\times6\text{ 月}\times30\text{ 天}\times12\text{ h}\times52\%=235\,872\text{ kW}\cdot\text{h}$$

节省电能 1 kW·h 相当于，减排 0.997 kg 二氧化碳(CO_2)，减排 0.03 kg 二氧化硫(SO_2)。

即：每年制冷季节冷冻水循环泵可节省能耗约 23.6 万 kW·h，相当于减排 235 292 kg二氧化碳(CO_2)，减排 7 080 kg 二氧化硫(SO_2)。

2. 大数据分析系统

现今手机上网已经成为人们重要的上网方式，为此在传统商场公共无线网络的基础上，为业主量身定制了一套基于物联网的商场公共网络系统。这套公共无线网

络系统完全覆盖了商场的各个公共区域，设备上采用了新型的无线 AP，使得单个 AP 的设备接入量大大超过传统 AP 设备，满足第一八佰伴大人流的使用场景。其创新点在于用户在接入商场无线网络的同时，系统通过分析用户所在位置，自动识别用户在商场各个位置的逗留时间，并通过后台程序自动分析用户在商场内的购物习惯，并且采集记录客户的购物路径，通过大量数据的采集，从而生成用户购物习惯的大数据分析。业主可以通过这些数据，在今后的运营过程中不断优化商场业态布置。

3. 屋面设备基础管线支架设置技术

1）冷却塔钢结构减震台座的设计制作安装

传统大型设备基础是由混凝土现场浇筑而成，但由于本工程是改造工程，同时屋面防水已经完成，无法按照传统的施工方法进行施工。因此，本工程只能另辟蹊径，制作钢平台来做基础，保证新冷却塔完美安装定位。

第一八佰伴现场使用冷却塔为 1994 年的 10 台圆形冷却塔，位于裙楼楼顶，现场安装使用现浇混凝土基础和橡胶减振。招标要求更换为 10 台方形横流冷却塔，中标品牌为良机品牌。由于圆形冷却塔和方形冷却塔的基础形状和支撑脚位置不同，因此需要在不破坏原有混凝土基础的情况下重新制作钢制台架和减振垫。

根据供货商和专业施工员现场勘察情况，新制作的钢制台架放置在混凝土基础上，需要和原有基础采用膨胀螺栓连接固定，有部分空间跨度较大（详见后附说明），需要增加立柱支撑脚以增加稳定性。同时对原有的橡胶减振方式进行校核计。

（1）冷却塔外形尺寸：屋顶冷却塔基础主要使用 200 mm×200 mm 的 H 型钢制作。钢结构基础占用原有三个混凝土基础，居中安装。

冷却塔（支腿）外形尺寸 22 250 mm×6 480 mm（长×宽）（图 5-59）。

（2）型钢基础外形尺寸：新制作的型钢基础外形尺寸为 22 500 mm×6 630 mm（长×宽）（图 5-60）。

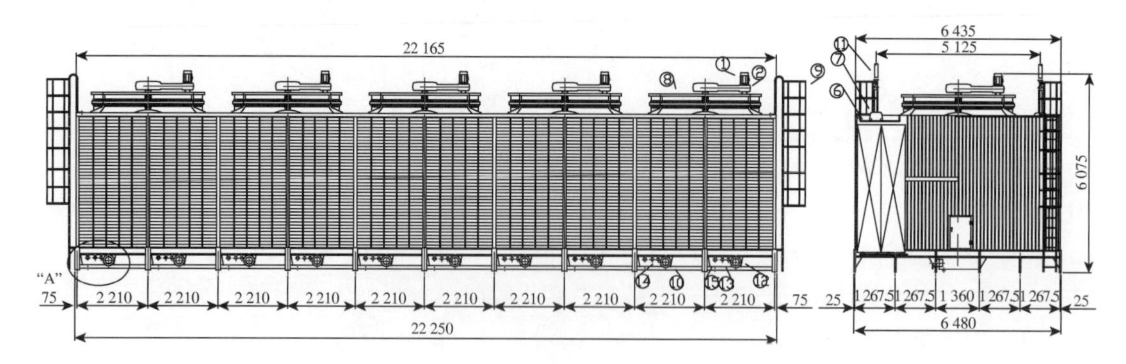

图 5-59　冷却塔外形尺寸图

（3）型钢基础和混凝土基础相对位置：200 mm×200 mm 的 H 型钢平铺在原来混凝土基础之上，型钢和混凝土之间接触位置使用膨胀螺栓固定(图 5-61)。

（4）大跨度立柱位置：在钢结构基础下面跨度大的位置下面加立柱，立柱使用 200 mm×200 mm 的 H 型钢(图 5-62)。

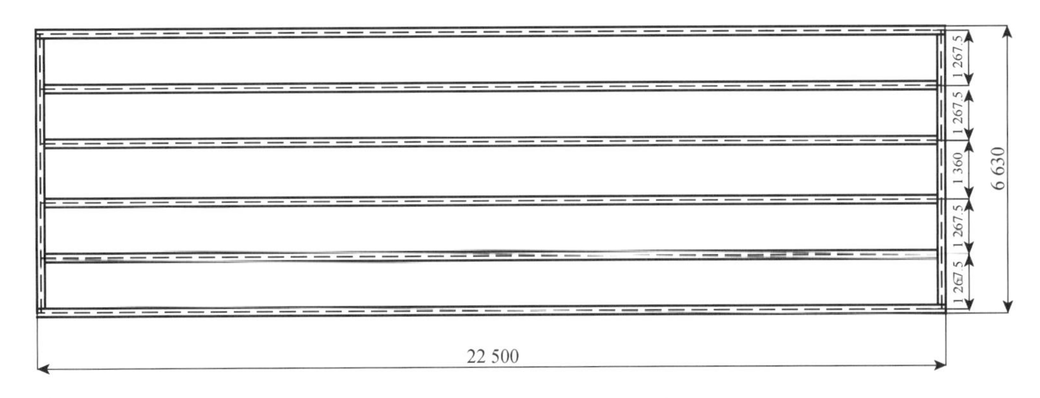

图 5-60　型钢基础外形尺寸

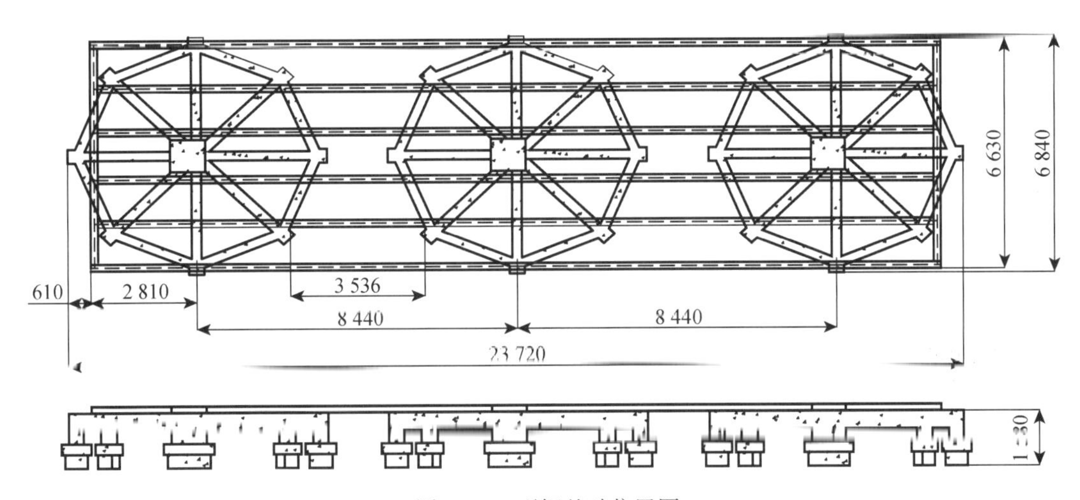

图 5-61　型钢基础位置图

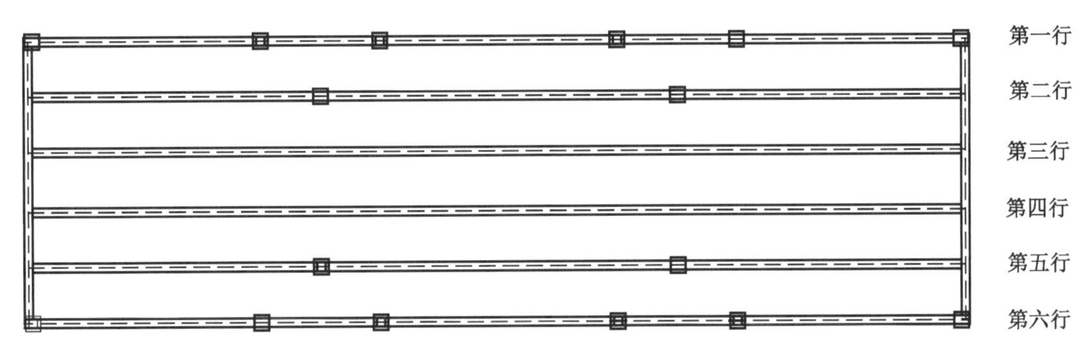

图 5-62　大跨度立柱位置

（5）立柱尺寸：第一行，第六行立柱尺寸如图 5-63(a)所示。

第二行，第五行立柱尺寸如图 5-63(b)所示。

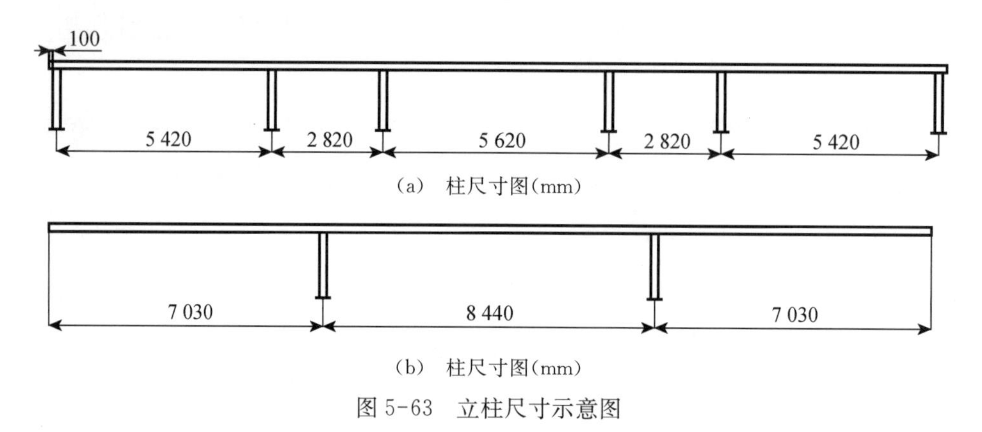

（a） 柱尺寸图(mm)

（b） 柱尺寸图(mm)

图 5-63 立柱尺寸示意图

（6）各节点连接大样图：型钢基础之间现场焊接如图 5-64、图 5-65 所示。

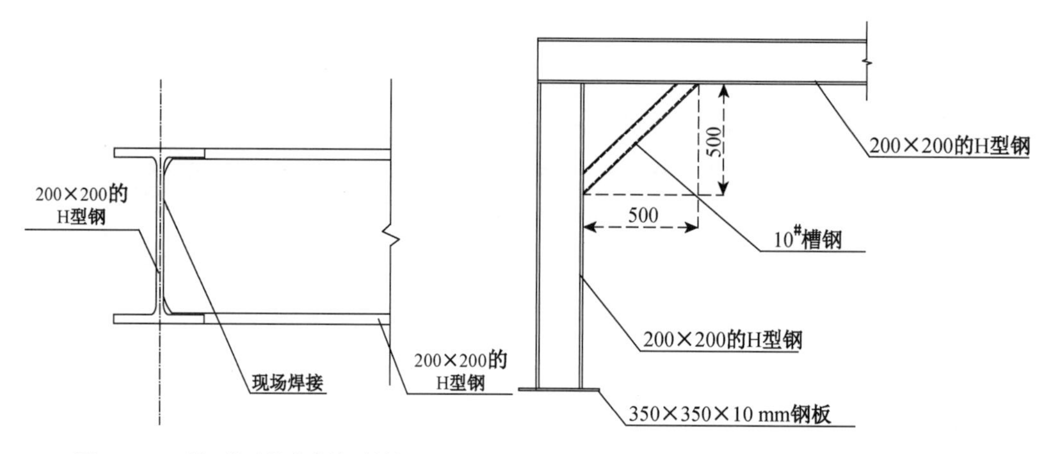

图 5-64 型钢基础柱与梁加斜撑(mm)　　图 5-65 立柱与基础连接节点图(mm)

（7）减振计算书如表 5-14 所示。

表 5-14　减震计算参数表

减振计算书		
工程项目	第一八佰伴	
设备型号	LRCM-HS-500	
运行重量	44 300	kg
附加扰动后重量	48 730	kg
电机转速 n	955	rpm
减振点位数量	66	只

（续表）

减振计算书		
工程项目	第一八佰伴	
支撑重量	738	
减振选型	良机配套橡胶减振垫	
平均刚度	180	
减振器压缩量 δ	5	
设备运行频率 f	16	Hz
减振系统固有频率 f_0	6	Hz
频率比 f/f_0	2.653	
阻尼比 D	0.06	
传递率	0.174	
隔振效率	82.6%	
结论	适用	

橡胶减振垫采用良机冷却塔公司提供的配套橡胶减振垫(图 5-66)。

图 5-66　冷却塔台座施工现状

2）一种不破坏屋面防水层的新支架形式

通常情况下，建筑屋面机电管线支架施工方法，基本采用铁构件或混凝土支墩在屋面做防水层之前，预埋好相应支架支撑件。但该项目为改造工程，为了不破坏防水，又避免了防水层修补带来的额外成本及漏水隐患，采用了新的支架形式。

该支架形式如图5-67所示。包括混凝土、铁构件、螺帽、螺栓、PVC管材。在相应的PVC管子中填入混凝土,用相应规格的铁构件支撑架浇筑在混凝土中,并在铁构件中心位置配置固定用螺丝孔。此种支架,能够方便可靠地固定机电管道和桥架等载体,能够在复杂的屋面设备环境下,完全不破坏防水屋面,支架形式合理且简洁、成本低、操作方便、实用性强。

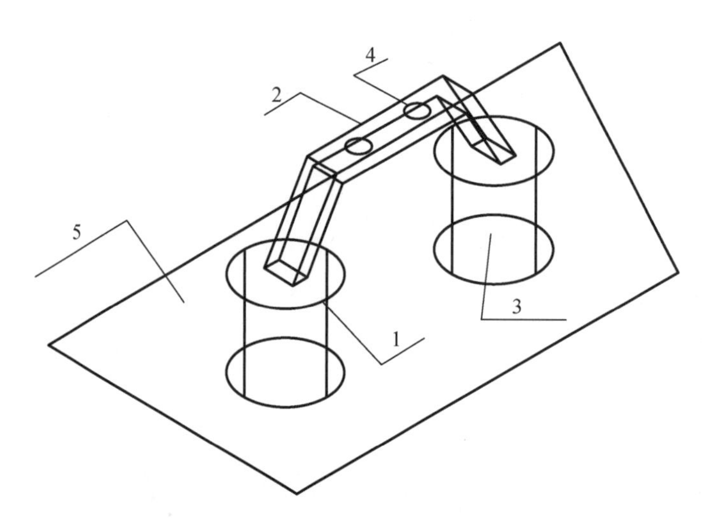

1—PVC管子;2—槽钢;3—混凝土;4—固定螺丝孔;5—防水层屋面

图5-67　屋面防水层新支架形式

4. 排水管改造工序改良技术

传统模式下排水管道的安装是按照正常的施工顺序:首先进行立管支架安装,然后一次性完成排水立管管道,然后安装排水水平总管,其次是水平支管。然而本工程是改造工程,更是一个商场不停业的项目,正常的施工工序是无法实现排水管的更换。以此,机电安装部采取了用透气管和排水管之间交替更换的方式,解决困难(图5-68、图5-69)。

(1) 在一至五层原主立管附近拆除透气管,新敷设一路新立管,并每层设置三通。立管在完工后,封闭各层三通,完成通水通球试验。夜间与原六层排水管连接。

(2) 拆除原排水立管,原位置安装新透气管与六层以上透气管接驳。

(3) 各层旧水平排水管在施工前在旧立管三通处断开,旧立管三通口严密封闭。所有楼层改造完毕后,旧立管根据现场条件,拆除或者由装饰封闭。

(4) 各阶段楼层水平排水管在施工完成后,打开新立管的三通并接入。

(5) 五层、六至十层排水立管按照一至五层的方法的更新。

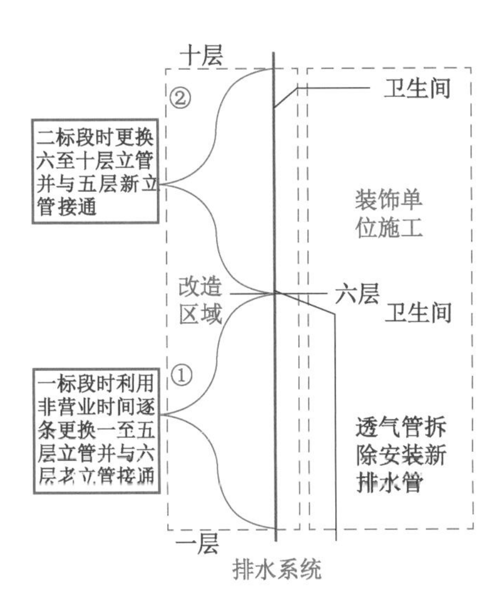

图 5-68 排水系统改造示意图

图 5-69 排水管及透气管

5. 大型设备拆装就位技术

大型设备的吊装就位工作一直是安装工作中非常重要的一环。不同于以往项目,大型设备的运输多采用吊装口,或者搭设卸料平台,用其中机械垂直吊运至相应楼层,再辅以水平托运的方式进行就位。在此过程中,设备运输通道上的一些墙体需要实现预留相应尺寸的孔洞,用于设备的通行。但此项目的特殊性,结构无法提供此类运输便利条件,反而因为结构的限制,造成了设备无法就位的困难。项目部精心策划了解决大型设备克服结构限制就位的方法。

以本工程空调箱更新为例,空调机房不在建筑外围,不能通过拆除外围幕墙后通过外立面垂直吊运及水平拖运方式进行就位。同时空调箱体积较大,无法利用已有施工电梯进行垂直运输,走道的宽度也不允许空调箱整体通过。在施工准备阶段已估计到了这个困难,所以在实施设备更新前,对其运输方法进行了策划。

首先在空调箱选型过程中,注意空调箱的外部尺寸及零件构成,确认是否能够进行拆解运输、拆解后的零件大小,使得零件既能满足电梯运输及走道托运,又不至于拆的过于零散而对拼装带来困难。通过与设备供应商沟通,要求其提供技术支持,对空调箱拆解提供建议。在设备进场时,以解体的零件形式进场,利用现有运输通道运至空调机房后,进行现场拼装。现场拼装需严格按照厂家制造的质量标准,注意零件组装偏差。拼装完成后进行检查,检查设备密封情况、内部接线情况,保证与整体进场的空调箱质量状况一致。通过此策划,克服了结构限制对设备就位的影响,为工程节点的完成扫除了障碍。

6. 配电系统局部扩容升级技术

第一八佰伴为了适应新时代下消费者的消费习惯和新商业布局,业态必然随之改变。从原设计的商铺变成实际招租的美容美发,从原设计时要求的用电量变成翻倍的用电量餐饮，这一系列的变化，带来的是原设计配电系统的容量不足和配电模式不匹配。

以七层店铺“双立人”为例，原先设计容量为 15 kW 的用电功率，实际商铺需求确定为 50 kW 的用电负荷，面对该区域用电总箱用电量的施工完毕以及该租户分开关也已经集成在配电箱内。面对这样的困难，通过复核该区域实际用电量，通过测量和计算，确定用电总箱剩余电量还能够满足 50 kW 的要求，然而断路器是无法满足的，同时在配电箱内修改断路器是无可操作性的。

针对以上问题，解决的办法是对原配电箱进行扩容处理，在出线铜排上单独敷设一路电缆，同时增加一个双立人新配电箱，这样既能满足商铺需求，又能保护总箱电源与双立人之间有电气保护。

再以地下一层超市餐饮为例，餐饮位于地下一层改造区，商铺入驻后，发现自己餐饮需要增加排油烟设备，然而初设计并没有涉及这方面，面对配电箱已经完成，增加动力设备，目前的配电箱元件结构是无法满足动力设备的运行需求。

因此，机电安装部通过对配电箱进行扩展升级，在配电箱内加入接触器和热继电器，调整内部线路，保证商铺的用电安全及其动力设备能够安全运行。

5.2 室内装饰

5.2.1 工程难特点及应对措施

1. 中庭吊顶施工要求高

二至四层的中庭天花艺术吊顶分为灯槽、石膏板天花和不锈钢方通三层，且不锈钢方通的造型与灯槽造型一致，这对施工现场的施工要求极高。

应对措施：利用工厂化加工的优势，对灯槽的基层板进行线切割加工，保证其造型尺寸和不锈钢方通一致。

2. 地面石材铺贴跟缝困难

商场每层地面铺贴面积约为 5 000 m^2，且为同一种材料，在工期如此紧迫的情况下，势必需要分区域施工，如何让不同区域的地面留缝能够跟通是一大难题。

应对措施：根据现场预留石材伸缩缝的地方，设置控制缝，把所有误差控制在每个控制缝区域内，保证各区域间的石材留缝能够跟通。

3. 一层造型天花图纸表示不清

商场一层化妆品区域的天花为伞状异形双曲面结构，而施工蓝图只提供了一个剖面图，单单根据图纸无法施工。

应对措施：利用 BIM 技术对天花进行三维建模，重新提取施工需要的数据，指导现场施工。

5.2.2 绿色拆除

1. 拆除范围

工程拆除范围包括一至八层所有的饰面，九层、十层的公共区域，地下一层超市的装饰面拆除。拆除总面积约 90 000 m²，拆除垃圾重量约 14 000 t(表 5-15)。

表 5-15　　拆除内容一览表

一至八层营业场所

一至八层后勤区域

九层公共区域(餐饮)

十层公共区域

地下车库

地下一层超市

2. 拆除顺序

为了保证拆除工作的顺利进行，不让先拆除的垃圾对后续拆除产生影响，整个拆除工作遵循以下顺序：

吊顶、墙面机电末端点位拆除(灯具、风口、喷淋、洁具等)→吊顶装修饰面拆除

→吊顶内装修基层龙骨拆除→吊顶内安装管线拆除→隔墙饰面板拆除→隔墙(含内附管线)及墙基层拆除→地面拆除。

3. 拆除基本原则

(1)“先上后下”“先次要受力构件后主要受力构件”。

(2)拆除作业采用两班制,24 h 不间断作业,白天拆吊顶和墙面,晚上拆地坪,地坪拆除时间安排在晚上 9 点至早上 9 点,地坪拆除完成后空压机关闭。

(3)在垂直货梯处设立临时堆场,临时堆场所涉及的原小商铺及走道部位先行拆除,保留原地坪平整,便于推车运输。

(4)拆除时考虑每一层留一个洗手间到最后拆除供现场使用,其余的先拆掉。

(5)每层的拆除顺序为:远离运输口区域拆除→运输口附近区域拆除→边厅及店铺拆除→中岛区域拆除→通道区域拆除。

4. 拆除施工

由于上海第一八佰伴地处繁华闹市区,拆除就不单单是把原饰面拆了运走这么简单,对于周围环境的保护以及防尘降噪的控制都需要列入考虑范围内。因此,本工程贯彻了“绿色”的理念,将拆除工作“环保化”。

(1)楼层内垃圾统一运至室外 3 个指定垃圾堆放点,并集中安排车辆进行垃圾的运输,减少垃圾乱堆乱放现象(图 5-70)。

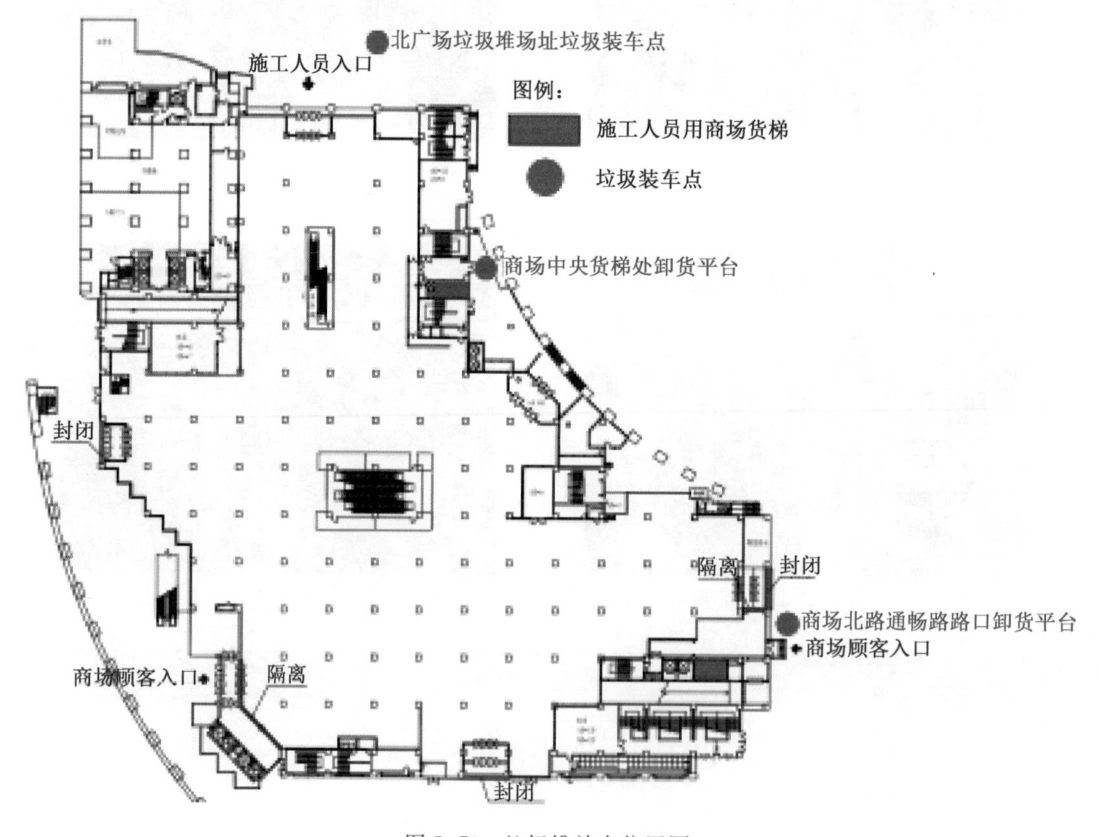

图 5-70 垃圾堆放点位置图

（2）对拆除下来的垃圾进行分类堆放，既可以有效利用空间，同时在垃圾装车运走后也能够集中进行处理。

（3）由于自动扶梯和货运电梯只是维修保养，因此拆除期间对于原来的自动扶梯和货运电梯均用木工板进行保护，防止作业时对相关设施造成损坏。

（4）对于业主要求保留的末端设备先行进行拆除，单独堆放保存。

（5）由于白天市区车辆的管制原因，垃圾车运输的间距较长，因此在垃圾未装车前，在垃圾上进行洒水工作，减少对周围环境的影响。

5. 拆除成果

一至五层最终拆除用时 20 天，六至八层拆除用时 14 天，垃圾外运车辆除特殊情况外，均采用 10 t 的车辆，除去上下班高峰时间（早上 7:00—9:00，傍晚 17:00—19:00），基本每半小时安排一辆，总计约 2 500 车。

5.2.3 技术方案

5.2.3.1 大面积地面石材铺贴施工

根据图纸的地坪布置图来看，第一八佰伴主要楼层地面需铺贴的面积约为 5 000 m^2，而且由于中岛商铺的存在，把大面的地坪布置分割成若干条横竖交叉的十字走道，而这些走道的石材又都是跟缝相通的。由于施工工期很紧，只用一个班组从楼层的一头向另一头铺贴是肯定来不及的，分区域同时施工是不可避免的，因此石材的跟缝问题就成了重要的控制点。

1. 基层清理及水平线设置

新铺贴的地面石材是在原始地坪拆除的基础上重新进行的，因此从理论上来说原地坪的完成面线即是新施工地坪的完成面线，但是第一八佰伴建成已有二十余年，考虑到建筑沉降等因素，以商场中间不拆的中央自动扶梯踏面为 0.000 标准面，以此来检测地坪基层是否满足石材铺贴的厚度要求（图 5-71、图 5-72）。

图 5-71 基层清理

图 5-72 基层清理后现场图

2. 石材排版

由于地面石材被分割成了若干条小走道，直接导致了地坪石材排版难度剧增。

商铺的尺寸并非石材标准板块的模数，若确保某一条走道的排版，那么其他走道的板块势必出现问题。对此，室内安装部根据现场实际情况，在尽可能保证标准板块尺寸的基础上，把小于 100 mm 的板块与旁边的整板进行合并，避免小条子石材的出现（图 5-73、图 5-74）。

3. 控制线设置

为了让分区域铺贴的石材拼缝能够顺利跟通，在实际工程中借用了地面留伸缩缝的位置，设置控制线，把控制线内的区域作为一个控制区，铺贴石材产生的误差全部控制在这个区域内，保证每个区域的分块不影响到其他区域，这样就能确保石材拼缝能够跟通（图 5-75、图 5-76）。

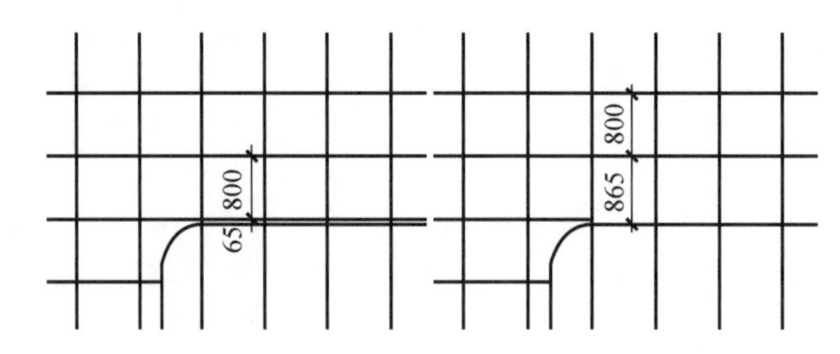

图 5-73　原地坪排版图　　图 5-74　调整后地坪排版图

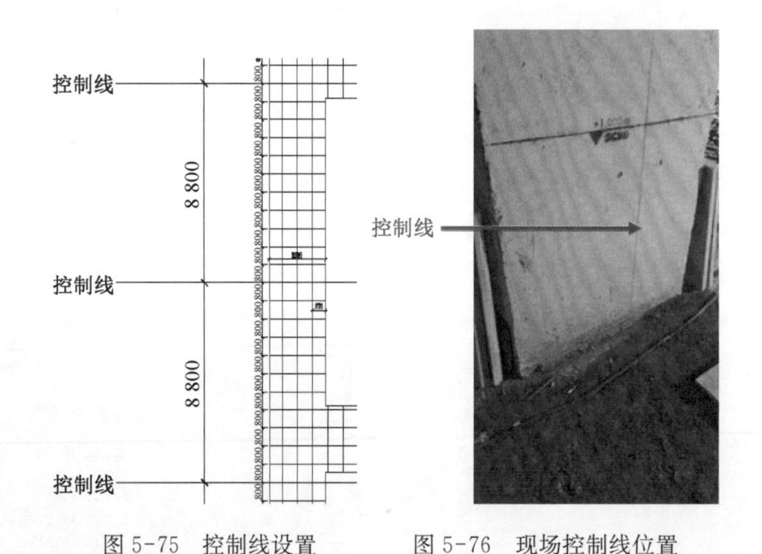

图 5-75　控制线设置　　图 5-76　现场控制线位置

4. 石材铺贴

考虑到石材铺贴面积较大，因此采用石材粘结剂进行铺贴，减少空鼓现象。粘结剂采用锯齿状灰刀，加强粘结剂的密实度。

5. 成品保护

因为考虑到项目的工期原因，石材铺贴的时间开始的较早，在石材铺贴完成后，后续天花上还有其他分项工程。为了把饰面的损伤降到最低，实际工程中先在石材面上满铺一层地毯进行柔性保护，而为了确保其强度，在此基础上，再铺一层 3 mm 厚的高密度板，起到双重功效(图 5-77、图 5-78)。

5.2.3.2 吊顶装饰板施工

装饰板的全称是热固性树脂浸渍纸高压装饰层基板(HPL)，具有耐沸水、耐划痕、表面耐污染、抗冲击等优点。整个吊顶一半的面积采用装饰板饰面，并且由于防火等级是 A 级，可以代替木饰面作为饰面材料。

1. 吊顶基层制作

为了确保天花的稳定性，采用双层 9 mm 阻燃板作为装饰板基层，防止以后饰面产生下坠(图 5-79)。

图 5-77　底层满铺地毯

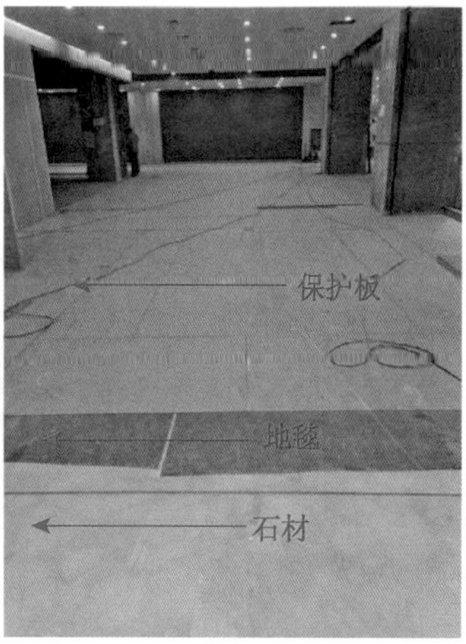

图 5-78　面层满铺保护板

图 5-79　天花阻燃板基层

2. 样板段制作

考虑到装饰板是用免钉胶直接粘贴在基层板上的，为了确保其安全性，专门挑选了一段有代表性的弧形位置作为样板段先行施工，同时对其板间拼缝、阳角收口等工艺进行确认。

3. 大面积施工

在样板段的施工工艺确认之后，就开始进行大面积施工。由于免钉胶的固结时间约为 12 h，因此在装饰板背面除了涂免钉胶外，再用 3M 的强力双面胶交错粘贴在板后，起到临时固定作用。在装饰板粘贴到天花之后，在下方用木撑进行临时支撑，待 12 h 之后撤走木撑(图 5-80—图 5-82)。

4. 成品保护

在装饰板安装完成后，为了避免后续施工对板面造成污染，增加最后保洁工作量，对板面原来的塑料薄膜进行保留。

图 5-80　样板段施工

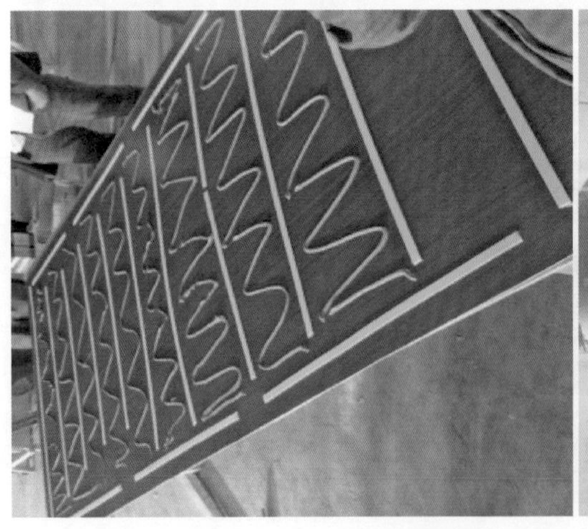

图 5-81　免钉胶与 3M 胶粘贴

图 5-82　临时木支撑板背面

5.2.3.3 中庭艺术造型吊顶施工

中庭艺术吊顶的设计理念是中庭不锈钢柱子作为树干，吊顶作为发散的树枝和树叶的整体造型。吊顶主要由 3 部分构成：最上层为标高 12.600 m 的石膏板灯槽，中间一层为标高 12.400 m 的大面积石膏板造型平顶，下层为标高 12.040 m 的吊挂不锈钢方通，内藏 LED 灯带。

根据天花的平面布置图，灯槽、石膏板吊顶以及吊挂不锈钢的造型均是统一的不规则菱形树叶状造型，要现场制作的石膏板做出完全统一的造型难度是很大的，必须先制作木模板，这样不仅耗时耗材，对人工的消耗也非常大。

在灯槽、石膏板平顶、吊挂不锈钢自身的造型满足设计要求的基础上，这三者自身还要上下对应起来，保证从下往上看时只有一个弧度，否则一旦一个部位没有对起来，整体造型就会产生偏差。如果石膏板平顶和灯槽都是现场制作的话，要与工厂化加工的吊挂不锈钢造型对应起来更是难上加难。

下挂不锈钢方通造型总宽度只有 70 mm，高度 130 mm，内侧左右各一条灯带，灯带的变压器尺寸约为 50 mm×140 mm×50 mm，因此不锈钢方通内是没有地方来安置灯带变压器的，放置在不锈钢方通上侧也会因为尺寸关系导致在许多角度可以看见，剩下唯一的办法就只有放置在上方石膏板吊顶内。若采用此方案，那必须解决灯带到吊顶之间外露电源线的问题。

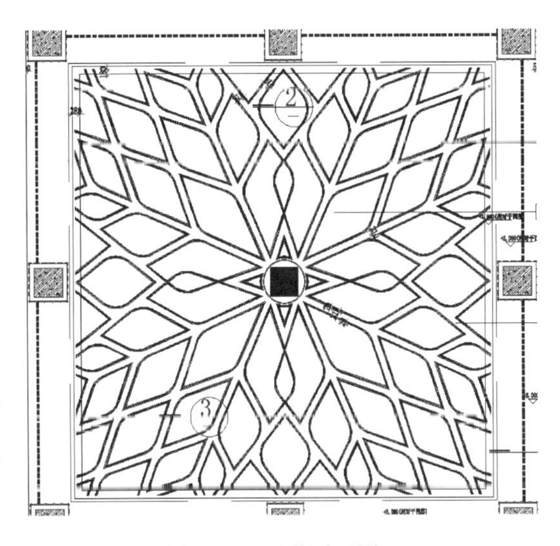
图 5-83 天花平面图

由于造型关系，吊挂不锈钢的位置在灯槽的正下方，因此不锈钢自己的安装基层一定会与灯槽基层有冲突。并且为了降低以后石膏板吊顶及灯槽石膏板开裂的风险，不锈钢的基层必须是独立的承重体系，与灯槽的基层结构分开，这样除了如何协调现场交叉施工的问题外，还需解决各自基层重叠部分的安装问题(图 5-83、图 5-84)。

鉴于以上几个问题，室内装饰部把整个吊顶划分成灯槽、石膏板吊顶、吊挂不锈钢和电气安装四大块内容，先根据每一块各自的施工内容提出自己的需求，再统一协调交叉施工及有矛盾的区域，最终形成了一套完整的可操作的施工方案。

1. 现场标高复核

由于本工程是原始建筑的拆除改造工程，顶面梁为截面尺寸相同的井字形梁，因此在顶面拆除之后需要事先让安装单位确定管线走向，确定顶面标高是否能满足设计要求。

2. 工厂化加工灯槽定位板

为了让现场制作的石膏板吊顶及灯槽造型能够与下方的吊挂不锈钢方通

造型相匹配，室内安装部考虑用阻燃板做吊顶的基层造型，并且让不锈钢厂家在工厂统一对基层板进行线切割加工。由于不锈钢方通造型已经有一套数控切割数据，在此数据的基础上切割的基层板外轮廓造型一定能够与不锈钢相匹配(图 5-85)。

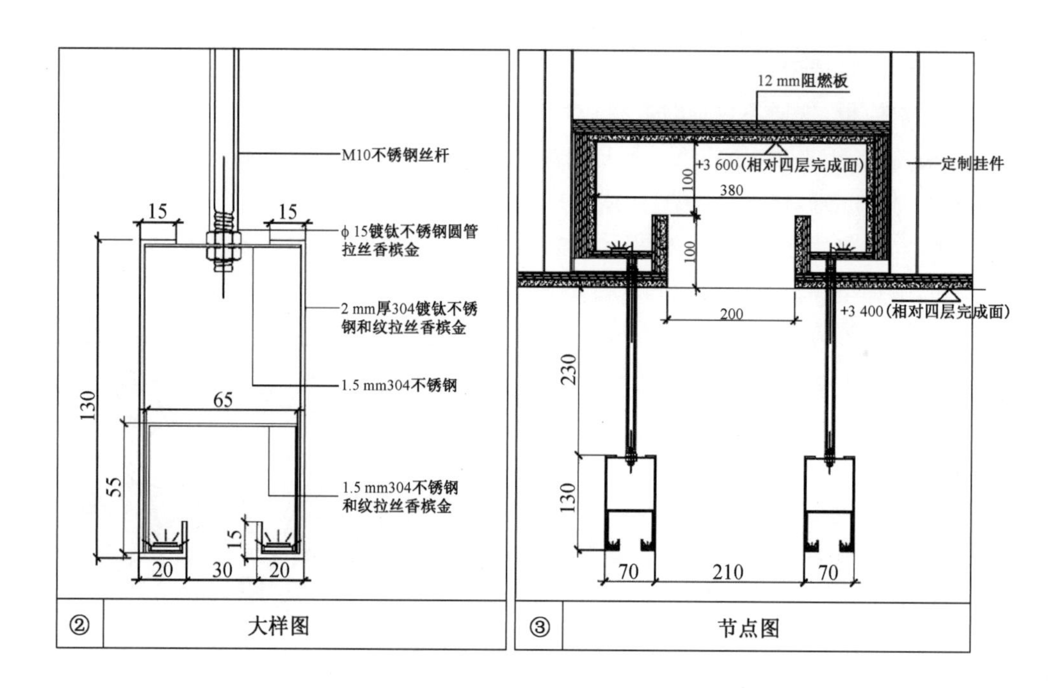

图 5-84　天花大样图

图 5-85　线切割加工灯槽顶板基层图

吊挂不锈钢采用Φ10的丝杆作为吊杆，外套不锈钢套管，上部固定位置在灯槽底板上。为了避免石膏板因为不锈钢的重量造成开裂，不锈钢的基层需要独立设置。由于灯槽用副龙骨作为底板基层，因此厂里先定加工一个与副龙骨高度相同的钢连接件，并在前端预留吊筋安装孔洞，与竖向主钢结构直接焊接成一个L形整体构件后运至现场进行安装，确保其结构独立并不影响灯槽的基层安装。

根据吊挂不锈钢方通的安装工艺，事先要在工厂线切割的灯槽顶板上预留不锈钢的挂点和卡口位置。挂点的预留是为了对定加工的钢结构连接件进行垂直方向的限位，在现场安装时让连接件上的开孔位置能够与预留挂点位置对应起来，确保之后安装吊挂不锈钢时方通的造型能够与灯槽相匹配不错位；卡口的预留是用来对定加工的钢结构连接件进行水平方向的限位，防止安装时与灯槽下口副龙骨相冲突（图5-86、图5-87）。

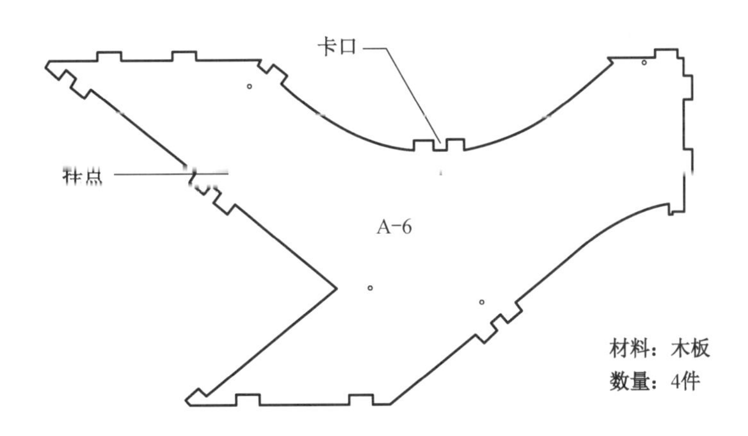

图5-86　单元板块加工图

图5-87　加工完成的灯槽板基层

3. 灯槽施工

在工厂化加工完成的灯槽顶板基层到现场后，先进行灯槽侧板的安装，组装完成后进行整体吊装，这样灯槽侧板的弧形就能与顶板的弧形造型相一致，也为后续灯槽底板施工打下基础(图 5-88、图 5-89)。

4. 石膏板吊顶施工

灯槽基层安装完成后，先根据卡口的位置固定吊挂不锈钢的 L 形定加工连接件，再安装副龙骨。石膏板根据灯槽侧板来进行轮廓线定位，确保与不锈钢造型相符(图 5-90、图 5-91)。

图 5-88　灯槽盒子组装

图 5-89　灯槽整体吊挂安装

图 5-90　不锈钢 L 形加工连接件安装

图 5-91　轻钢龙骨安装

5. 灯具管线敷设

在石膏板吊顶封板之前，需要先把吊挂不锈钢用的 Φ10 丝杆安装完成。考虑到不锈钢里面的灯带变压器无法藏在方通里，因此变压器只有放在天花上，这样需要对灯带到天花之间外露的电源线进行遮蔽处理。

由于原设计方案没有提供不锈钢的吊点位置，因此在实际工程中根据吊挂不锈钢的整体造型，在每片叶子每一边端点部位和中间部位平均设置吊点，这样在满足结构安全性的同时也能够满足美观要求。

吊挂不锈钢用的丝杆直径为 10 mm，因此采用的装饰用不锈钢套管直径为 15 mm，如果在灯带电源线外面也加上套管的话就能起到装饰遮蔽作用。但是每组不锈钢里面左右各有一条灯带，也就是说至少需要两根电源线，如果直接取消 2 根丝杆用来穿线的话，那么不锈钢方通的吊挂平直度就会有问题；如果在现有吊点的基础上再增加 2 个吊点，则影响整体美观；如果要考虑到美观性则至少要增加 4 个吊点，但是这样吊点数量就多了将近一半，影响整个吊顶的效果。

鉴于上述种种原因，在每片叶子的两端使用空心丝杆来进行施工，在不影响饰面效果的情况下满足穿线的要求(图 5-92、图 5-93)。

6. 吊挂不锈钢安装

在大面积石膏板造型完成后，就可以进行吊挂不锈钢的安装，最后再进行灯带的安装，形成最终饰面(图 5-94)。

图 5-92 空心杆穿线

图 5-93 石膏板吊顶

图 5-94 吊挂不锈钢安装

由于不锈钢方通造型中间是空的，为了确保其造型不变形，特别是转角部位的角度，通过与厂家进行沟通，在不锈钢上口位置增加支撑板，确保其强度。

5.2.3.4 环氧自流平施工工艺

1. 素地处理

(1) 地面凸出物用砂盘机或刮铲磨平铲平。

(2) 地面裂缝需预先用树脂材料补平。

2. 底涂层的施工

(1) 依比例将主剂及固化剂充分搅拌均匀。

(2) 涂布底涂时采用毛刷及滚筒，将材料均匀涂布。

(3) 搅拌后的材料应在可规定使用时间内使用，以免材料固化。

(4) 工期间及养护时间内管制人员进出，养护时间为 8 小时。

3. 纤维网的施工

底漆完全干透，在底漆上面滚涂上环氧树脂 6101，接着把纤维网粘贴上去，用批刀把纤维网压平固定好，等完全干透再批刮砂浆一遍。

4. 中涂层的施工

(1) 依照比例将主剂及固化剂充分搅拌均匀。

(2) 材料混合后，依正确比例将石英砂缓慢加入，并搅拌均匀。

(3) 涂布无溶剂中涂材料时，采用镘刀等工具，将材料均匀涂布。

(4) 施工期间及养护时间内管制人员进出，如施工时温度在 10℃～15℃时，养护时间为 24～48 小时。

5. 面涂层的施工

(1) 依照比例将主剂及固化剂充分搅拌均匀。

(2) 当涂布面涂材料时，采用镘刀等工具，将材料均匀涂布。

(3) 施工期间及养护时间内管制人员进出，如施工时温度在 10℃～15℃时，养护时间为 24～48 小时(图 5-95)。

图 5-95 环氧自流坪施工(施工前—施工中—施工后)

5.2.4 协调施工

(1) 根据每个楼层划分的三个施工段，共同确定施工的先后顺序。

(2) 为了避免安装的末端点位与装饰有出入造成之后的返工，在轻钢龙骨基层做好之后先给安装提供定位板的位置，并在定位板上标出末端点位的位置，以便安装单位能够一次性施工到位。

(3) 在施工后期，为了加快封板的进度，配合安装单位进行穿墙管道的封堵工作。

(4) 墙面基层安装完成后，配合其进行末端设备的定位并开洞。

(5) 在运输大型风机设备时，事先在地面铺上保护板，并确保相关运输通道上没有材料堆放。

(6) 在墙体嵌入式明装消防箱安装时，提供其消防门安装的基层。

(7) 在强弱电均有的收银台、服务台等位置，事先根据装饰效果确定面板的位置，避免二次施工。

5.2.5 技术创新

本工程采用 BIM 技术应用，以异形造型顶为例。首层中岛化妆品区域的天花吊顶为外框尺寸为 6 800 mm×6 800 mm 的正方形，内侧由 4 个上凹扇形组成，个数总共 14 个(图 5-96)。

图 5-96　异形天花效果图

根据效果图上显示的天花造型来看，外框四条边及对角线均为拱形，但是大样图里只提供了一个拱形剖面，并没有更多的数据，只根据图纸没有办法进行现场施工。在与设计沟通后，确定了造型的轮廓线，尽管如此，中间形成的曲面是异形曲面，不能根据弧长或半径等常规数据来确定曲面的形式。

鉴于以上原因，室内安装部决定采用 BIM 技术对吊顶造型进行三维建模，一方面，使现场施工人员更直观地理解吊顶的最终造型；另一方面，为了从模型中提取需要的数据对此异形天花进行定位放样，指导现场施工。

1. 建立三维模型

根据平面图和大样图，可以看出整个造型四周 6 800 mm 边框的位置都是一个拱形，拱高为 1 000 mm；正方形的两条对角线也是一个拱形，拱高同样是 1 000 mm。根据这些数据，利用 Rhino 就可以建立起整个造型的轮廓线，利用三条相交边线生成曲面，得到造型吊顶的模型(图 5-97、图 5-98)。

2. 模型数据提取

根据模型可以看到，整个天花造型可以划分为 8 个一样的标准段，因此进行数据分析时只要对其 1/8 的标准段进行分析即可。因此通过提取 1/8 的模型，利用数字化的数据来进行造型的定位(图 5-99)。

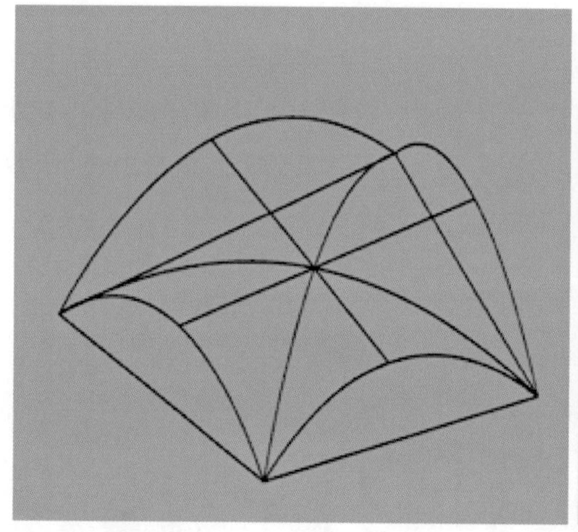

图 5-97 天花造型轮廓线

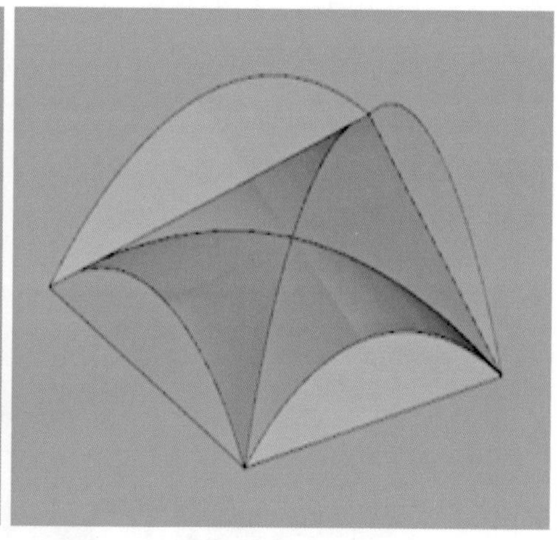

图 5-98 天花曲面造型

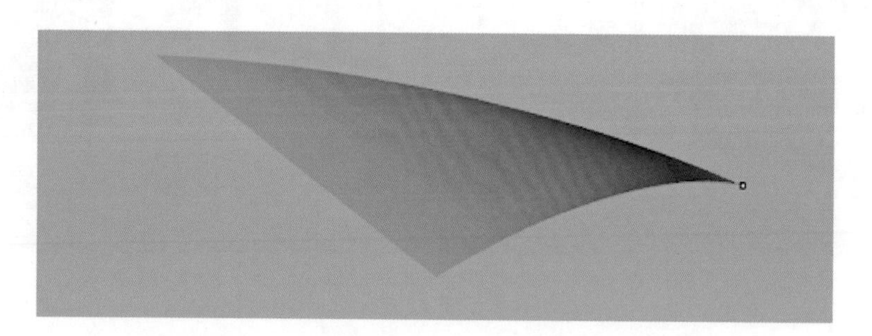

图 5-99 1/8 模型标准段

标准段的俯视图为边长 3 400 mm×3 400 mm 的直角三角形，为了便于现场定位，把每条边长均分为 5 段，形成一个 680 mm×680 mm 的网格，这样就形成了一个轴网，若理解为一个坐标系，网格交点的 X 轴和 Y 轴坐标就有了，剩下的只要根据模型取得相应的 Z 轴坐标，那么在三维空间中可以把此标准段定位出来(图 5-100—图 5-102)。

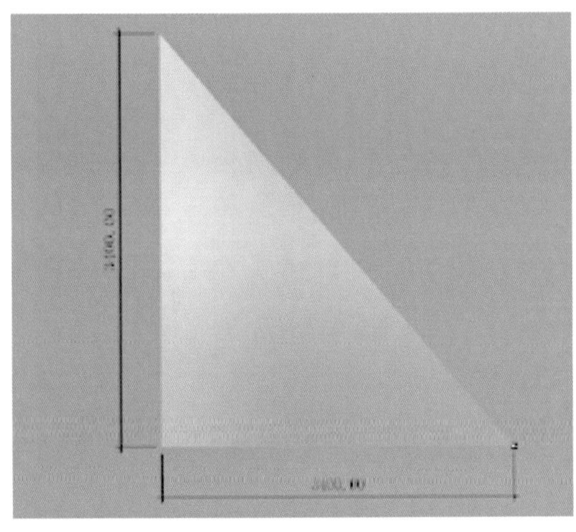

图 5-100　标准段边长尺寸

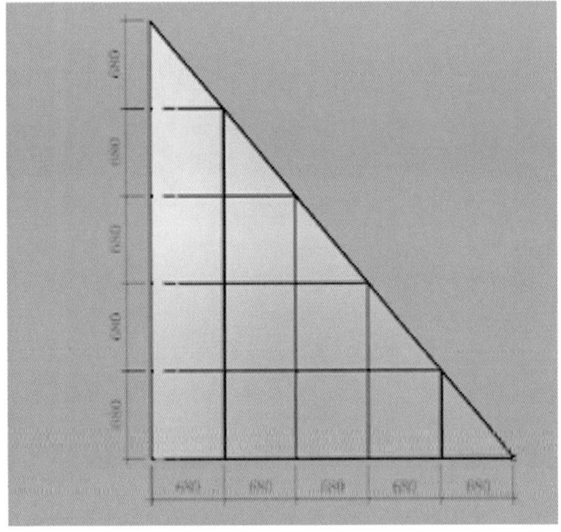

图 5-101　每个交点的 X/Y 坐标

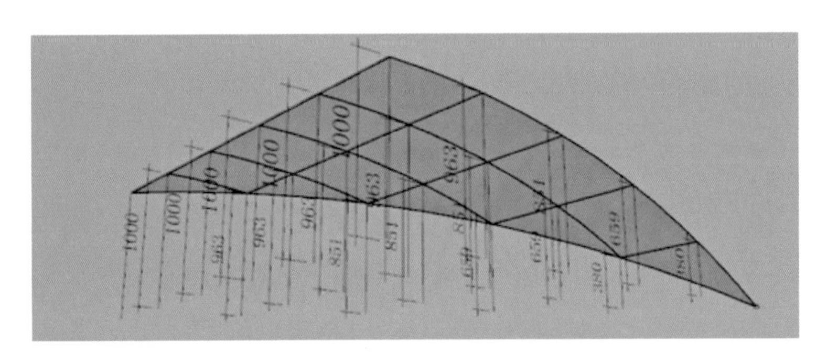

图 5-102　每个交点的 Z 坐标

为了便于指导现场施工，将模型所得到的数据导成 CAD 图纸对施工员进行交底，并附上相应的三维模型图片以便于理解。

3. 现场基层制作

根据模型导出的图纸可以清晰地看到，曲面在其中一个方向上的 Z 轴坐标相同，这样使用轻钢龙骨石膏板的传统工艺就可以进行吊顶施工。

另外通过选用阻燃板作为吊顶主框架的基层，构建出整体轮廓，弧形造型标高不变的方向采用副龙骨，便于控制造型平整度，用主龙骨作为另一个方向标高变动区域的主结构进行安装(图 5-103、图 5-104)。

4. 石膏板吊顶施工

考虑到最终吊顶造型是个弧面，为了防止顶面开裂，在第二层石膏板与第一层石膏板之间增加一层胶水，加强两层之间的牢固度。最后根据灯具等安装点位进行开孔及局部加固，构建出整体造型顶面(图 5-105、图 5-106)。

图 5-103　主框架基层

图 5-104　造型天花主、副龙骨

图 5-105　石膏板顶面开孔

图 5-106　最终顶面效果

5.3　外立面装饰

5.3.1　原有饰面拆除

第一八佰伴外立面拆除工作主要分为三大类：雨篷拆除、石材幕墙拆除以及玻璃幕墙拆除。由于幕墙施工须采用脚手架，而现场雨篷直接影响脚手架的搭设，故在工程的前期策划中首先对雨篷进行拆除，脚手架搭好之后再对原有石材幕墙和玻璃幕墙及广告牌进行人工拆除。

1. 拆除内容及范围

（1）东立面拆除内容主要是一层的大雨篷（含挑出混凝土），考虑到不影响外墙盘扣式脚手架的搭设，项目部在前期就对其进行了机械拆除，雨篷拆除后通过搭设的双排脚手架对原墙面的石材及广告牌进行了人工拆除（图 5-107）。

(2) 南立面拆除内容同东立面基本一样，两层的混凝土雨篷采用机械拆除，墙面石材及广告牌人工拆除，但在随后石材幕墙主龙骨的安装中，由于原墙面存在局部凸出的混凝土造型板，部分竖向主龙骨无法安装，故此处凿除产生了预料之外的工作量(图 5-108)。

(3) 西立面拆除内容主要分为大弯壁底部的石材、采光顶天棚及西北角铝板雨篷。其中大弯壁处搭设脚手架，完成柱脚石材拆除及安装，同时在西北角处搭设脚手架拆除铝板雨篷，最后进行采光顶的拆除，以上内容均为人工拆除(图 5-109—图 5-111)。

图 5-107　东立面拆除范围

图 5-108　南立面拆除范围

图 5-109　西立面拆除范围(一)

图 5-110　西立面拆除范围(二)

图 5-111　西立面拆除范围(三)

(4) 北立面拆除内容同东立面一样,两层的混凝土雨篷采用机械拆除,墙面石材及广告牌人工拆除(图 5-112)。

图 5-112 北立面拆除范围

2. 拆除难点及针对措施

(1) 难点分析。在工程前期策划中为了减少对环境的影响,白天人流较大,通过采取夜间拆除,可以将对环境的影响降低到最小。但夜间拆除施工时间段紧,工程作业协调与配合管理难度增大,安全管理难度大,周边环境复杂,施工管理要求高。

(2) 针对性措施。工程拆除作业,要做好各作业组间的协调配合,首先必须了解和掌握拆除作业的特性,以便在施工中能够合理、有序、有效安排专业施工。外部协调与配合主要是与物业相互之间的协调配合,必须既满足施工进度的同时,还要有效地控制扬尘、噪音,将对周边不利影响降至最低。及时、合理地调配人、财、物、机各生产要素。根据动态组合原理,统一组织生产要素,达到前、后方的有理、有序协调与配合。

在施工前,对所有进场人员进行安全教育和安全交底,挑选诚实可靠、工艺精的施工人员是保证现场安全的基础;同时成立安全领导小组,派遣专职安全主管加强现场安全督导,消除安全隐患,给施工人员配备充足的安全防护用品,对施工器具进行定期检修和维护,消除物的不安全状态。

3. 施工顺序

(1) 首先检查各层的上下隔离情况,各层必须保持隔离措施齐全有效。

(2) 作好一层原有设施、重要部位、部件的防护保护工作。

(3) 将拆除区域内的易燃易爆品包括废纸、纺织品、木制品等集中外运。

(4) 拆除分三大板块,东、南、西、北 4 个雨篷、西面大弯壁的石材柱脚、采光顶拆除及原有石材、玻璃墙面拆除。

（5）拆除严禁敲、砸等野蛮施工的行为出现。

（6）清理各层遗留物及垃圾等（垃圾全部装袋）。

（7）清理现场、竣工验收。

4. 主要方法

1）混凝土雨篷拆除（图 5-113）

（1）拆除前在其外围搭设了 2.5 m 高的围挡以防碎石弹出伤人。

（2）先将雨篷装饰面板进行人工拆除，露出雨篷混凝土，清理表面拆除的装饰废料。

（3）进行雨篷混凝土分段切割作业，通过挖机液压钳将雨篷混凝土分块夹碎。

（4）在雨篷混凝土夹碎后的根部进行切割作业，将此处的钢筋进行割断。

（5）将夹碎的混凝土装至清运车辆，清运建筑混凝土垃圾。

（6）在雨篷拆除完毕后，清理拆除现场等后续工作。

图 5-113　现场混凝土雨篷拆除

2）铝板雨篷拆除

首先采用撬棍、老虎钳等工具将雨篷外侧装饰面板拆除，而后通过气割将雨篷的钢架切割下来。

3）玻璃拆除

将玻璃硅胶及压条用墙纸刀割开压条螺丝退出用吸盘按比例轻轻取出，四人根据玻璃的实际大小及重量进行搬运至室内，下部用垫木按角度安放正确，码放整齐。以备晚上运输组二次搬运。

4）石材的拆除

大理石板的拆除，要按顺序一块一块拆掉，工人站在脚手架上先将石板逐块拆下放整齐，再将挂件用扳手螺丝退出，分别归拢，待运。石材钢架采用气割切除。

5）采光顶拆除

顶棚拆除工作开始前，有关技术人员对操作工人进行必要的技术交底，使每一工人对施工中出现的问题和应注意的事项有一个充分的了解。首先由工人将顶棚进行拆除，拆除的材料整理打包至指定地点，而后采用吊机吊至下方后运走。

6）凹凸墙面的凿出

由于部分原墙面存在凹凸混凝土，影响到石材幕墙龙骨安装，故对其相应部位进行人工凿出。

5.3.2　既有建筑幕墙原位更换施工

既有建筑幕墙原位更换施工的工序为：前期准备→脚手架搭设→进场测量、放线→局部面板拆除→后置埋件放置→材料及相关性能检测→材料加工→幕墙骨架安装→中间验收→幕墙面板安装→打胶、修边→幕墙清洗→竣工验收。

1. 脚手架的搭设部署

脚手架具体搭设范围：

（1）东立面：A—G轴，标高−1.2～49 m，盘扣式落地脚手架。

（2）南立面：7—18轴，标高±0.00～49 m，盘扣式落地脚手架。

（3）西立面：内庭R—C轴，标高±0.00～49 m，盘扣式落地脚手架；大弯壁S—A轴，标高±0.00～26 m，盘扣式落地脚手架，X—S轴，标高−1.2～26 m，盘扣式落地脚手架。

（4）北立面：19—22轴，标高−1.2～26 m，11—6轴，标高−1.2～49 m，盘扣式落地脚手架。

根据场地情况及施工进度安排，脚手架采取分段搭设，分段验收及分段使用。

2. 后置埋件的安装

本工程属于旧楼改造，故无预埋的埋件，现场所有埋件均采用后置埋件，采用的埋件规格如下：

（1）幕墙横梁位置的后置埋件规格为300 mm×250 mm×12 mm热镀锌钢板，采用3个Φ16的化学螺栓和3个Φ16的机械扩底螺栓固定，如图5-114所示。

（2）幕墙结构柱位置的后置埋件规格为400 mm×500 mm×16 mm热镀锌钢板，采用6个Φ16的化学螺栓和6个Φ16的机械扩底螺栓固定，如图5-115所示。

施工工艺流程：面砖、石材拆除后粉刷层的凿除→钻孔及清理→安装化学、机械锚栓→埋板的安装及固定→隐蔽验收（图5-116）。

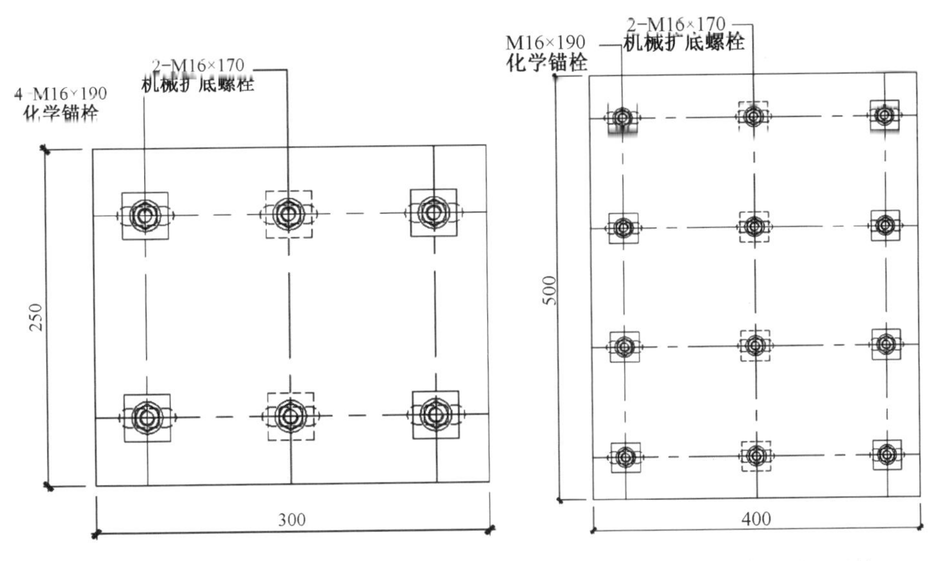

图5-114　横梁位置后置埋件　　图5-115　结构柱位置后置埋件

图 5-116　现场安装后置埋件

3. 幕墙骨架的安装

1）石材骨架

因本工程为既有建筑原位改装，石材面板龙骨支撑点主要受力考虑结构柱上，横向主龙骨采用 120 mm×80 mm×6 mm 厚热镀锌钢管与 50 mm×50 mm×5 mm 厚钢管组成的钢格构架，石材面板的竖向支撑龙骨采用 120 mm×80 mm×4 mm 厚热镀锌钢立柱，横向钢龙骨采用 63 mm×63 mm×5 mm 厚热镀锌钢横梁（图 5-117、图 5-118）。

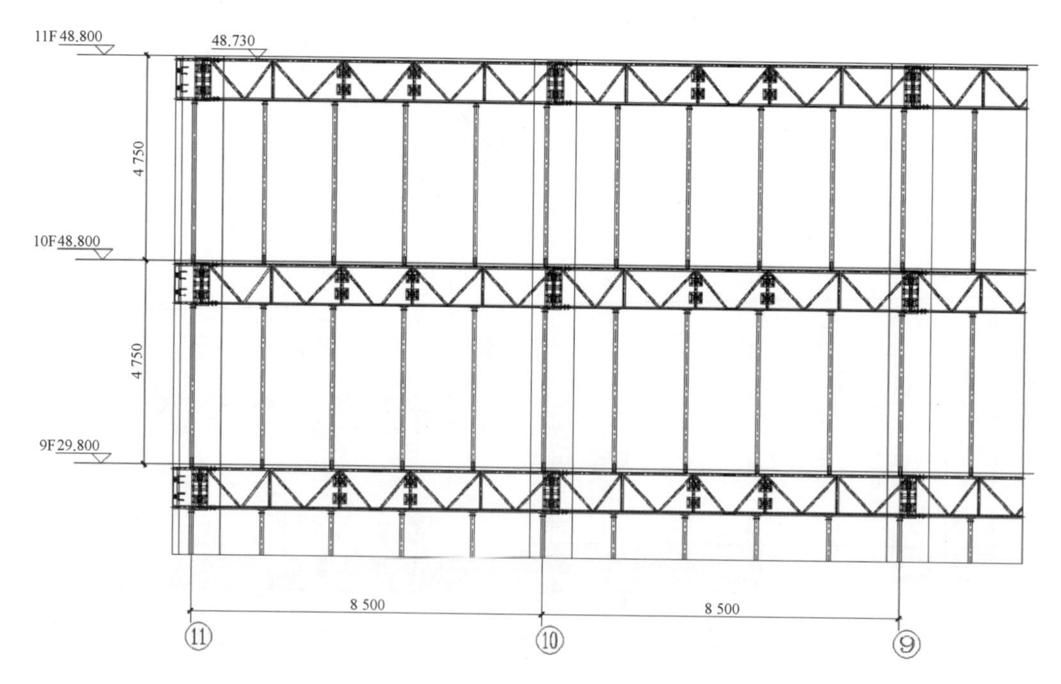

图 5-117　钢架布置图

图 5-118　石材幕墙龙骨安装

2）铝板骨架

因本工程为既有建筑原位改装，铝饰面板龙骨支撑点主要受力考虑结构柱上，横向主龙骨采用 120 mm×80 mm×6 mm 厚钢管与 50 mm×50 mm×5 mm 厚钢管组成的钢格构架，面板的竖向支撑龙骨采用 120 mm×80 mm×4 mm 厚热镀锌钢立柱，横向钢龙骨采用 70 mm×70 mm×5 mm 厚热镀锌钢横梁(图 5-119、图 5-120)。

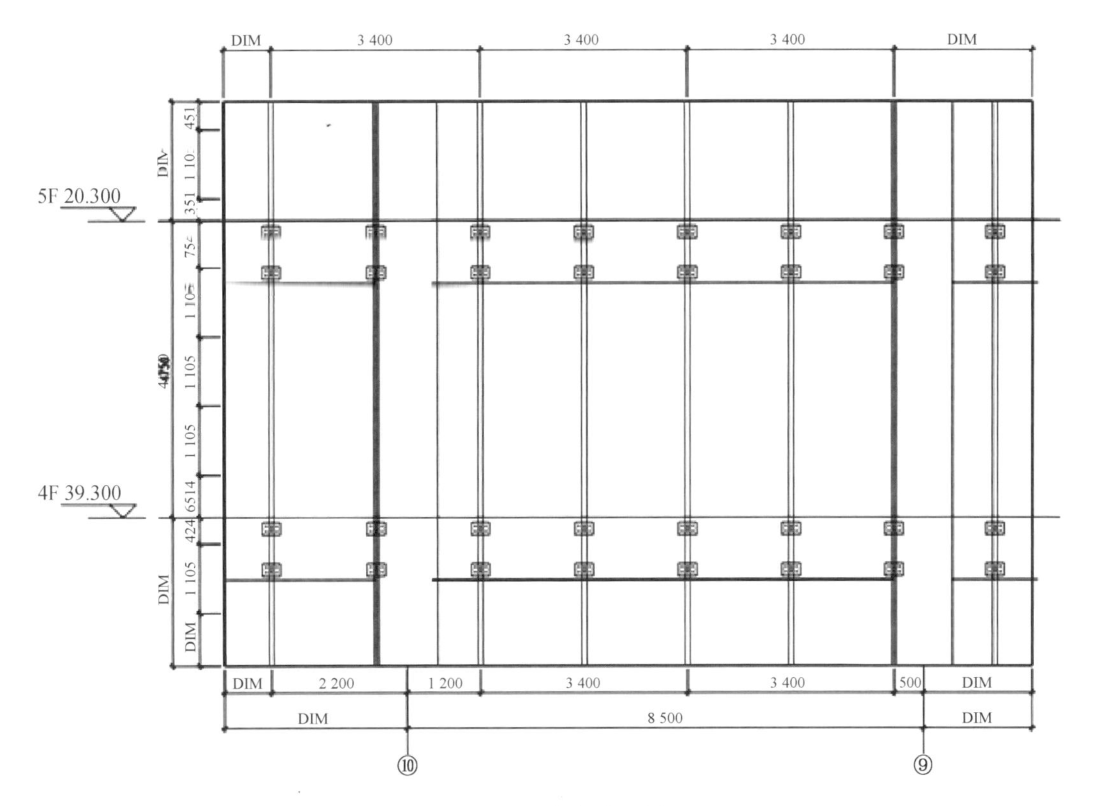

图 5-119　钢架布置图

图 5-120 铝板幕墙龙骨安装

5.3.3 大弯壁采光顶面板更换

第一八佰伴西立面大弯壁 26.4 m 高处有一采光顶，面积约 850 m^2，其面板采用与现场一致的瓦楞型采光板。其中透光（瓦楞板）面积 650 m^2，不透光（镀锌钢板）面积 200 m^2（图 5-121）。

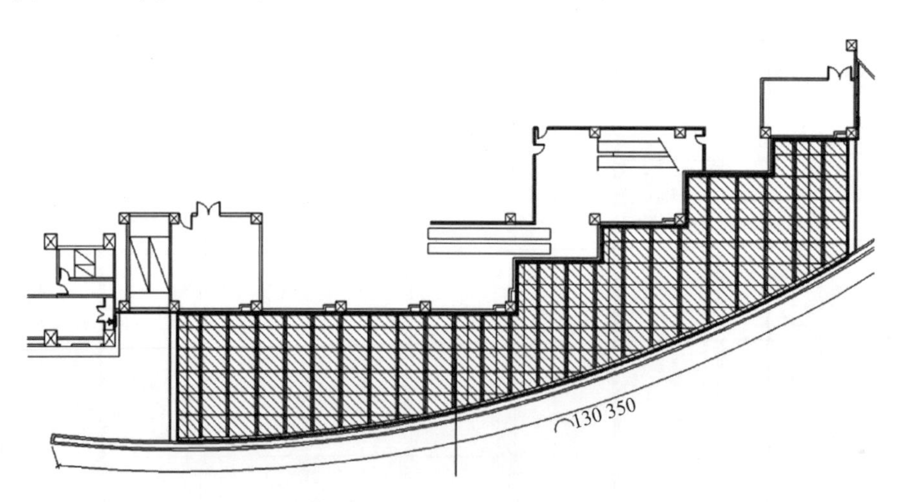

图 5-121 采光顶平面图

本工程的安装节点形式为将瓦楞型采光板及镀锌钢板固定在次龙骨上的镀锌钢板安装件上，原 H 型钢间距 2 800 mm，面板分格为 3 块 600 mm 宽的瓦楞板及一块 1 000 mm 宽的镀锌钢板，其中镀锌钢板拟采用原有钢板除锈重新喷漆。

（1）原钢架翻新。如图 5-122 所示高空作业车就是用于第一八佰伴西立面大弯壁 26 m 高处原有的钢架及 1 m 宽的镀锌钢板面层的除锈及重新在其表面氟碳喷涂。

（2）采光板的更换。施工前，在上侧东西方向拉设一道钢丝安全绳，钢梁上铺设木跳板形成操作平台，相关施工人员必须佩戴安全带并可靠挂于安全绳上，每根安全绳上挂两名操作人员。施工时，在平台下方采用警戒线进行围护防止无关人员进入施工区域，并派专人看护，专职安全员负责巡查、监督，以确保施工期间安全无误(图5-123)。

图5-122　高空作业车氟碳喷涂

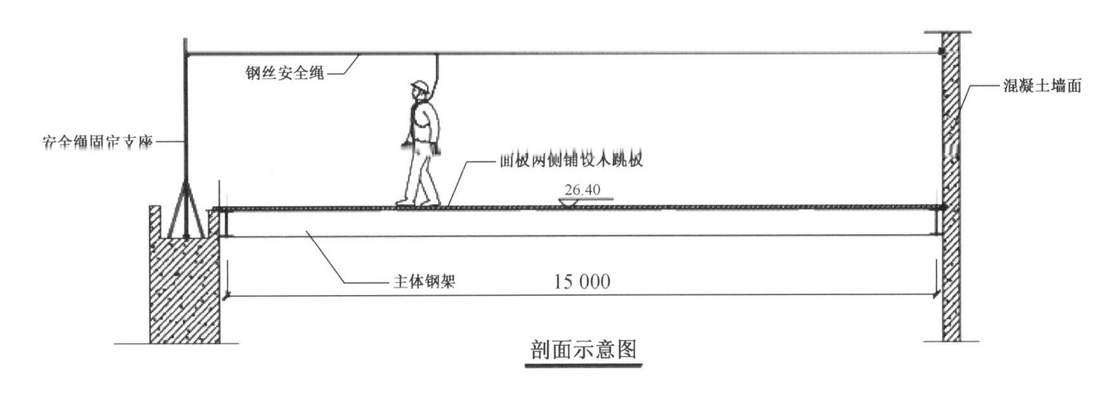

图5-123　采光板安装方案图

5.3.4　顶层铝板喷漆施工

现有裙房南立面顶层铝板由于与十一层吊顶为一个体系，如需拆除更换，对今后的防水要求极高，稍有不慎就容易导致漏水、渗水，故项目部与公司经多次商讨后决定保留其钢架及原有面板，寻求了一家专业的喷漆单位，在原有面层上重新喷漆，来达到最终的装饰效果(图5-124)。

图 5-124　塔楼红顶施工前后对比(左图为施工前,右图为施工后)

1. 基材处理

(1) 铝板划痕部位修复。

(2) 打磨(240#、360#砂皮)无漏处、除去表面污垢、灰尘。

(3) 用稀释剂加不掉毛纤维布清洗表面。

2. 喷涂常温氟碳面漆

(1) 涂装膜厚应在 30～40 μm 间,颜色均匀一致,无色差,并且无粗糙感、透底渗色、裂纹、气泡、流挂等现象。

(2) 喷涂氟碳面漆二度,涂膜厚度 35 mm。

5.3.5 技术创新

1. 适用建筑幕墙原位更换施工的拉结连接技术

脚手架幕墙施工时往往都会碰到一个问题,就是最后石材面板安装时对应拉结点部位的石材受其影响无法安装,需待脚手架拆除时跟随其进度从上而下像补洞一样安装,这种安装方式普遍会存在以下两种隐患:

(1) 脚手架拆除受石材安装影响,效率降低,安全隐患大。

(2) 由于拉结部位石材先期预留,今后安装只有同石材大小一致的孔洞,基本无法采用常规的挂件安装,如采用挑件,则安全隐患较大。

(3) 板缝精度的控制、平整度较差。

鉴于以上所述,项目部经过数次讨论及咨询后,采用了如下方式,在安装石材过程中同步替换拉结点(图 5-125)。

2. 埋件施工前的钢筋测探技术

本工程三层雨篷埋件(规格 700 mm×550 mm, 400 mm×400 mm),每块埋板 16 个锚栓,由于后置埋件均在柱梁交界处,所在位置钢筋非常密集,埋件打孔难度很大,项目部采用钢筋探测仪先排摸主筋的位置,并在墙上画出,以便打孔时避开墙体主筋(图 5-126、图 5-127)。

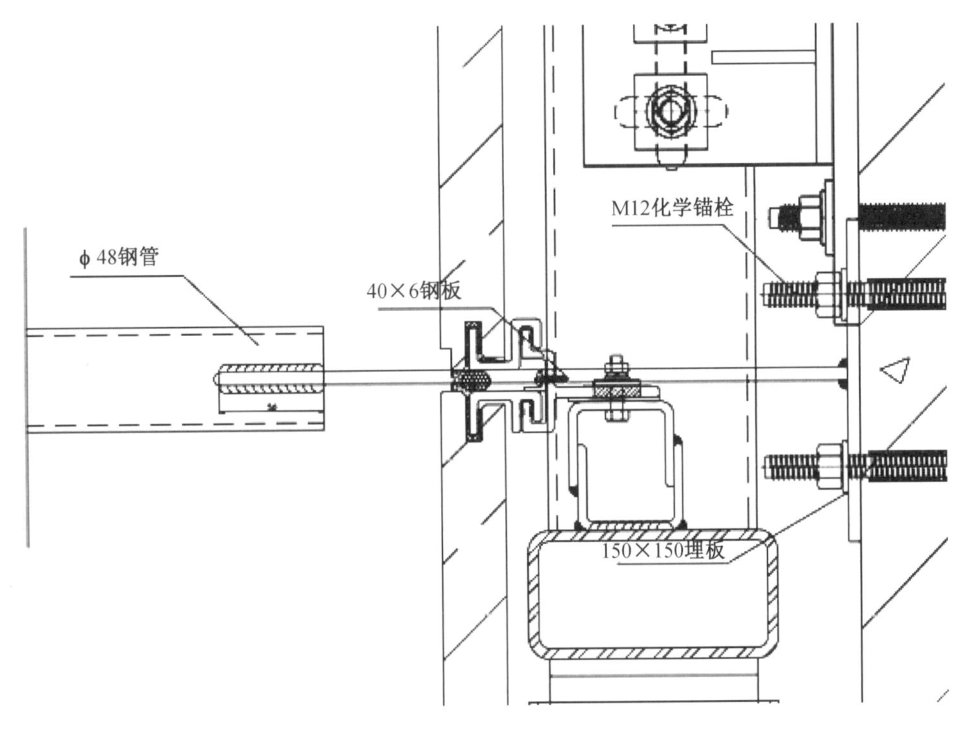

图 5-125　脚手架拉结转换

图 5-126　钢筋探测　　　　图 5-127　水钻打孔

为确保打孔过程中不破坏其原有的主筋，打孔后项目施工员均会取出孔位的混凝土，检查其中是否有钢筋，以此判别此方法的可行性，经过现场数个埋件打孔观察，结果还是非常令人满意的，这个过程基本没有碰到钢筋（图 5-128、图 5-129）。

图 5-128　打孔位混凝土

图 5-129　埋筋孔洞

3. 材料垂直运输设施

本工程外立面墙面基本没有窗洞，室内又是同步施工，工期又极其紧，故项目部计划在屋顶设置电动卷扬机来吊运幕墙材料，以此满足外立面施工垂直运输的要求。

根据项目施工内容，垂直运输的主要材料包括石材及铝板，大楼每层层高4.75 m，裙楼高49 m。本工程电动提升高度1～49 m，石材一次起吊4块，1 700 mm×550 mm规格或2块1 700 mm×900 mm规格，重量约320 kg(起重量需限制在400 kg)以下，起吊设备根据下表计算共设置7台(东面2台、南面2台、内庭1台、北面2台)(表5-15)。

表5-15　卷扬机布置信息表

要求 位置	最大运输高度/m	石材/m^2	铝板/m^2	面板施工工期要求	每日运输量/m^2	吊装设备数量	劳动力安排	是否满足施工要求
东立面	49	1 800	1 000	30天	93	2台	6人	能
南立面	49	1 000	2 000	30天	100	2台	6人	能
大弯壁内庭墙面	26	2 000	200	30天	73	1台	4人	能
塔楼西面	26	100	1 000	25天	44	0台	0人	能
塔楼北面	26	350	500	20天	43	0台	0人	能
北立面	49	1 300	700	25天	80	2台	6人	能

(1) 优势及特点：

① 在没有升降机及临边洞口的情况下大大提高了工作效率，缩短工期。

② 在垂直方向上设置2根钢丝绳(导轨)，防止提升过程晃动而撞到脚手架。

③ 为保障整个提升装置的可靠性，从最初的埋板安装至钢架焊接，均经过设计建模计算。

④ 卷扬机设置独立限位装置，避免卷扬机冲顶。

由于整个装置系统均是第一次大批量在项目上使用，之前类似经验又比较缺乏，故在项目初期方案编制过程中，项目部也在现场同步进行实践操作，改进优化方案，使其即便利又安全可靠。

(2) 防撞措施：导向钢丝绳的设置如图5-130所示。

(3) 加强措施：在女儿墙上设置钢架支座，用于安装卷扬机(图5-131)。

图5-130 导向钢架

图5-131 钢架基础支座

（4）安全措施：卷扬机上设置防撞冲顶限位装置（图 5-132）。

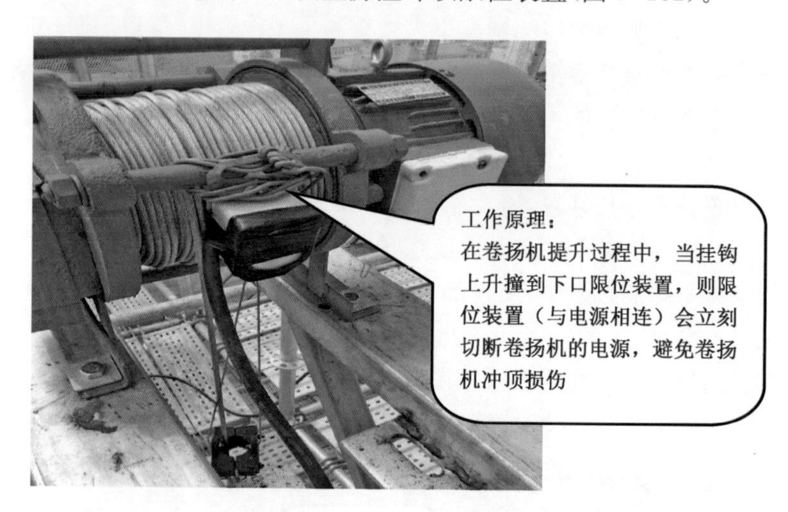

工作原理：
在卷扬机提升过程中，当挂钩上升撞到下口限位装置，则限位装置（与电源相连）会立刻切断卷扬机的电源，避免卷扬机冲顶损伤

图 5-132　限位装置

4. 外墙空鼓检测技术

1）检测目的

通过对塔楼及东北立面面砖墙面的检测，对于粘结质量不符合要求的部位进行修缮。

2）检测内容

（1）检测主要包括以下内容：红外热成像检测饰面砖粘结质量。对于饰面砖与粘结层之间存在的粘结缺陷，采用红外热像法进行普测，然后对可能存在的异常部位进行现场查看和敲击检测，对存在一定异议的部位进行面砖拉拔实验，结合各方面数据进行进一步的分析表面温度异常的原因。

（2）基本原理和适用条件：

① 物体的红外线放射量取决于它的温度和放射率，在物质的表面上当红外线随着温度增加而达到它波长的波峰，红外线就会向外发射。

② 当外墙出现问题时，在表面水泥或面砖与基层之间会出现一个很小的空间。由于这个密闭的窨室有很大的隔热能力，在有缺陷的位置从外墙表面传到建筑内部的热能会变得很少。

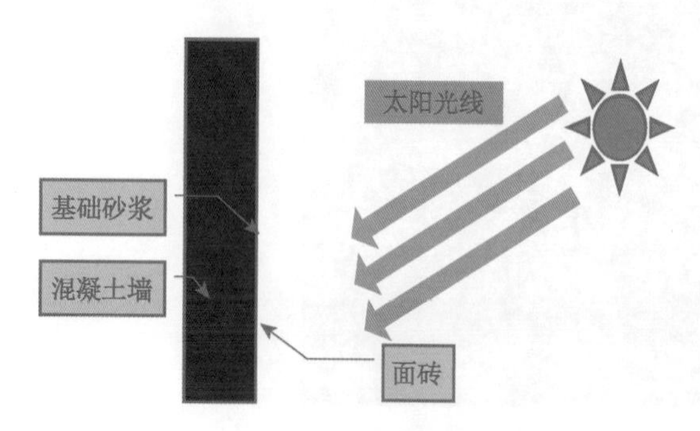

图 5-133　红外测试原理图

③ 通过红外成像，可以发现建筑物表面温度场的差异，根据检测来判断外墙相关的质量问题（图 5-133）。

④ 红外线应用有一定条件：目标必须是可以看到的，目标表面与红外成像仪之间的角度不能太小，雨天不能进行检测。

⑤ 必要的配合措施：可进入邻近大楼

进行红外拍照;等待阳光充足的日子,选择合适的方向和时段进行检测。

⑥ 如仅通过红外热成像检测存在一定漏检可能,建议结合其他检测及维护手段确保建筑物及周边安全。

5. 外墙面砖修复技术

按照外墙查勘资料和修缮设计方案,以业主方提供的外墙空鼓检测报告为准,结合现场情况以及以往的经验,确定外墙修缮施工方案如下:

(1) 在脚手架(高空吊篮)上,自上而下对检测报告中的部位用检查锤(图5-134)在外墙面进行敲击检查,听声音判断外墙粉刷层、面砖层空鼓的位置(方位)、空鼓面积的大小,当敲击发出清脆的“哒哒哒”声,表示没有空鼓,发出“咔咔咔”的声响为空鼓,然后用水性记号笔(非油性笔)在外墙上圈出空鼓的部位、空鼓面积的大小,方便下一工序的处理。

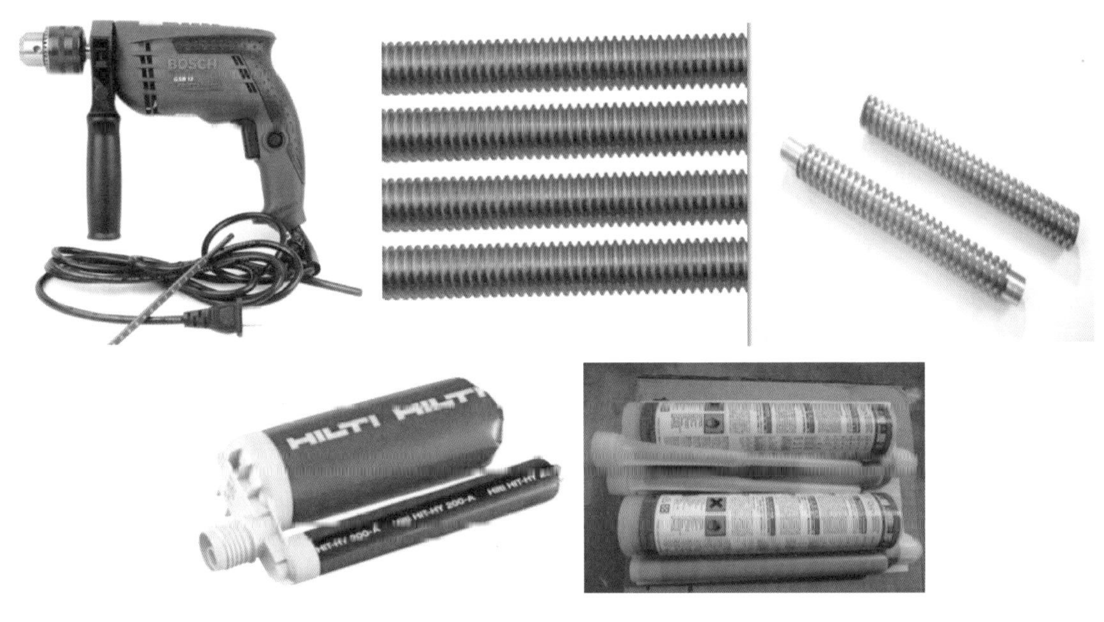

图5-134 施工机具

(2) 施工人员事先准备好喜利得环氧锚固胶、不锈钢316材质的锚固钉、钻孔用的手电钻、清孔等材料与工具。

(3) 在检查人员标记的部位,用手电钻+金刚石砖头钻出直径6 mm、深度70 mm的孔,严禁使用大功率冲击钻或电锤钻孔,以防冲击震动二次扩大空鼓范围,钻孔后用清孔专用钢丝刷、吹灰的专用工具。

(4) 反复来回清除钻孔内的灰尘,注入喜利得锚固胶,植入锚固用316不锈钢材质的锚固钉,待锚固胶完全固化后,用瓷砖专用的勾缝剂进行勾缝封口(图5-135)。

图 5-135　施工工艺图及完工后对比

(5) 修复部位使用锚固钉的数量，根据空鼓面积的大小，按水平、垂直(X 轴与 Y 轴)方向间距布设，确保锚固钉排列布设的间距在≤300 mm 的范围之内。

(6) 修复后由专业清洗单位进行环保节能式清洗。

(7) 在修补窗户边缘、侧面时，预先对窗户采取临时性防护措施，用 20 mm 厚的细木工板进行有效遮挡，以确保窗户玻璃的安全。

5.4　外总体施工

根据现场施工情况及施工条件，整个外总体施工分区域施工，按从南到北依次分为 A, B, C, D, E, F 共 6 大块。A 区分为地坪铺贴及两个花坛，B 区为大弯壁花坛，C 区为大弯壁地坪铺贴及水景，D 区为塔楼前的地坪铺贴及花坛，E 区为北广场地坪铺贴，F 区为东立面地坪铺贴(图 5-136)。

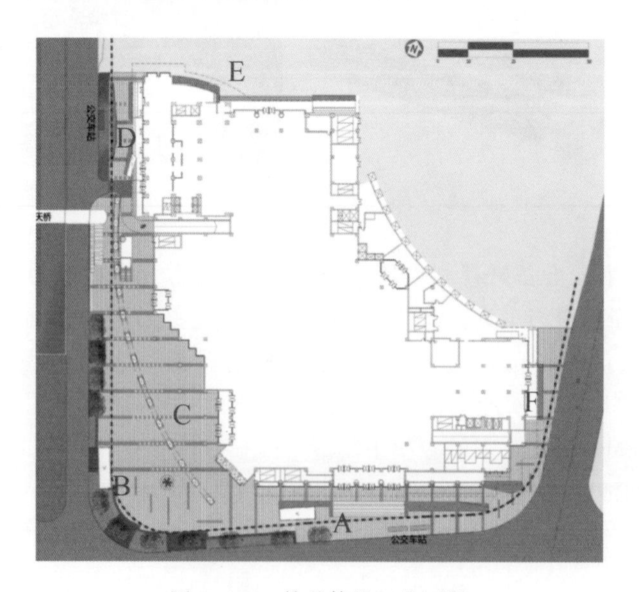

图 5-136　外总体施工分区图

5.4.1 原广场拆除

1. 广场地面装饰的拆除

(1) 广场地面装饰的拆除采用机械拆除(小挖机配破碎头)与人工拆除(空压机配风镐头)相结合的方式进行。大面处采用机械拆除,小面及邻近边角处采用人工拆除,拆除标高应满足新铺石材的铺设要求。

(2) 在拆除前及拆除过程中及时洒水,避免扬尘对周边环境造成影响,尽量安排白天拆除,以免噪音扰民(图 5-137)。

图 5-137 原地坪拆除

2. 花坛的拆除

(1) 花坛拆除前先移植苗木,安排专业园林工将苗木挖掘保护并移植至场外园林场临时栽种,确保存活率。

(2) 确保不破坏原有水电管线,原有花坛处设置的明暗消防栓等邻近管线的部位拆除时采用人工拆除。

(3) 花坛矮墙机械破除,建筑垃圾装运出场,根据图纸装饰设计进行挖掘或回填,并碾压密实,标高随挖填随测设,保证满足装饰施工需要。

5.4.2 花坛景观施工

1. 花坛的施工

施工顺序:基层素土夯实→塘渣灰土垫层→压实→碎石垫层→摊铺碾压→素混凝土垫层施工(图 5-138)。

2. 铺种草皮

施工顺序:场地准备→土地的平整与耕翻→草坪种植施工→播后管理→养护→素混凝土垫层施工(图 5-139)。

5.4.3 水景施工

水景的水池池底和池壁为钢混凝土结构,在施工时,应先进行钢混凝土水池底板的施工,然后再浇捣钢混凝土水池的侧壁,最后施工水池的池岸(图 5-140)。

图 5-138　施工后花坛

图 5-139　施工后的草皮

图 5-140　水景施工图

5.4.4 雕塑施工

八爪鱼是海洋的动物，通过它表现具有海派文化的特征，同时反映了八爪鱼力大无比无所不能的精神。雕塑作品的主题《八方潮涌》也就是八方来财，结合第一八佰伴中的八字，融吉祥数字为一体(图 5-141—图 5-143)。

图 5-141 前期小样确认

图 5-142 加工厂的预拼装

图 5-143　最终现场成型雕塑

5.4.5　石材铺贴施工

施工顺序：基层处理→弹线→选材预排→铺基准石→大面积施工→素混凝土垫层施工(图 5-144)。

造成质量问题原因及处理措施如表 5-16 所示。

图 5-144　现场石材铺贴

表 5-16　质量问题及处理措施表

序号	问题	原因	处理措施
1	空鼓	基层清理不干净，不密实，地面未扫浆，浇浆不均匀，干硬性砂浆不密实，未达到强度过早上人	基层清理干净，地面扫浆，砂浆填充密实，表面浇浆均匀，设禁行牌，专人看护
2	表面不平整	过早上人走动，石材自身不平，有质量问题	设置禁行标识，专人看守，严格选材，随铺随查
3	套割误差大	机具不合格，施工人员技术等级低	调整机具，加强人员培训
4	色彩纹理差	石材材质问题	严格选材

5.5 BIM信息化施工

5.5.1 BIM管理制度

上海第一八佰伴项目采用了BIM技术，通过追踪现场BIM数据，协调施工总承包方与业主、设计单位、各专业分包的相互配合工作。为保证项目进行中数据传递及协调工作的顺利进行，我司凭借自身总包职能和丰富的超大超难项目应用经验，通过以下手段，确保项目的BIM工作顺利进行。

(1) 统一制定BIM实施标准，规范BIM实施内容及深度，制定BIM工作流程制度，统一BIM模型创建技术要求，制定BIM模型数据共享规则。

(2) 安排专人统筹各专业分包的BIM实施工作，专门负责协调各方的项目相关信息数据交换工作，并按照业主的具体要求控制专业分包的BIM实施质量。

(3) 负责协调项目相关的市政配套工程信息的前期到位，协调项目相关的施工资源分配。通过BIM三维空间场地模拟技术，协调各专业分包单位，熟悉施工场地情况，制定相关场地分配及交通组织方案，为施工启动做充分准备。

(4) 针对在施工过程中发生的各种问题，及时安排专人了解情况，必要时通过BIM技术进行专项方案模拟以制定解决方案，确保项目施工进度。

5.5.2 前期规划

传统的现场布置是基于二维图纸开展的，无法直观地感受到布置后的实际效果，往往需要在现场实地考察后再做更改，造成人力物力的浪费。然而通过BIM技术的应用，不仅能够直观地掌握施工道路、车辆流向、门头位置等一系列施工现场场地布置信息，同时也可根据施工安排，了解不同施工阶段信息的变化情况，对外立面改建提供提前的可视化场地布置信息评估，确保现场道路、设施等保证工程的顺利开展。

此外，施工现场场地布置BIM模型也为安全施工提供了检查平台，现场工作人员可以通过对模型和现场情况的比对，发现现场设施的遗漏或者不足(图5-145)。

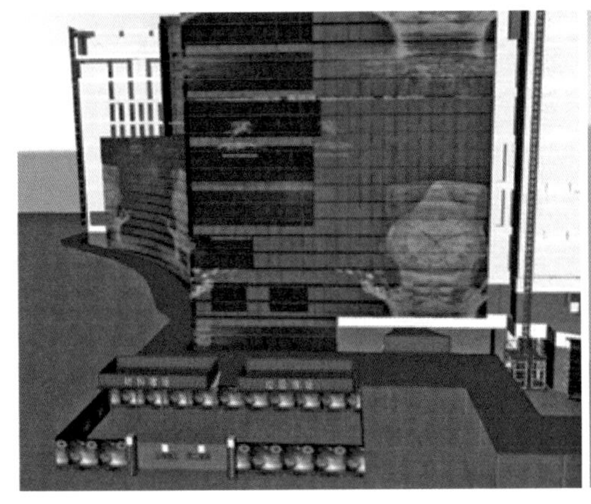

图5-145 BIM施工现场布置图

5.5.3 施工专项方案

由于上海第一八佰伴地处城市中心地带，因此使外立面改造阶段存在两大施工难点，即大面积脚手架施工和大面积安全通道与周边环境连接(图 5-146)。

我司针对这两大重难点提前拟定专项方案，通过对 BIM 模型的分析和施工模拟，组织多方方案讨论，提前发现问题，解决问题，确保工程顺利竣工(图 5-147)。

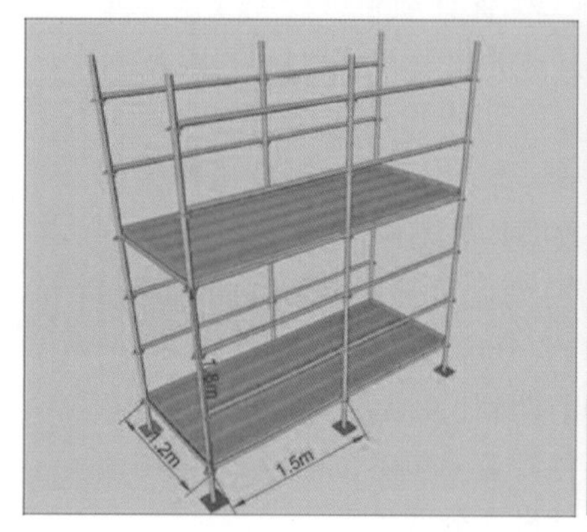

图 5-146 盘扣式脚手架 BIM 模型

图 5-147 临时通道人流模拟

通过 BIM 模型演示，管理者可以更科学、更合理地对重点、难点进行施工方案模拟及施工指导。施工方案的好坏对于控制整个施工工期的重要性不言而喻。BIM 技术的应用提高了专项方案的施工质量，使其更具有建设性。通过 BIM 技术模拟现场施工，使得项目周边情况体现得更为直观，施工条件、各专业施工界面清晰明了；将 4D 施工模拟与施工组织方案相结合，使各项工作的安排变得合理、有效；同时避免专业之间的冲突，有效提高一次施工成功率，大大降低返工现象。

5.5.4 基于 BIM 施工阶段现场安全管控措施

上海第一八佰伴项目地处闹市区周边交通情况复杂，项目工作面较多，现场施工人员众多。传统施工中通过在图纸上提前发现危险点，设置巡查人员来加强现场的安全管控，但还是会出现遗漏，再加上高峰时期行人较多，这给安全管控带来了不小的压力。

在应用BIM技术管理过程中，可以通过模型更加直观细致地查看危险区域的范围，将其标示出来，在多个地点加强安保力度及安全标示，同时结合四维施工计划，针对性地调整重点监视区域，保障在施工过程中施工人员及周边行人的安全，加强总包管理单位的安全管控。

5.5.5 现场施工管理

1. 施工交底与协调

在传统管理模式下，一般采用深化设计部门把图纸提交给项目各参建方审核，根据各方意见进行调整修改出图的办法。各施工分包则按照自己对深化设计图纸的理解到现场进行施工。因此就会发生如下情况：

(1) 后道工序提前而造成前道工序无法施工。

(2) 分包单位选择对本专业最有利的布局造成其他专业无法满足设计要求。

(3) 工作面交接不清而延误工期等诸多情况。

在应用BIM技术管理的模式下，我司将利用已有的BIM模型及其四维模拟方式，对各专业分包单位在施工前，尤其是施工重点部位进行清晰、形象的深化设计交底。讨论并明确各专业在综合管线中的确切位置及施工顺序，并形成可视化会议纪要，从而避免因“抢进度、抢地盘、图方便”等原因造成错、漏、碰、撞及频繁协调现象，并为质量事故的追述提供依据(图5-148)。

图5-148 三维技术交底

2. 基于BIM的施工质量管控

通过以往的项目，经常会发现，最后完成的建筑与原先的设计方案会有一定程度上的出入，这除了实际施工中会出现很多不确定因素外，是否按图施工也是一个重要原因。以往的二维平面图纸由于表达的局限性在一定程度上给了工人自由发挥的空间，造成与图纸上的偏差。

现在我们通过BIM手段，我们将利用BIM模型的三维动态交底，完整地将设计意图呈现在工人面前，避免了工人的不必要猜想，做到每一个操作工人都能完全理解设计意图。从而确保了现场施工质量(图5-149、图5-150)。

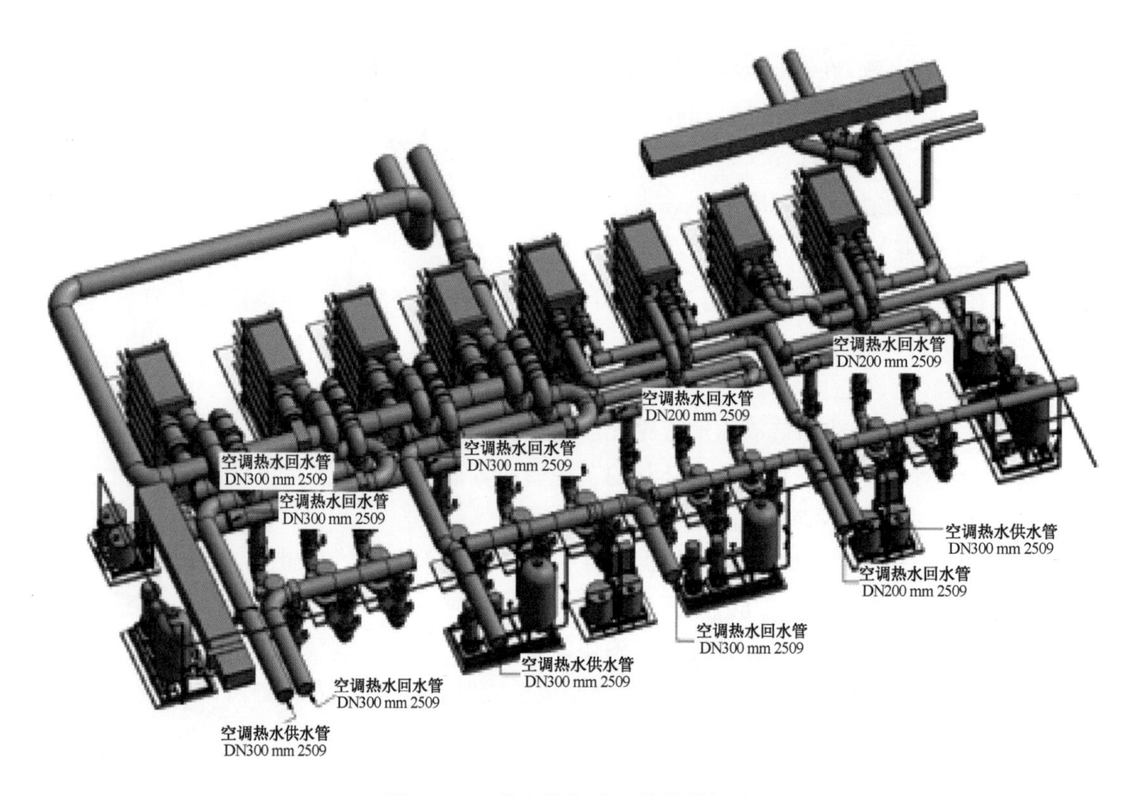

图 5-149　热交换机房三维管道标注

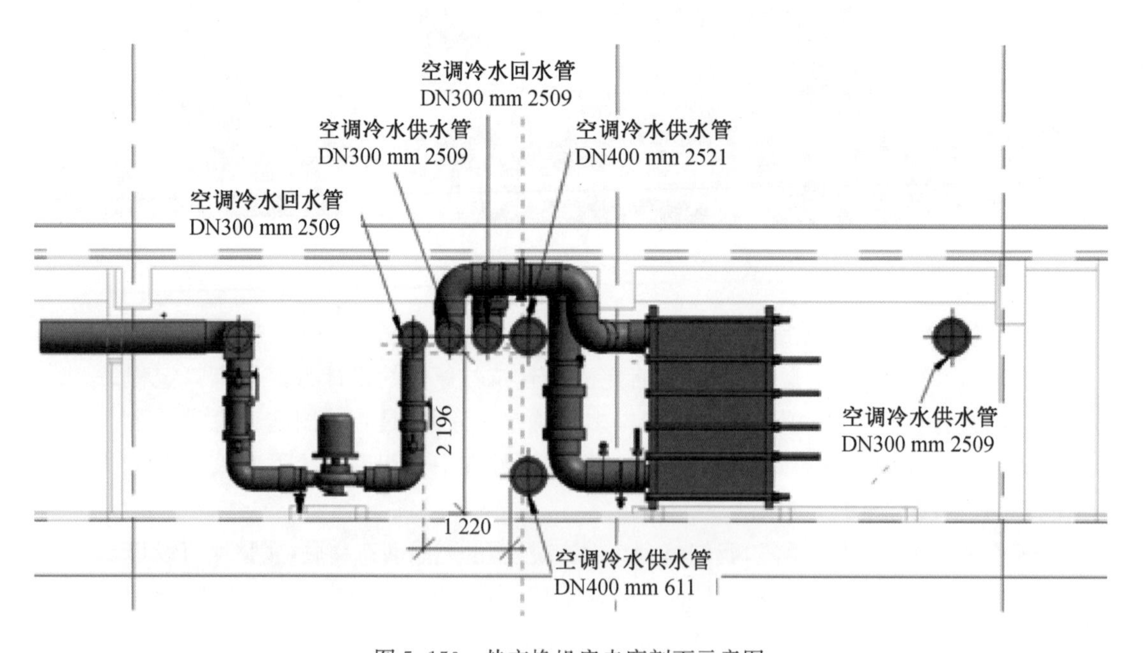

图 5-150　热交换机房走廊剖面示意图

当施工完成后，及时将施工结果的信息反馈到 BIM 模型中，并与模型数据及标准进行对比，进行差异统计，实现数字化质量管控。

3. 重难点施工方案模拟优化

通过三维、四维 BIM 模型演示，管理者可以更科学、更合理的对重点、难点进行施工方案模拟及施工指导。施工方案的好坏对于控制整个施工工期的重要性不言而喻，BIM 的应用提高了专项施工方案的质量，使其更具有可建设性。

5.5.6 基于 BIM 的信息化管理措施

本项目采用了一套基于 BIM 技术的信息管理平台，现场一旦发现问题，可利用手机端实时上传现场照片和文字说明，相关技术人员可以通过查看 BIM 模型及节点等信息得到解决方案，第一时间答复现场技术人员或者及时联系班组负责人进行整改，使施工期间解决问题的效率得到明显提升。

此信息管理平台中结合了无人机航拍技术，项目组织定期拍摄施工场地工况，可全面掌握现场安全文明落实情况和施工进度，一定程度上减轻了现场管理工作，同时方便管理人员随时随地查看项目进展情况（图 5-151、图 5-152）。

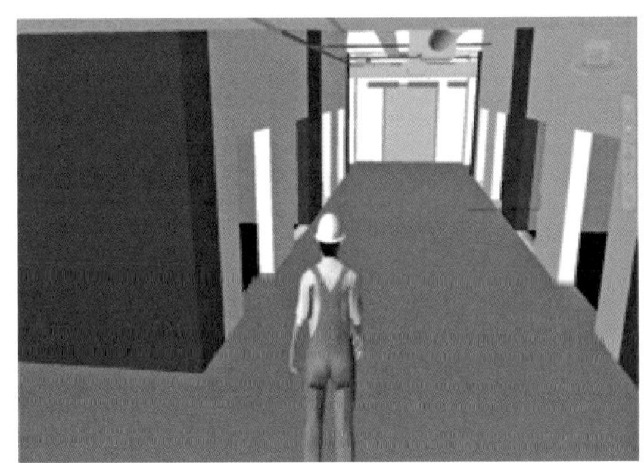

图 5-151 场内漫游效果

图 5-152 信息化管理平台

5.5.7 基于 BIM 技术的 VDP 决策平台

VDP 技术通过虚拟现实场景模拟，帮助业主确定如幕墙、景观、灯光、室内设计部分的工程内容，便于在工程例会上沟通，展示设计目标，并将其讨论内容和解决方案标示在虚拟现实模型上，以最直观的方式反映设计师的想法和最终的工程目标。且运用 VDP 远程可视的特点，业主或者各自专业负责人可以在任何时间和地点，直观地感受到建筑整体模型效果。

6 EPC 总承包管理篇

6.1 EPC 总承包管理概述

建设项目管理模式长期以来采用 DBB 模式(Design-Bid-Build),即业主委托设计单位完成施工图设计后,采用招投标的方式选择合适的承包商签订合同后进行施工。在施工期间,业主聘请监理工程师负责监督承包商的工作。这种方式到目前为止仍是世界上应用最广泛的方式,尤其在中国工程建设领域更为明显。

传统模式的特点强调设计结束后招标、施工阶段才能依次展开,因而项目建设周期一般较长,由于设计和施工相互脱节,设计缺陷不能及早被发现,易引发设计变更或索赔,造成业主在工期和投资上的损失。随着建设项目的规模化发展和业主方转移风险的需求以及设计与施工一体化趋势,传统的管理模式不能满足专业性强、技术含量高、结构和工艺复杂的大型建设项目的需要,EPC 模式应运而生。

EPC 项目管理模式即:设计-采购-施工总承包管理模式(Engineering, Procurement, Construction),是指从事工程总承包的企业受业主委托,按照合同约定对工程项目的勘察、设计、采购、施工、试运行(竣工验收)等实行全过程或若干阶段的承包。工程总承包企业按照合同约定对工程项目的质量、工期、造价等向业主负责。EPC 模式项目管理要素如图 6-1 所示。

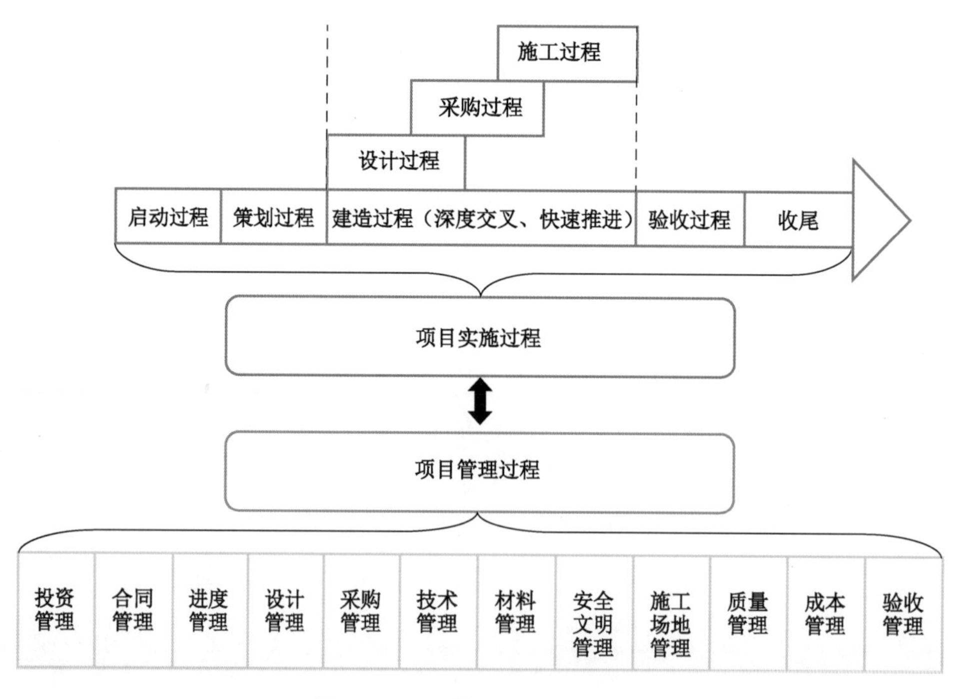

图 6-1 EPC 模式项目管理要素

6.1.1 施工总承包模式与EPC模式的比较分析

1. 传统施工总承包模式的特点

(1) 项目管理的技术基础是按照线性顺序进行设计、招标、施工管理,因建设周期长而导致投资成本容易失控。

(2) 由于承包商无法参与设计工作,设计的"可施工性"差,设计变更频繁,导致业主与承包商之间协调关系复杂,同时导致索赔频发而增加项目成本。

2. EPC 总承包模式的特点

(1) 以发包人要求为核心管理要素。发包人在招标文件中明确提出该要求。该发包人的要求为发包工程的基本指标,一般包括功能、时间、质量标准等基本,并非详细的技术规范。各投标的承包商根据业主要求,在验证所有有关的信息和数据、进行必要的现场调查后,结合自己的人员、设备和经验情况提出初步的方案,业主通过比较评估,选定中标的EPC总承包商,并签订合同。

(2) 以总承包商为履约核心。由总承包人自行完成对整个工程项目的设计与采购施工一体化的策划,并对发包人提供的全部数据信息进行复核和论证,设计、生产(制造)及生产产品所需物资的采购、调配和EPC项目的试运行管理,直至符合并满足业主在合同中规定的性能标准。

总承包商在此合同项下的风险较施工总承包合同要大很多,包括发包人在招标文件以及其后程序中提供的全部资料和数据信息,总承包人均需要复核,发包人对此类文件和数据的完整性、准确性不承担责任,除非合同另有约定或属于总承包人无法复核的情况。业主对工程项目的工作控制是有限的,一般不得干涉承包商的工作,但可对其工作进度、质量进行检查和控制。

(3) 根据实际项目需要,扩展合同范围。合同实施完毕时,业主获得一个可投产或者运行的工程设施。有时,在EPC总承包模式中承包商还承担可行性研究的工作。EPC总承包如果加入了项目运营期间的管理或维修,还可以扩展为EPC加维修运营(EPCM)模式。

3. 施工总承包模式与EPC模式的比较分析(表6-1)

表6-1 施工总承包模式与EPC模式的比较

对比要素	施工总承包	EPC模式
适用范围	一般房屋建筑工程、土木工程项目,适用范围广泛	规模较大的投资项目,如大规模住宅小区项目、石油、电站、工业项目等
主要特点	设计、采购、施工交由不同的承包商按顺序进行	EPC总承包人承担设计、采购、施工,可合理交叉进行
设计的主导作用	难以充分发挥	能充分发挥
设计采购施工间协调	由业主协调,属外部协调	由总承包人协调,属于内部协调

（续表）

对比要素	施工总承包	EPC 模式
工程总成本	较高	较低
设计采购和安装费占总成本比例	所占比例小	所占比例高
投资效益	较差	较好
设计和施工进度	协调和控制难度大	能实现深度交叉
招标形式	公开招标	邀请招标或者议标
承包商投标准备工作	较容易	工作量大，比较困难
风险承担	双方承担，业主承担风险较大	主要由承包商承担风险
对承包商的专业要求	一般不需要特殊的设备和技术	需要特殊的设备、技术，而且要求很高
承包商利润空间	较低	较大
业主承担项目管理费	较高	较低
业主涉及项目管理深度	较深	较浅

6.1.2 EPC 总承包方项目管理的责任

为确保 EPC 总承包方承诺目标的实现，EPC 总承包方从组织上建立了可承担项目全面、全部、全过程管理要求相适应的管理组织网络；从质量、安全、进度、文明、资料、物资等管理责任上制定相应的管理职能，建立好保证体系并落实对应的保证措施。

EPC 总承包方管理人员要认真学习有关合同文本，全面理解和掌握合同文本的要求。在工程实施中，以合同文本为依据，自始至终将其贯彻执行到整个 EPC 总承包方施工管理全过程中，确保工程优质如期完成。

EPC 总承包方在整个施工的全过程中承担起领导、组织、监督、协调的全部责任，对业主方负有全责。

6.2 EPC 总承包项目组织架构及分工

6.2.1 项目部机构组织原则

大型商场的改造项目一般工期紧、要求高，需要在工程中标后公司迅速组建项目部。在成立项目部的同时，根据招标文件的要求，编制详细的项目管理方案。在此基础上，组成独立的项目管理班子，在项目组织机构的框架下，各技术岗位要明确职责，分工合作，确保工程项目的建设质量，如图 6-2 所示。

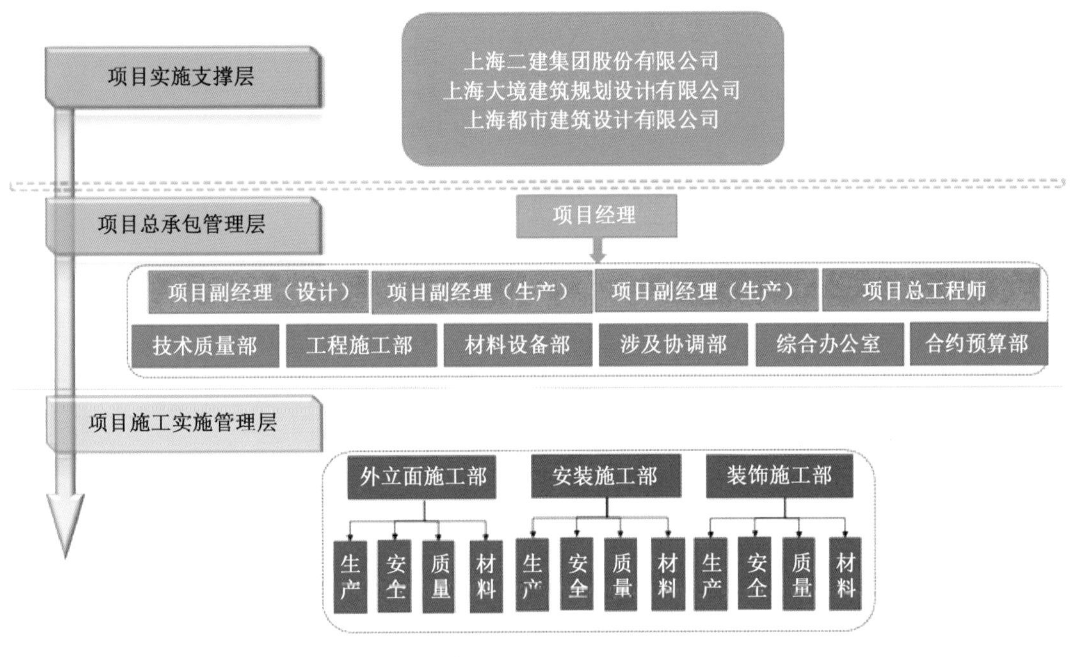

图 6-2 组织架构图

6.2.2 主要岗位职责

1. 项目经理生产职责

在遵守公司各项规程及制度下主持项目实施管理的工作、授权范围内负责内外协调的工作，通过对过程的控制使项目的目标完成(图 6-3)。

2. 项目副经理生产职责

(1) 负责总进度计划及施工现场管理。

(2) 负责项目合同管理，对合同谈判、合同签订及合同管理的全过程监督管理。管理工程项目预决算的编制工作。

(3) 分析、预测工程总成本及阶段成本，确保工程项目的资金合理流转。

(4) 参与制定、贯彻项目管理方针目标，抓好内部的基础管理和队伍建设。

(5) 协助项目经理，负责项目的行政决策，日常内部管理及后勤保障管理。

(6) 负责工程红线以外与本工程项目公共关系的对外协调工作。

(7) 负责整个工程的综合治理工作，确保方针目标的实现。

3. 项目总工程师职责

(1) 在项目经理领导下，具体主持项目质量管理保证体系的建立，并进行质量职能分配，落实质量责任制。

(2) 与设计、监理保持经常沟通，保证设计、监理的要求与指令在各分包商中贯彻实施。

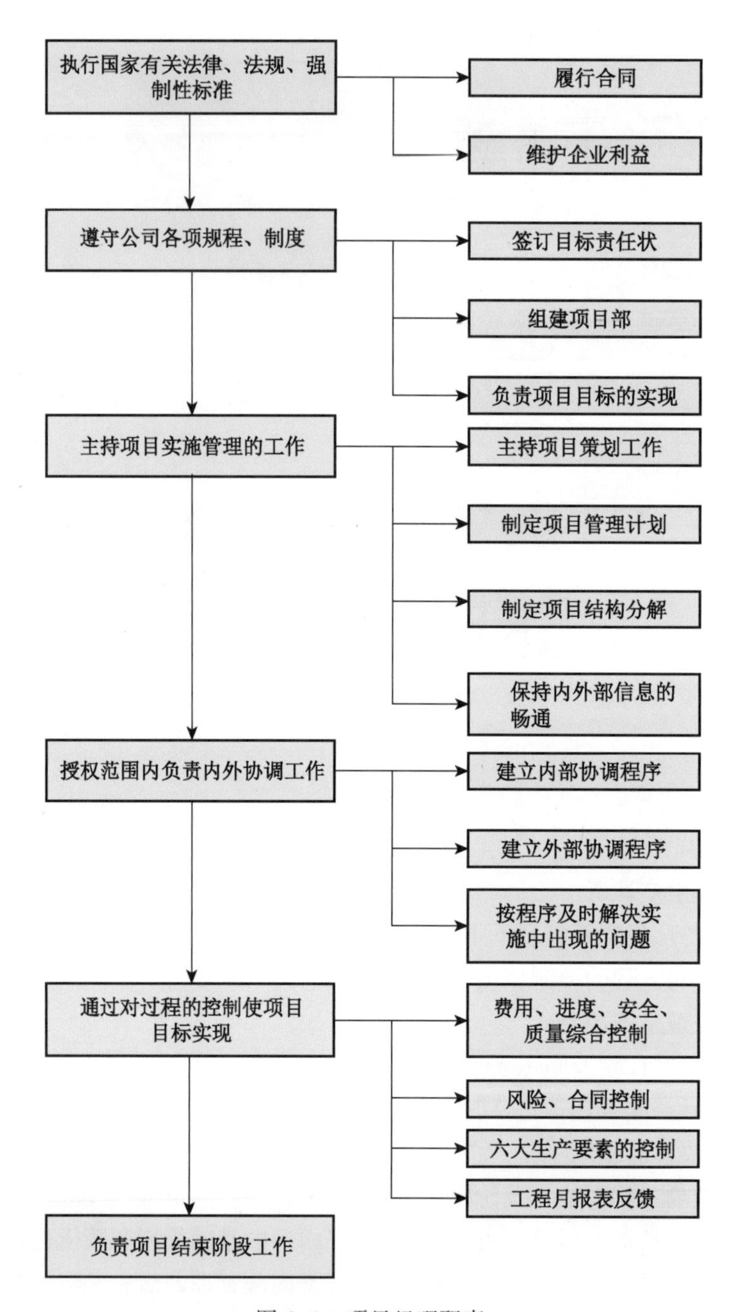

图 6-3　项目经理职责

（3）组织技术骨干力量结合本工程的关键技术难题进行科研攻关，进行新工艺、新技术的研究，确保本工程顺利进行。

（4）组织有关人员对材料、设备的供货质量进行监督、验收、认可，对不合格者坚决退货。

（5）及时组织技术人员解决工程施工中出现的技术问题。组织安全管理人员监督整个工程项目的施工安全，保证施工安全与工程质量。

4. 项目副经理(设计)

设计-施工联合体在中标后立即成立项目组。项目副经理(设计)按照投标文件中所列的项目负责人、各专业分项设计负责人名单,将设计目标落实到人,充分考虑工程需要,合理配置专业设计人员。

5. 采购人员

在工程中标后,立即成立设备采购组,根据投标方案编制设备采购计划,根据设计文件内容进行初步设备询价,与相关设备商达成初步的采购意向,完成初步的采购方案,并将该方案向业主进行汇报。得到业主许可后,在项目部的领导下进行进一步的设备比选、技术谈判、商务谈判。

6.3 EPC 总承包沟通协调方式

6.3.1 分包管理协调

6.3.1.1 总体管理措施

(1) 工程 EPC 总承包方合同范围内的所有工作均纳入 EPC 总承包方的管理、协调范围。

(2) 以工程合同规定的阶段施工承包范围、工程质量、工期、安全、文明施工等要求,EPC 总承包方项目部编制详细、完善可操作的施工组织设计予以实施。

(3) 分包单位进场前均与承包商签订工程总分包配合服务管理合同,严格按照合同条款进行检查并落实分包单位的责任、义务。任何分包单位的失误,均应视作 EPC 总承包方工作的失误。

(4) 通过合同,明确总分包关系,各分包单位接受 EPC 总承包方的监督与控制。分包单位所使用、选用的设备、材料必须在事前征得设计和 EPC 总承包方的审定,严禁擅自代用材料和使用劣质材料。

(5) 各分包单位应严格按施工总进度和施工大纲,编制“实施进度计划”和“施工组织设计”,建立质量保障体系,确保“大纲”所规定的总目标实现。

(6) 分包单位严格按 EPC 总承包方制定的总平面布置图“按图就位”且按 EPC 总承包方制定的现场标准化施工的文明生产规定,做好工作。

(7) EPC 总承包方将以各个指令,组织指挥各分包单位科学合理地进行作业生产,协调施工中所产生的各类矛盾,以合同中明确的责任,追究贻误方的失责,尽可能地减少、降低施工中出现的责任模糊和推诿扯皮,防止贻误工作。

(8) EPC 总承包方不断加强对分包单位的教育,提请分包单位增强对产品的保护工作,做到上道工序对下道工序负责,产品对业主负责,使产品不污、不损。

6.3.1.2 对指定分包商的管理

1. 指定分包进入现场施工的必备条件

(1) 提交指定分包商的证明文件

① 指定分包工程的投标书及投标过程情况说明。

② 中标通知书(或具有同等效力的暂行施工协议)。

③ 指定分包商的经营范围及资质等级证书复印件。

(2) 填妥“指定分包商情况登记表”。

(3) 提供分包商施工简历。

(4) 提供分包商施工组织体系简况。

(5) 按合同规定做好分包工程保险等事宜。

(6) 提交施工许可证复印件,确保施工队伍能进入现场施工。

(7) 提交指定分包深化设计图。

(8) 提交指定分包工程的“施工组织设计方案”,内容包括但不限于:

① 施工方案。

② 指定分包工程施工进度计划。

③ 主要技术措施方案。

④ 质量保证措施。

⑤ 安全保证措施。

⑥ 材料设备进场计划。

⑦ 劳动力进场计划。

2. 指定分包工程的施工质量过程控制要点

(1) 督促指定分包商对作业人员进行工艺技术交底,并做好交底记录。

(2) 做好工序间的技术接口,实行交接手续。

(3) 复验原材料、半成品、成品的成品合格证及质量保证书。

(4) 做好不合格品处理的记录及纠正和预防措施工作。

(5) 指导指定分包商加强产品保护和施工现场“落手清”工作。

(6) 做好指定分包工程的验收交付工作。

(7) 按合同规定做好指定分包工程的回访保修工作。

(8) 当重大质量事故发生时,指定分包商应及时向 EPC 总承包方报告,并作出事故分析调查及善后处理事宜。

3. 指定分包工程的进度控制要求

(1) 编制分包工程总进度计划。制定施工方案,确定明确的施工方法,选择施工机械,安排施工顺序。编制施工项目进度计划,以保证项目施工的均衡进行。编制资源供应计划,包括物料供应计划、机械设备的进场计划、劳务计划等。

(2) 执行月报制度。按月向 EPC 总承包方报告指定分包工程的执行情况,提交月度施工工作计划,提交各种资源与进度配合调度状况。

(3) 做好协调照管工作。每周组织召开 EPC 总承包方工作协调会议,及时进行总工期的协调。协调工程内人力、设备、资源的平衡,对各专业分包商和指定分包商的施工计划进行合理调整,并督促各单位执行。指定分包商在进度上有重大提前及延误应及时向 EPC 总承包方报告。分包方在施工过程中向 EPC 总承包方提出的建议,EPC 总承包方将及时回复和解决。

4. 有关安全、消防、现场标准化管理

1）遵守各种安全生产规程与规定

（1）签订指定分包工程的安全协议书。

（2）完善和健全安全管理各种台账，强化安全管理软件资料工作。

（3）开展安全教育工作，做好分部（分项）工程技术安全交底工作。

（4）特殊工种必须持证上岗。

（5）接受 EPC 总承包方的安全监控，参与工地的安全检查工作，并落实整改事宜。

（6）指定分包商有义务保护现场各项安全、消防设施的完好，如施工脚手架、临边护栏及消防器材等，不得擅自变更及增加施工荷载。

（7）发生重大伤亡事故应及时向 EPC 总承包方报告。

2）做好消防与治安的教育工作

（1）开展消防与治安的教育工作。

（2）配合 EPC 总承包方做好治安管理工作。

（3）严格执行动火申报制度。

3）做好现场标准化管理工作

（1）按 EPC 总承包方指令做好场容场貌工作，建筑材料设备堆放按总包场布图布置，施工区域内"工完料尽场地清"。

（2）遵守文明施工的有关规定，维护安全防护设施的完好。

（3）保持工地卫生、文明，努力做好卫生工作。

5. 对指定分包商进场物资管理

（1）EPC 总承包方对进场物资的管理由专人负责。指定分包商应指定对口管理人员参与进场物资的管理工作。

（2）指定分包商提供设备、材料进场的总计划，并按月提供月度计划，以期能够使 EPC 总承包方统一协调与安排。

（3）进场物资的流转程序：各种进场物资必须在 10 天前提出申请，具体写明进场物资的名称、数量、规格及所占场地面积，待批复后再执行。

（4）物资进场后，须在 24 h 内及时疏散至地面或楼面。若不能达到此要求，可请求 EPC 总承包方安排他人协作进行疏散，所发生的费用由指定分包商承担。

（5）指定分包商应做好废弃物的处置工作，有责任每日做好"落手清"工作，做到"工完料清"。废弃物与垃圾应按 EPC 总承包方的现场布置要求集中到指定位置统一处理，否则由 EPC 总承包方安排他人予以处理，其费用由分包方承担。

6. 对指定分包商劳动力管理

（1）指定分包商应将进入现场的施工人员名单及照片向 EPC 总承包方申请。

（2）须提供劳务人员的三证复印件（身份证，务工证，健康证）及特殊工种的相应操作证及上岗证。

（3）指定分包商应专人管理未来劳动力的使用，开展必要的消防与治安方面的教育工作。

(4) 所有进入现场的施工人员应接受政府职能部门的有关监督检查工作，违反规定应由指定分包商承担有关责任。

(5)各指定分包商有责任约束员工遵守政府部门发布的有关政策、法令、法规及施工现场的各项有关规定，确保现场文明施工有序地进行。

6.3.1.3 EPC 总承包方为分包商提供的服务

EPC 总承包方负责下列工作，配合分包单位进行分包工程，达到总合同中预期的目标。

1. 免费提供施工设施

包括下列项目：

(1) 提供工地上施工通道并共同使用，提供施工现场。

(2) 提供 EPC 总承包方在工地内现成的爬梯、脚手架等并共同使用。

(3) 提供卫生设施并共同使用。

(4) 提供分包工程所需以保障场地安全之围网、围板、围栏等。

(5) 对工地进行全面的安全保卫，防止盗窃。

(6) 提供临时照明及电力的电源。

(7) 提供临时用水的水源。

(8) 协助分包商间的问题，对已完成的分包工程制定相应的防破损、防水、防火、防风雨的措施。

(9) 提供工地上已有的装置及机械，在商定的时间内供指定分包商卸货、水平及垂直运输。

(10) 清理分包方集中到指定地点的废料。

2. 联系协调

负责工程的整体进度。积极主动地了解分包单位工程细则，尤其是关键节点上的分项工程，主动要求分包单位提供施工程序及工作日程表，对不同单位间在施工过程中产生的矛盾及时进行协调，主动提出解决办法。

3. 基本职责与责任

EPC 总承包方应落实“提供服务，落实要求，平衡协调，总体负责”四项基本职责，并承担“协助分包商共同完成工程总目标”的基本责任。

EPC 总承包方有义务应将业主指定的分包商工作内容，纳入与指定分包人配合合同，以严格履行 EPC 总承包方应尽的责任。

6.3.1.4 例会及现场巡查制度

1. 生产例会

时间：每天下午 16:30 参加单位：施工总承包单位、所有分包单位；会议内容：讨论当天完成进度及施工计划、分包需协调内容、施工中出现的问题(图 6-4)。

2. 联合安全巡查

时间：每天下午 13:00；参加单位：施工总承包方安全部门，所有专业分包方安全部门；内容：讨论施工现场的重大危险源、安全文明施工的检查情况(图 6-5)。

第一八佰伴整体装饰项目

总包例会 001

会议参加人员：详见签到表

会议日期/时间： 2016年05月30日（星期一）下午 13:30

会议地点：项目部会议室

会议内容：

（一）前期开展

1、拆除方案落实；

2、各分包责任确认；

3、各分包方案报审。

（二）进度

1、驻场办公实行制度化，现场办公解决及时，由于项目特殊性，各施工阶段都及时沟通，及时说明情况报备；

2、幕墙图纸本周送审，百叶位置提交确认，景观灯光本周提供施工图，泛光照明报景观灯光办；

3、外立面图纸星期一定稿，本周提供招标图，及消防图纸优化图，下周周五图纸全部确认；

4、[illegible]消防6.8完成，疏散6.12（未包含地下一层、地下二层），电气跟进；

5、外立面标书跟进，广告和LED屏的串线；

6、全部物料选样确认；

7、拆除方案详细汇报。

（三）项目经理

1、施工计划开始实施；

1、为控制项目费用，项目上牵头召开相应协调会；

2、围挡费用追加。

第一八佰伴整体装饰项目

上海建工二建集团有限公司

2016年5月30日

会议纪要

编号：A02—019

会议名称：工程例会　　主持人：王蓬

会议日期：2016年11月16日13:30时　　会议地点：总包会议室

参加人：详见签到表

会议纪要签发人：王蓬　　签发日期：2016.11.16

会议纪要内容：

上海建工二建集团有限公司（总包单位）：

1、室内：

1）装饰：6—8F11月5日已具备小业主进场条件，公共区域木饰面完成，预计灯具22日完成安装；B1超市地面铺砖完成，天花基层已经完成，墙面铝格栅施工中，地面环氧地坪，预计30日全部完成；B2观光电梯厅墙、地面铺贴完成，车库其它电梯厅、厕所施工进行中；

2）机电安装：6-8F机房动力配电箱、照明配电箱、空调箱调试进行中；B1超市电缆桥架敷设，动力配电箱预计11月中旬进场；

2、外立面：

张杨路侧雨棚以下玻璃幅架、铝板安装施工进行中；浦东南路侧铝板雨棚安装；北立面两台人货梯已拆除，雨棚下安装施工进行中；幕墙灯箱具备移交条件；大鸟吧石材安装，内庭院部阳光板更换已经完成；

3、外总体：

雨棚下外总体施工进行中；张杨路侧踏步完成；地面石材铺设、铺装；

上海建科工程咨询有限公司（监理单位）：

1、管理方面：

1）精心规划、细致安排减少返工，做到心中有数；

2）开业是重大节日前后的各项工作做到紧密衔接，为开业的各项工作创造条件；

3）加强管理，严防死守，绝不能出现任何影响项目进程的事件。

2、质量方面：部分区域装饰细节考虑不周，部分观感欠佳，质量后续往复整改

图 6-4　生产例会会议纪要

上海建工施工项目负责人安全生产和消防工作巡视记录单

项目部名称：第一八佰伴整体装饰项目

日期		巡视部位及检查情况	参加人员（签字）
10月31日	上午	小秀墅西屋面防水施工动火作业未办理动火证，未配备灭火器	
（周一）	下午	南立面转角处西侧脚手架上方卷扬机钢丝绳断裂.	
11月1日	上午	8楼平台处，有一出盘（出灰）[illegible].	
（周二）	下午	8F二层自动扶梯洞口周边缺少临边围护措施.	
11月2日	上午	西立面KFC门口幕墙单位动火作业氧气瓶缺回火装置	
（周三）	下午	南立面搭设脚手架上方使用卷扬机.	
11月3日	上午	南立面KFC门口处电焊机使用220V电箱存在“一机多闸”现象.	
（周四）	下午	东立面外架拆除后全封闭式脚手架底部[illegible]未封闭.	
11月4日	上午	8F楼梯处外脚手架连接与主体拆除后未及时恢复.	
（周五）	下午	8F超市内部装饰单位使用多个220V手持电箱存在“一机多闸”.	
11月5日	上午	1号人货梯拆除后剩余半截脚手架临边缺少围护措施.	
（周六）	下午	小秀墅内脚手架拆除使用安全绳（钢丝绳）端头使用铁丝固定.	
11月6日	上午	8F楼梯处吊篮作业使用附着固定无围护措施	
（周日）	下午	8F二层自动扶梯立柱未封闭洞口周边缺少围护措施.	

记录人：[illegible]

图 6-5　安全巡查记录单

6.3.2 与设计、监理、业主的配合协调

1. 与监理单位的配合协调

工程监理制度是有益于整个工程建设的。它不仅对业主有利:业主利用监理工程师丰富的工程管理经验和知识,可保障达到工期短、质量好、造价合理的目标,同时也对承包商有益:可以促进承包商提高管理水平和实物质量。

在下面几个方面处理好与现场监理的关系:

(1) 以优良的质量取得监理工程师的信任。

(2) 编制切实可行的工程进度计划,并且严格执行,取信于监理工程师。

(3) 尊重监理工程师的合理指示和建议,并认真贯彻执行。

(4) 作好日常施工资料记录编制、材料质量保证书的汇总、各类验收移交的证明书并及时申报监理验收。

(5) 会同监理做好取样并进行材料检测、复试工作。

(6) 主动邀请监理进行旁站检查、验收。

2. 与设计单位的配合协调

根据合同文件和技术标准、技术规程,建筑企业的技术管理制度由项目主任工程师负责做好与设计单位的配合协调工作。

1) 配合内容

(1) 设计图纸与说明是否齐全,有无分期供图计划表。

(2) 图面间有无矛盾;专业间平面、立面、剖面图有无矛盾;标高有无遗漏。

(3) 总平面与施工图的几何尺寸、平面位置、标高等是否一致。

(4) 管线、设备件等相互间关系与结构构造筋间处理是否合理。

(5) 施工安全是否有保证。

(6) 材料、设备、机具等市场供应是否有保证。

(7) 设计、技术交底组织。

2) 邀请设计单位参加有关活动

(1) EPC总承包方编制的技术措施计划交底活动。

(2) 设计交底活动。

(3) 主体材料、设备、装饰材料等选样活动。

(4) 关键的分部分项工程的施工技术讨论活动。

(5) 施工组织设计交底活动。

(6) 新工艺、新技术运用前咨询、讨论活动。

3. 与业主方的协调沟通

分包单位对业主的业务联系必须首先通过总包单位的确认,总包定期对各分包单位工程施工进行反馈和沟通,并及时向业主进行汇报,然后再对各分包单位进行协调管理,业主对各分包单位的指令可以直接发给分包单位,也可以通过总包单位进行,并由总包监督分包单位对业主指令的实施。

4. 例会制度

1）设计例会

时间：每周周一下午；参加单位：设计单位，施工总承包单位，监理单位，业主，对应专业分包单位；会议内容：讨论设计进度、设计变更、设计交底等（图 6-6）。

2）监理例会

时间：每周二下午 13:30；参加单位：设计单位，施工总承包单位，监理单位，业主，所有专业分包单位；会议内容：讨论施工进度、施工中出现的安全及质量问题等（图 6-7）。

图 6-6　设计例会会议纪要

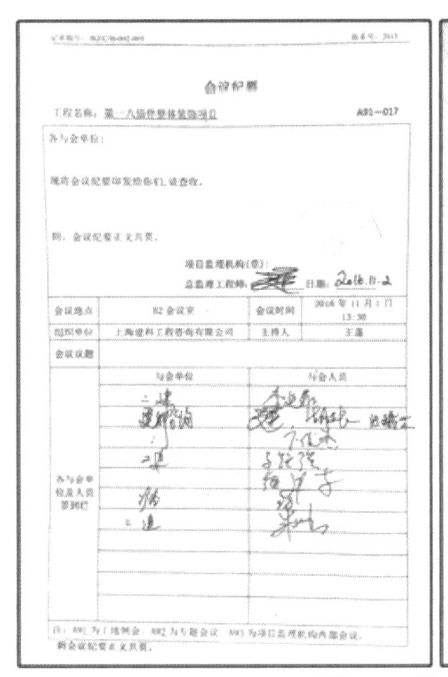

会议纪要

工程名称：第一八佰伴整体装饰项目　　A91—017

各与会单位：

现将会议纪要印发给你们，请查收。

附：会议纪要正文共页。

项目监理机构（章）：

总监理工程师：　　日期：2016.11.2

会议地点	B2会议室	会议时间	2016年11月1日 13:30
组织单位	上海建科工程咨询有限公司	主持人	[illegible]
会议议题			
各与会单位及人员签到栏	与会单位	与会人员	

注：A91为工地例会，A92为专题会议，A93为项目监理机构内部会议。

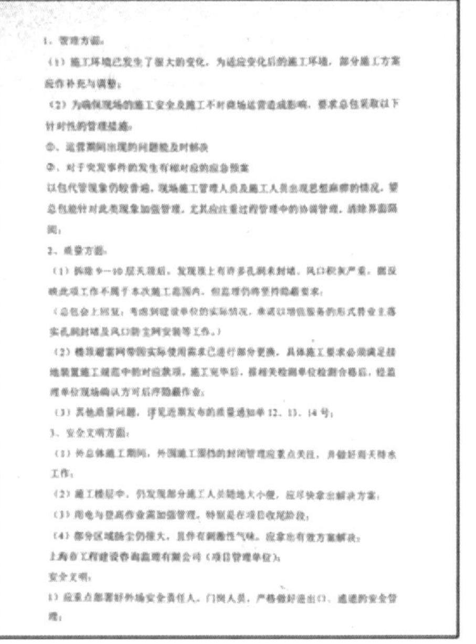

1、管理方面：

（1）施工环境已发生了很大的变化，为适应变化后的施工环境，部分施工方案应作补充与调整；

（2）为确保现场的施工安全及施工不对商场运营造成影响，要求总包采取以下针对性的管理措施：

①、运营期间出现的问题能及时解决

②、对于突发事件的发生有相对应的应急预案

以包代管现象仍较普遍，现场施工管理人员及施工人员出现思想麻痹的情况，望总包能针对此类现象加强管理，尤其应注重过程管理中的协调管理，消除界面隔阂；

2、质量方面：

（1）拆除9—10层天棚后，发现梁上有许多孔洞未封堵，风口积灰严重，据反映此项工作不属于本次施工范围内，但监理仍将坚持隐蔽要求；

（总包会上回复：考虑到建设单位的实际情况，承诺以增值服务的形式替业主落实孔洞封堵及风口防尘网安装等工作。）

（2）楼顶避雷网带因实际使用需求已进行部分更换，具体施工要求必须满足接地装置施工规范中的对应款项，施工完毕后，报相关检测单位检测合格后，经监理单位现场确认方可后序隐蔽作业；

（3）其他质量问题，详见近期发布的质量通知单12、13、14号；

3、安全文明方面：

（1）外总体施工期间，外围施工围档的封闭管理应重点关注，并做好雨天排水工作；

（2）施工楼层中，仍发现部分施工人员随地大小便，应尽快拿出解决方案；

（3）用电与登高作业需加强管理，特别是在项目收尾阶段；

（4）部分区域扬尘仍很大，且伴有刺激性气味，应拿出有效方案解决；

上海市工程建设咨询监理有限公司（项目管理单位）：

安全文明：

1）应重点部署好外场安全责任人、门岗人员，严格做好进出口、通道的安全管理；

图 6-7　监理例会会议纪要

3）业主例会

时间：每周二下午15：00，参加单位：设计单位，施工总承包单位，监理单位，业主，所有专业分包单位；会议内容：讨论施工进度、施工中出现的安全及质量问题等。

6.4 合同管理

6.4.1 合同审核(图6-8)

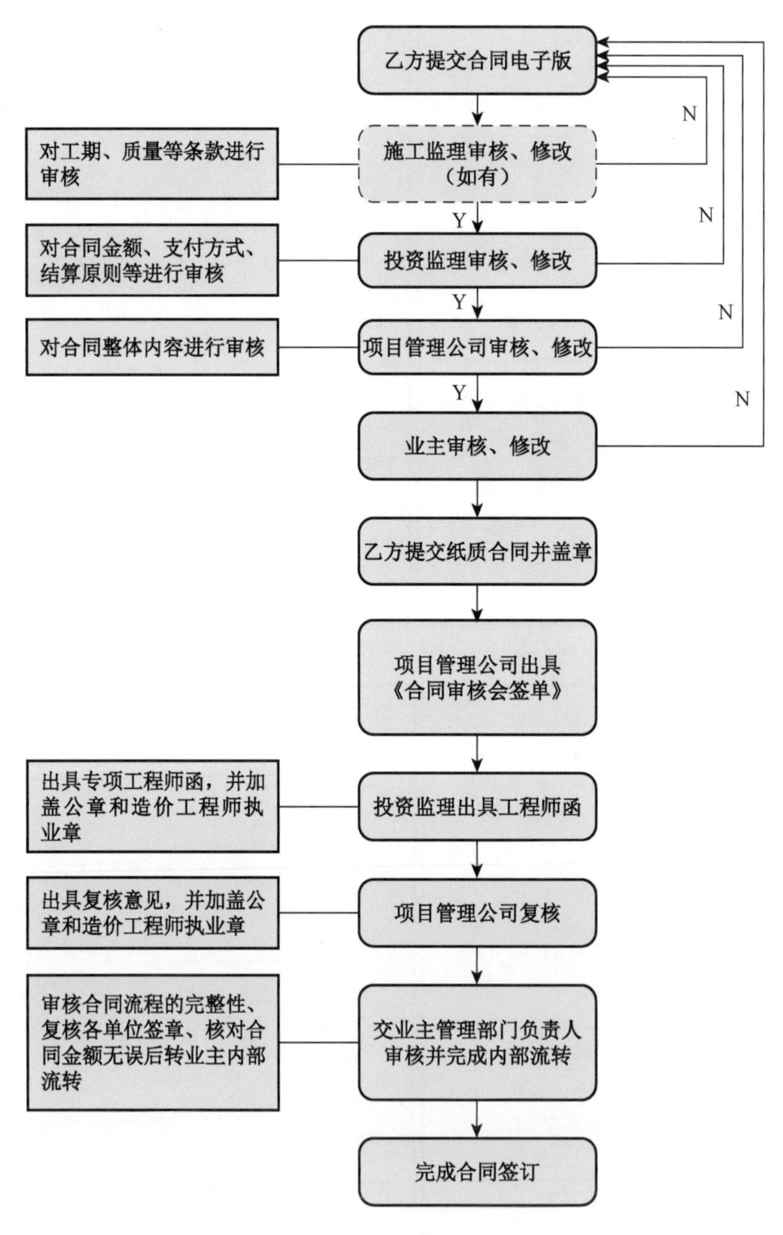

图6-8　合同审核流程

在上海第一八佰伴工程项目中，委托了有资质、有经验、有信誉、有能力的单位承担本工程的设备供应任务，并与之签订了相应的合同，双方拥有了相应的权利和承担相应的义务，同时聘请高水平的律师担任法律顾问。项目管理部依据《合同法》《建筑法》《建筑施工质量验收规范》等对各类合同进行复核并提出补充意见，本工程合同审核达75份。

6.4.2 合同执行

合同由项目经理负责签订，根据合同的不同内容，分别由不同部门科室负责拟稿、执行和管理。

严格按照国家的法律、法规和合同法签订各类合同。有标准文本或示范文本的合同，按标准文本、示范文本的格式拟订。充分发挥法律顾问在合同签订活动中的作用。

合同条款的拟订应尽可能完整、严密，防止遗漏和含糊不清。合同条款必须明确规定合同内容，签约双方的责、权、利。

建立一套严格的合同管理制度和责任制度。根据合同的内容由各部门科室经办人拟订合同，部门负责人认可，主管领导审定同意，总经理签字。涉及较大费用的合同，须请造价监理或法律顾问审查会签。

合同签订后分发各有关部门科室。签订合同的部室负责对本合同的管理，检查合同的执行情况，申请支付合同的费用。

加强合同管理，防止因管理不善而引起的合同纠纷。一旦发生纠纷，尽可能做到双方友好协商解决。必要时应采取相应的法律手段，以保护自身的合法权益。

各类合同经实际履行，基本能按照合同约定的内容给予按期、按质执行，并且在第一八佰伴项目中获得了良好的效果：

（1）对照项目实际情况，监理单位基本按合同履行了职责

监理人员到岗率基本符合要求，基本履行了合同职责。但因本工程施工单位赶工期，监理方所提出的质量整改问题，对施工单位是否落实整改到位，未给予及时的跟踪检查，致使某些质量问题任由施工方擅自进行了隐蔽。这些需监理方加以重视。

（2）对照实际情况，施工合同履行基本良好

外立面和室内装修实际工期比合同工期提前了2个月；施工合同约定的投资项目全部落实。

6.5 进度管理

本工程业主要求工期为2016年7月1日—2016年12月20日，在如此短的工期完成如此大体量的施工内容难度较大，所以进度控制是本工程成功与否的关键。

6.5.1 工作方法

1. 进度计划的编制执行

项目部根据合同规定的工期编制总进度计划并定出过程中的控制节点、交付专

业设备安装、装饰装修的进场节点并加强控制。总进度计划将充分结合施工技术方案、各分包专业施工单位的进度要求，充分利用计划中的自由时差，抓住关键线路上的重要节点工序，确保施工的最佳均衡和连续作业，并高度重视各专业施工单位间的相互关系，加以平衡协调。

项目部将会在施工全过程中建立起工期保证体系，加强信息的传递和反馈，加大对现场的协调管理，调度组织力度，确保整个现场能在统一指挥、统一组织、统一调度、统一管理下，有条不紊地有序作业。

2. 计划的检查和控制

以"节点着色法"和"实际进度前锋线"的记录方式不断与计划图比较，发现问题，及时制定措施，补救延误，强化计划执行过程中的动态管理和控制。

6.5.2 具体实施

(1) 由于本工程工期非常紧，为确保施工进度，工程施工按楼层组织平行施工，每个楼层根据防火分区再划分3个施工区域，按区域重要性确定先后施工顺序进行该楼层的流水施工。

(2) 项目部与各单位形成专人对口，保证各个环节都有人跟进，及时反馈现场情况。

(3) 利用公司自有加工基地和长期合作厂商，对金属制品、石材等部分构件一律采用外加工的形式，并落实专人控制加工进度与构件质量。

(4) 各专业劳务分包全部来自于长期服务于本公司的合格分包商，经历了本公司大型公共建筑项目，有丰富的类似工程经验；工程高峰期可调配公司的所有劳动力资源。

(5) 由于本工程的特殊性，为了以防万一，专门准备了一支应急队伍，在需要时能够及时补充人工。

(6) 项目部不仅指定总进度计划、月进度计划和周进度计划，还根据现场实际情况及时分析调整相关节点，实行动态控制。

(7) 除业主和监理例会外，项目部每天还组织一次技术生产例会，协调总结当日工作和安排第二天的工作。

6.6 设计管理

6.6.1 工作方法

设计管理工作由设计工程师全面负责，工程管理部负责设计工作的日常协调管理。EPC总承包方应抓好装饰工程和安装工程以及外立面工程三者之间的设计协调工作，对图纸认真复核，以防出现差错，避免返工。明确专业分包施工内容以及施工交界面的处理。

工程管理公司具体负责设计质量和设计进度，EPC总承包方协助工程管理公司抓好设计质量和进度。

按照项目建设总进度计划，EPC总承包方定期召集设计、工程管理等单位共同编制设计总进度计划、旬计划、节点计划，落实保证设计进度的具体措施，解决问题，确保设计进度按计划进行。

在施工图设计前，应先编写设计原则，EPC总承包方组织专家审定，根据通过的设计原则进行具体设计。

EPC总承包方制订严格的切实可行的设计、设计变更审查制度，图纸会签制度，人人负责，层层把关，确保设计质量符合规定的要求。

根据施工进度，EPC总承包方将协助设计监理做好施工前的设计交底，使施工承包商了解设计意图，了解施工的重点、难点，以便在施工中加以重视。

施工图设计必须在市有关部门批准的基础上进行。鼓励设计单位优化设计方案，EPC总承包方将组织有关专家对优化方案进行评审。若该优化方案确实能加快进度、降低成本、提高施工质量，则EPC总承包方将向业主提交优化方案的证明文件，在得到政府批准后再进行详细设计。

在施工中严格控制设计变更，必要的设计变更必须按EPC总承包方规定的变更程序报批；对于重大的设计变更，EPC总承包方将依据实际情况，审核监理的意见，并及时上报业主批准实施。

6.6.2 具体实施

1. 外立面设计管理

(1) 外立面设计单位基于提升第一八佰伴城市界面形象的考量，根据最新道路红线退界要求，在方案设计上，将第一八佰伴的南、东、西立面的首层橱窗、雨篷外挑1.1 m。当项目管理部将外立面设计方案上报浦东新区规划部门审批时，因建筑面积增加而给予了否定。为此，项目管理部先后向业主做了专题汇报，征得业主同意，2010年5月20日，区陆家嘴管委会、规划、环保、商委职能部门负责人到现场实地勘查，并召开了专题会，政府相关部门根据第一八佰伴实际情况，同意了项目管理部提出的外立面新增加面积通过室内装修消减局部楼层相应面积后得以通过新区规划部门的审批(图6-9)。

(2) 在业主原确定的外立面设计方案中，将西立面七至九层的室外露台实施封闭，以增加营业面积。项目管理部根据《上海市房屋立面改造工程规划管理规定》中不得增加建筑面积的相关条款通报给业主，并在项目管理例会上重审，第一八佰伴的装修改造应以满足开业进度要求，并在合规合法前提下，实现商业利益最大化。第一八佰伴可将露台设计为开放式休闲场所，建议根据商业新业态做成花园露台，提升第一八佰伴的商业品味。此建议得到百联股份公司的认可，并在外立面设计中得以采纳，实际效果也受到各方好评(图6-10)。

图 6-9　橱窗设计

图 6-10　外立面设计

（3）外立面铝合金幕墙颜色的选定，以及如何与底层门厅铝合金颜色相匹配，业主方犹豫不决。为确保施工进度，项目管理部积极推进选色进程，先后组织召开多次专题会，通过现场安装样板让业主各部门负责人共同参与色彩比选。最终，业主领导采纳了外立面设计方案所确定的铝合金色彩。底层大厅门框的色彩也与外立面铝合金色彩得以相容匹配，实际效果也得到了社会各界的认可(图 6-11)。

2. 室内装修设计管理

（1）项目管理部多次参加了由百联股份公司组织召开的室内装饰设计方案评审会，经过多次评审，全面考量了招采部功能定位需求，并结合第一八佰伴企业文化的内涵，最终确定了二楼中庭“生命之树”装修方案。此设计风格基本体现了第一八佰伴企业文化新风貌，现场效果也得到社会民众的认可。但室内装饰设计的局部末端照明灯具位置还存在与天花造型不对称的问题，没有在施工中给予及时调整，留存遗憾(图 6-12)。

图 6-11 幕墙颜色设计

图 6-12 生命之树设计

(2) 项目管理部为确保地下一层地下超市装修完工时间同步于总工期，及时组织室内设计师和机电设计师到地下一层超市拆除后的现场，进行全覆盖标高复测，为设计提供了全面的条件，使设计进度得以保证，也为地下一层超市全面进行装修和顺利完工及交付使用，赢得了宝贵时间。尽管超市标高先天不足，但经过设计师对现有标高进行合理布局，精心设计不同标高区域的天花造型，超市购物环境得到极大的改善(图 6-13)。

(3) 项目管理部为确保装修材料的质量和品质符合业主方投资需求，全面推进并实施了装修材料选型确认流程。在装修开工前，组织业主、设计、投资监理、施工监理、施工方共同前往墙地砖、卫生洁具等供应商处进行实地考察，并将设计师和施工方提供的主要材料样品放置样品间进行比选，充分体现了管理促效(图 6-14)。

图 6-13　超市设计

图 6-14　卫生间设计

3. 机电设计管理

(1) 第一八佰伴现有机电系统在二十多年里经过了几次更新改造，施工图纸不齐全。本次改造需实现业主方对机电系统功能全面提升的要求，项目管理部先后多次听取业主物业部对机电系统运行情况的介绍，了解存在的功能不足等情况，组织机电工程师对第一八佰伴现有的强电、弱电、空调、给排水、消防系统进行全面排摸，确定了机电系统改造的范围和主要内容。对现场进行了 3 个多月的排摸，由机电工程设计师汇总了各系统的功能需求，全面进行了设计，并向业主作了专题汇报，听取物业部门意见后不断做修改、定稿。机电设计基本能根据现状及设计经验，对给排水、强弱电、暖通专业进行规范性设计，管道设计走向基本合理，满足了商场的使用功能和节能规范要求(图 6-15、图 6-16)。

(2) 项目管理部还承担新增餐饮环保评价和环保验收的设计组织工作和现场

排摸工作。先后组织机电设计和新增餐饮小业主以及环保评估单位共同商讨、确定补充环评技术数据的收集、汇总。并到现场勘察现有隔油池情况。组织参与环保验收。第一八佰伴新增餐饮能通过环保验收,合法、合规开业,也体现了项目管理咨询价值的最大化。

图 6-15　改造前机电系统现状

图 6-16　改造后机电系统现状

（3）为满足业主室内二楼小弯壁露台处搭建物业办公用房以及一层大弯壁处扩建商业房需求，项目管理部积极推动现有结构强度检测工作，协调并确定了上海房屋检测单位对结构柱梁进行了检测并提供了检测报告，为搭建建筑的结构设计提供了可靠依据。

4. 设计协调工作

项目管理部参加每周的设计周例会，并及时协调业主功能定位确定、设计变更出图的时间、内容，及时将设计变更下发施工单位并落实施工。

项目管理部重点做好各参建设计单位与施工方协调工作。在第一八佰伴装修过程中，出现的设计矛盾有：灯具供应商提供的灯具照度与设计要求有差距、弱电工程的监控设备型号与业主需求有差距等，项目管理部急工期所急，想业主利益所想，主动征求业主意见，组织召开专题会，将矛盾双方通过友好协商，在合规合法前提下，妥善解决争端，达成共识后形成书面意见并会签备查。项目的顺利完工，也体现出项目管理协调工作做得及时，做得到位（图 6-17）。

图 6-17 设计协调工作会

5. 设计服务工作

项目管理部积极响应业主提出的做好小业主进场装修设计、施工协调工作。推动室内设计和机电设计单位强化设计服务意识。小业主装修期间，室内装修设计单位和机电设计单位每天派驻现场专业设计代表进行设计协调，为小业主装修提供设计咨询服务。及时对不合理的设计项目实施修正，为实现按期交付使用的总工期目标起到了良好的助推作用。

6.7 采购管理

6.7.1 采购原则

1. 质量保证原则

根据投标文件、设计文件和总承包合同的技术要求制定合理的采购方案，采购设备采用有成功运行先例的成熟产品，并保证所采购的设备和材料技术先进、安全可靠、满足今后长期的功能要求。

2. 进度保证原则

采购的货物必须按期到货，保证与工程项目相关各方面的进度要求一致，不因货物供应进度产生问题而影响工程总进度使项目拖期。

3. 安全保证原则

采购的货物必须安全，在运输、安装、调试和使用过程中，要保证人身和财产的绝对安全。

4. 经济原则

在保证货物质量的前提下，货物遵守低成本、低价格、使用时低消耗的原则，每种货物的购置费用，原则上不超过计划安排的投资额。

6.7.2 工作范围

大型商场改造工程的采购工作范围是从采购部门收到第一批请购文件开始，经采买、催交、检验，直到工程项目最后一批采购的设备运到现场，进行开箱检验完成入库手续以及售后服务的全部工作。

6.7.3 工作程序

依据施工总体进度计划，为了保证第一标段、第二标段工程节点如期完成，项目部编制了设备采购计划，设定最晚进场时间，该设备进场计划需通过业主的审核。设备进场计划中包含了以下时间节点：

(1) 设备图纸确认：主要是设计部从设计角度对设备所需参数、性能进行明确。如果设备是甲供产品，则需把参数提供给业主，供业主采购设备时使用。

(2) 招投标完成：确定供应商、商务金额确定、供货合同订立、供应商开始安排生产。

(3) 最晚进场时间：为了保证施工节点，设备进场的最晚时间。

部分设备为甲方供货，则需以加工材料申请单形式书面通知业主设备进场时间，确保因为业主采购设备的原因影响施工工期。

1. 市场调查

根据需要采购设备的清单、设计部提供的设备设计参数、设备技术要求，在公司合格供应商名单内开展调查，收集市场信息、记录、整理、分析市场情况，了解市场的现况及其发展趋势，从而为市场预测提供客观、正确的资料。因施工工期非常紧，在选择市场调查对象时，选择长期合作、信誉度高、执行合同能力强的供应商进行重点调查。通过调查，最终确认其产品性能能够满足设计需求、其供货能力能够满足施工进度要求的供应商名单。其产品的品牌、规格、技术参数还需要获得业主的认可。

2. 设备询价招标

通过公司材料科进行设备招投标比价流程，编制询价报告，确定供货商。

3. 合同确定

与中标的供应商进行供货合同的签订，合同中明确产品规格、数量、金额、付款条件、交货日期、交货方式、售后服务、违约条款。针对此项目工期紧的特点，合同签订日期需按照材料采购计划中的时间点之前完成。

因为公司关于材料合同的订立有专门的流程，在确定供应商到合同真正签订完成需要较长时间，对一般的项目来说这不影响工程的正常开展，但对于工期如此紧的改造项目来说，这将会对工期节点的完成带来重大的困难。所以，在各级领导的支持下，按照特事特办的原则，在不违反法律法规的前提下，从分公司到总公司相关部门开辟了绿色通道，对本工程的合同签订重点关注，保证每个流程的办理时间减少到最少。同时与供应商协调，确定意向之后立即安排设备材料的生产，最终使得设备材料及时供应现场施工，使得节点能够如期完成。

4. 设备到场验货

当设备进场时，需通知业主、监理等相关单位共同验收。检查设备装箱清单、产品合格证、质保书、说明书等技术文件是否齐全。在完成开箱验证之后，需填写《设备开箱检查记录表》由交接双方共同签证确认。随机技术文件由项目部资料员办理登记，由施工员保管使用，竣工交付后归入资料移交给物业。

6.8 技术管理

6.8.1 工作内容

由于不停业改造施工的技术方案牵涉到各个专业，为了协调好各个专业的技术矛盾，并达成共识、交叉配合，第一八佰伴项目制定并落实了施工组织设计管理制度、图纸会审制度及技术文件管理制度。

1. 施工组织设计管理制度

第一八佰伴项目部编制完成的施工组织设计（施工大纲）、施工方案，工程项目部项目工程师、安全工程师、项目经理进行审批，审批同意并签署审批意见、签名和日期后报工程公司/分公司/总承包部技术质量科。

工程公司/分公司/总承包部技术质量、工程、安全、经营和总工程师及时对方案进行审批，并签署审批意见、签名和日期，并根据审批权限的要求及时上报上海建工二建集团技术质量部备案、审批。

上海建工二建集团技术质量部收到上报施工组织设计（施工大纲）、施工方案后，及时发放至各审批部门进行审批。相关部门和人员审批完成后，由技术质量部报上海建工二建集团总工程师（总工程师办公室）审定，并确定审核处理意见（表 6-2）。

表 6-2 施工方案目录

序号	方案名称	序号	方案名称
1	施工总组织设计（施工大纲）	14	室内装饰工程施工组织设计
2	大临专项施工方案	15	拆除专项方案
3	用水方案	16	消防设备工程施工专项方案
4	用电方案	17	人货梯施工方案
5	不停业施工消防安全专项方案	18	消控中心施工方案
6	质保计划	19	质量通病防治方案
7	安保计划	20	防渗漏方案
8	特殊季节施工专项方案	21	安全施工方案
9	机电安装工程施工组织设计	22	室内满堂脚手架施工方案
10	外立面工程施工组织设计	23	塔楼红顶满堂脚手架
11	脚手架施工专项方案	24	防护通道方案
12	吊篮施工专项方案	25	垂直运输方案
13	室外总体专项方案		

2. 分包工程施工方案的审批

对于签订施工合同的分包工程，由分包商提供经本单位技术负责人审批通过后的施工组织设计，工程项目部审批通过后按审批程序进行报审；

对于业主指定并纳入我方管理，与我公司未签订管理合同和施工合同，但在我公司与发包方签订的承包合同中有相关管理要求的分包工程，则由分包商提供经本单位技术负责人审批通过后的施工组织设计，工程项目部审批通过后上报备案。

对于业主指定并纳入我方管理、与我公司未签订管理合同和施工合同且在我公司与发包方签订的承包合同中没有相关管理要求的分包工程，则由分包商提供经本单位技术负责人审批通过后的施工组织设计，工程项目部备案(图6-18)。

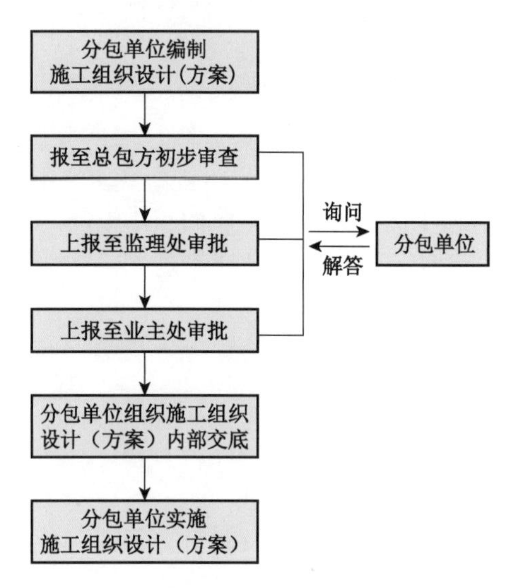

图 6-18　方案审批流程体系

3. 需专家论证施工方案的管理

在第一八佰伴项目中，盘扣式脚手架采用落地式脚手架，落地式最大搭设高度为50.2 m，需要进行专家论证。施工方案应由工程公司/分公司/总承包部、上海建工二建集团总工程师的审批通过后送相关评审机构。

通过专家评审后，项目部对专家评审意见进行回复，并根据专家评审意见进行方案修改，将修改后的方案以及专家评审意见和回复意见作为附件按审批程序报审。

4. 图纸与变更协调、综合

第一八佰伴项目制定了综合协调图纸的编制：建立图纸会审制度，分项工程开始施工前，机电、装饰、外立面进行图纸审核，着重注意各项专业间交叉配合，互通设计细节，核对空间尺寸，研究交叉配合中的相关问题，管道井、卫生间的管道及附件尺寸与位置，吊顶内管道、设备的尺寸及标高需重点复核。在施工前，将水、电、设备安装等工程的图纸进行迭合，从中发现各专业设计中的矛盾，予以解决，并编制施工详图、配置图、翻样图、设备综合图纸以及建筑设备协调图纸。在施工过程中下发的涉及专业的变更，应及时通知相关专业的工程师，同时在建筑设备图纸上做出相应的变更和调整。

同时总包项目部进行了竣工图及有关文件的编制：在本工程竣工初验日，总包按国家关于竣工图绘制要求和规定，向业主提交本工程总包工程和制定分包工程/独立专项承包工程全套完整的竣工底图，供业主审阅签署，经业主方批准后，总包单位向业主方提供经批准的全部底图、四套有批准人签署的蓝图、记录有全部竣工资料的电脑光盘、两套设备操作、维修守则及报告。

5. 技术文件管理制度

第一八佰伴项目规定了技术文件的管理控制，确保技术文件及时归档和妥善保管，以及使用的准确性、有效性(图 6-19)。

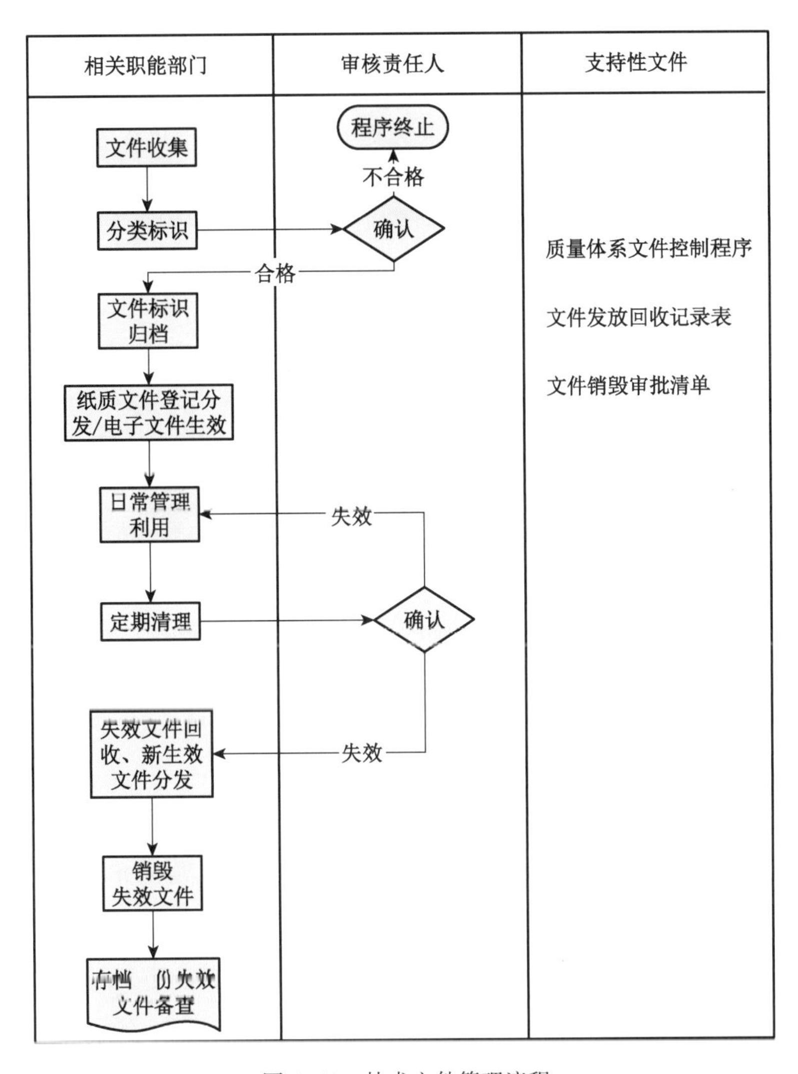

图 6-19　技术文件管理流程

6.8.2　工作方法

(1) 根据EPC总承包方技术管理的要求,发挥计划、组织、指挥协调和控制功能,积极贯彻合同文件规定的技术政策和法规。建立良好的项目技术管理秩序,使项目管理过程能符合技术规范、规程,科学、有效地组织各项技术工作的顺利开展。

(2) 当接到施工图纸后,EPC总承包方应及时组织有关人员熟悉图纸,并将图纸中存在的问题汇总整理,在图纸会审前提交设计单位。使得这些问题在各工序施工前将图纸上存在的问题及时解决。

(3) 在图纸会审后,由EPC总承包方编制详细的施工组织设计,并经公司总工程师审批后送交设计和监理审核批准,根据批准的施工组织设计再按各单项、工程各阶段编制分阶段施工组织设计,经EPC总承包方项目部主任工程师批准后再分送业主和监理。

(4) 对经业主和监理批准的施工组织设计,EPC 总承包方由项目经理及项目主任工程师组织有关人员认真学习并严格执行,随时接受业主、监理的监督检查。

(5) 对轴线、标高等施工现场的关键工序进行复核,负责各分包单位技术方面的协调,在不同施工阶段协调各分包单位调整场布,满足施工的需要。对于施工中发生的一般技术问题及时解决,如有重大技术问题,则组织有关方面共同参与解决。

(6) 及时做好 EPC 总承包方的各项技术资料汇总工作,定期归档,并定期对各分包单位的技术资料进行检查,发现问题及时落实解决。

(7) EPC 总承包方根据施工的实际情况,设置相适应的计量管理机构,要求各分包单位配备专职计量管理人员,开展计量工作。EPC 总承包方定期对各分包单位的计量工作进行检查,监督各分包单位做好计量器具的送检工作,确保工程质量。

6.9 人员管理

6.9.1 施工交底

项目施工质量的好坏,除了取决于施工劳务人员本身的技能水平,很大程度上与管理人员的技术交底、现场监督紧密相关(图 6-20)。

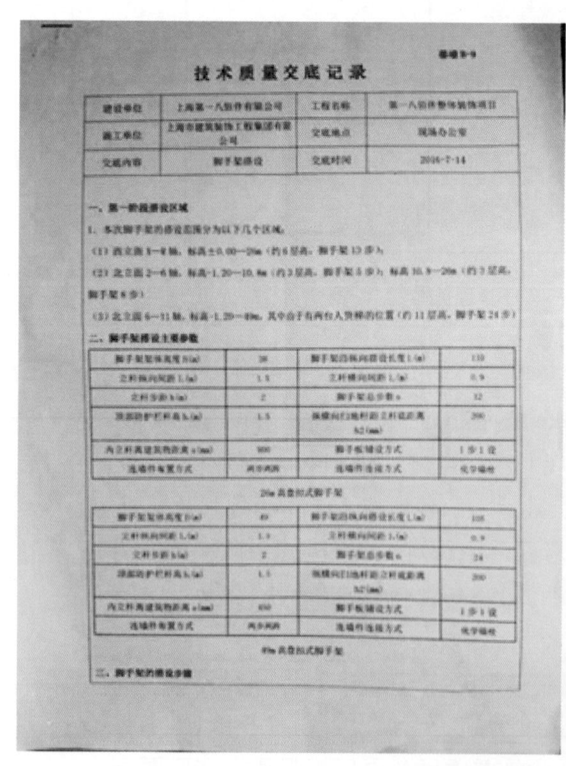

技术质量交底记录

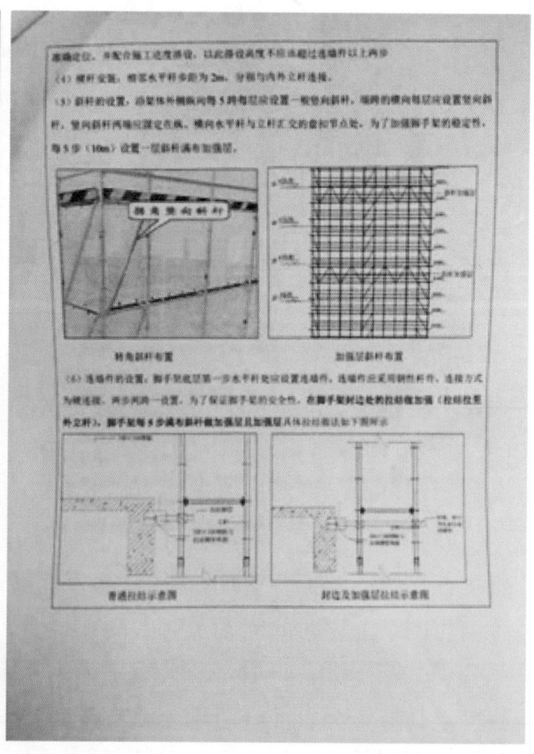

图 6-20 施工交底

强化安全教育与培训，从思想意识上树立安全文明施工观念(图 6-21、图 6-22)。

6.9.2 施工人员考勤制度

为合理把控现场施工劳动力，各施工班组均实行指纹考勤，上午和下午各进行一次上下班打卡(图 6-23、图 6-24)。

项目部上下班时间同步现场施工。日班早上 6:00 至晚上 19:00；夜班晚上 18:00至早上 7:00；晚上 18:00—19:00 为项目部每日例会时间，总结当日安全、质量、进度条线发生及可能发生的问题，制定相应措施，并对明天的工作进行安排和部署。

图 6-21 现场进场交底图

图 6-22 施工人员安全教育

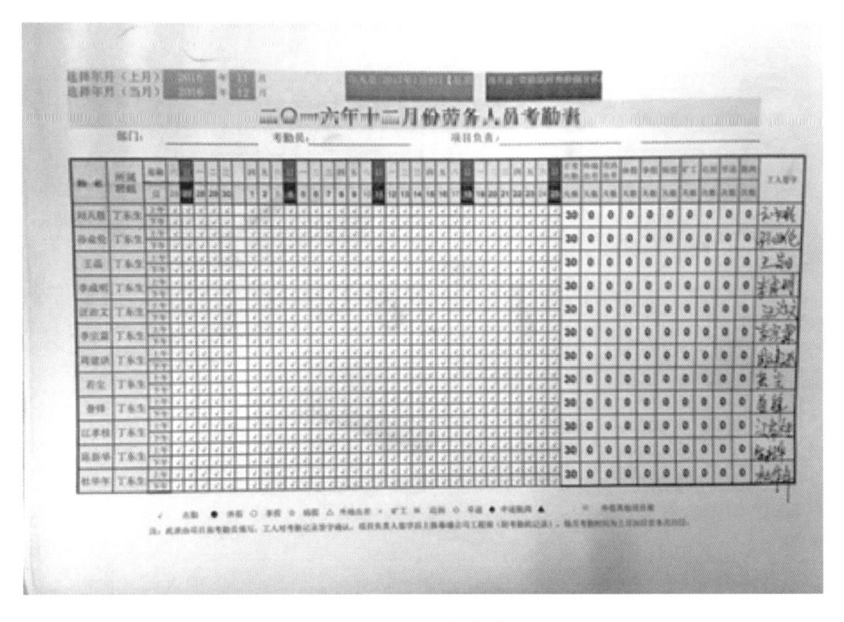

二〇一六年十二月份劳务人员考勤表

部门：　　考勤员：　　项目负责：

图 6-23 考勤表

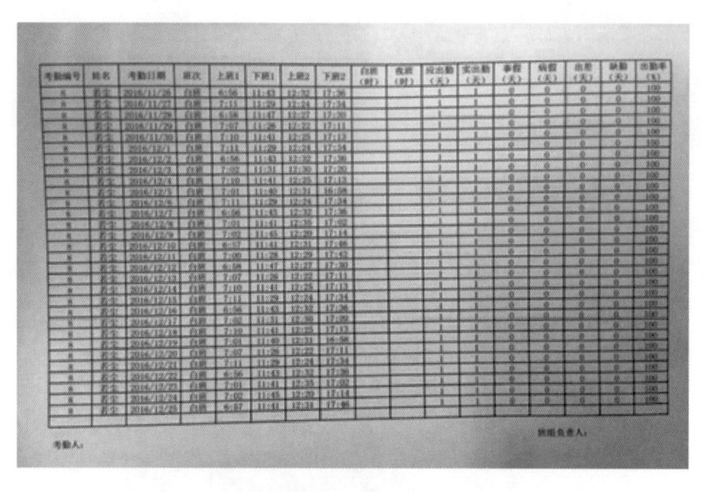

图 6-24　打卡记录

6.9.3　施工人员食宿生活

（1）工人住宿点设在 4 km 外的总包生活基地，项目部每天联系公交公司提供班车接送上下班。

（2）在九层原始员工食堂划分一个独立区域作为施工人员食堂，提供午饭、晚饭，解决工人就餐卫生问题，并规定饮食时间，确保不会对第一八佰伴员工的餐饮造成影响（图 6-25）。

图 6-25　九层食堂照片　　图 6-26　施工人员防暑降温休息室

（3）原楼层有厕所的保留一个原始厕所，无厕所的楼层配备临时厕所，方便施工人员在施工过程中使用。

（4）每层保留原茶水间，供施工人员使用。

（5）设有施工人员防暑降温休息室（图 6-26）。

6.10　材料管理

6.10.1　工作方法

对于一般的不停业改造项目而言，装饰材料要求较高，同时堆放材料的施工场地狭小。为了便于对材料的管理，第一八佰伴项目实行了材料责任分工制度及三级仓储管理体系。

1. 建立责任分工制度

成立现场材料管理小组，材料负责人担任组长，建立现场材料管理责任区制度，根据施工技术部、材料管理部、加工厂具体的工作将整个施工现场划分为若干责任区，实行挂牌制，使各自分管的责任区达到材料管理的各项要求。

2. 建立三级仓储管理体系

一级仓储：工厂仓储，主要功能为对工厂生产完成的产品进行整理、归类、打包，等待装饰部下达的发货指令（对象各材料加工厂家仓储区）。

二级仓储：现场临时堆场，主要功能为产品送至现场后进行合理有序的临时堆放，等待垂直运输，同时进行产品出库、入库统计（对象现场一层室外或地下一层设置材料中转清点仓库）。

三级仓储：垂直运输转运层临时堆场，主要功能为产品在垂直运输阶段进行平面转运时的临时堆放点（对象各楼层临时堆放区）。

6.10.2 具体实施

（1）由于施工班组较多，为了便于材料管理，所有需项目部购买的基层材料在采购前，需填写材料申购单，并由施工班组、对应施工员以及生产经理签字确认后方可下单采购。

（2）到场材料由施工员和施工班组长一同收货确认，对于不合格的材料拒绝签收。

（3）材料到场后统一堆放到指定区域，禁止随处乱放，造成材料损坏或者丢失。

6.11 安全文明管理

6.11.1 工作方法

对于地处繁华商业区、周边的人流车流较大的不停业改造项目来说，保证整个商场良好的卫生、安全、文明以及视觉效果尤为重要，第一八佰伴项目采取施工区域全封闭，同时成立了安全文明小组、建立分包管理控制体系，并落实危险源控制措施，旨在为施工人员和周围商场提供良好的环境。

1. 成立安全文明小组

成立现场文明施工管理小组，项目经理担任组长，建立现场文明施工责任区制度，根据文明施工管理员、材料负责人、各组长具体的工作将整个施工现场划分为若干个责任区，实行挂牌制，使各自分管的责任区达到文明施工的各项要求，定期进行项目检查，发现问题，立即整改，使施工现场保持整洁，确保达到安全文明工地标准（图6-27）。

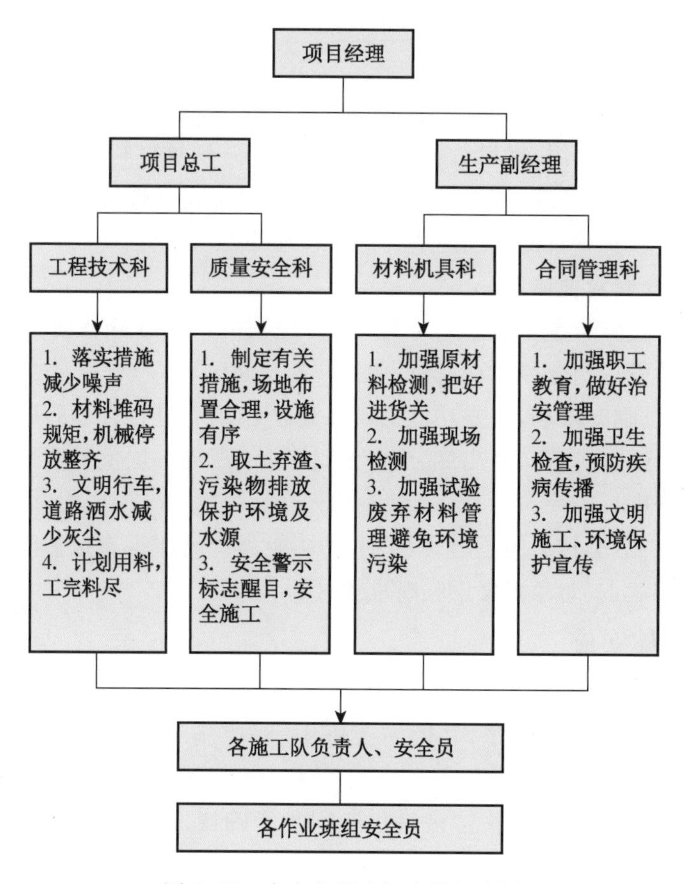

图 6-27 安全文明小组人员组成图

2. 建立分包管理控制体系

1）控制项目

(1) 现场材料堆放。

(2) 现场文明施工。

(3) 现场施工废料堆放。

(4) 现场临时设施检查。

(5) 施工人员登记管理制度。

(6) 施工人员凭卡进入施工现场。

2）控制方法

(1) 各组员(长)每周一巡查现场,对现场的施工安全文明施工进行检查登记。

(2) 组长每天收集安全保卫问题并汇总,分析原因并当天给予整改决定,周例会上进行通报,组织检查整改结果(图 6-28)。

3）落实危险源控制措施

对于不停业改造施工而言,在临时用电、油漆施工、气焊气割、临边洞口施工、脚手架高空作业方面可能导致事故,第一八佰伴项目着重控制这几方面的危险源,并采取措施、加强落实(表6-3)。

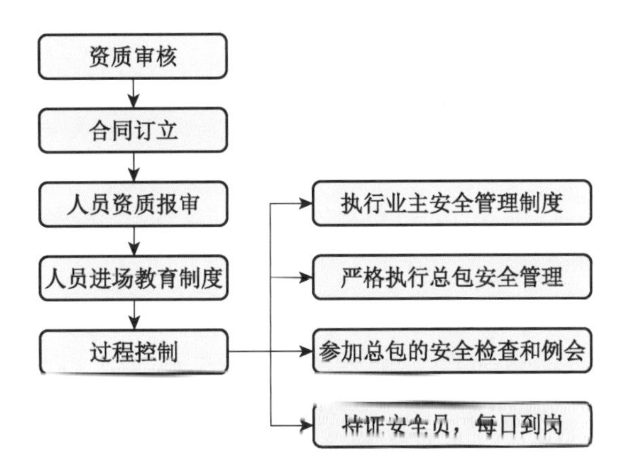

图6-28 分包管理控制流程

表6-3 危险源控制措施

施工作业及环境	可能导致的事故	控制措施
临时用电	触电	(1) 作绝缘保护措施,并悬挂醒目的警告标志; (2) 防护措施无法实现,采取停电迁移外线电路,未采取措施的,严禁施工; (3) 采用TN-S接零保护系统、执行三级配电系统、两级漏电保护系统、在配电系统的中间处和末端处做重复接地、每次重复接地电阻值不应大于10 Ω、经验收合格方可实施
油漆防水,防腐施工	火灾和爆炸	(1) 油漆毡稀释剂,汽油,松香水等易燃易爆调配油漆涂料,应有人在旁监护,作业地点设置消防器材,作业时严禁吸烟; (2) 沾染油漆或稀释剂等细纱,破布等,应集中存放在规定金属箱内; (3) 树脂类防腐蚀材料施工要避开高温,远离明火。发生火灾用灭火器扑灭
气焊、气割施工	火灾和爆炸	(1) 当使用乙炔瓶时,必须安装经检验合格的乙炔减压器和回火阀后,才能使用; (2) 严禁氧气瓶接口与矿物油、油脂接触和严禁氧气瓶因暴晒受热增压爆炸,必须采取保护措施
临边洞口施工	高处坠落	施工现场各式各样的洞口必须设置防护措施,电梯口必须设置防护栏杆和固定栅门,洞口处应悬挂安全警示牌
脚手架 高空作业	高处坠落	(1) 严格按照方案要求搭设; (2) 未经验收不得使用; (3) 严禁超载或集中堆载; (4) 建立巡检制度; (5) 禁止无特种作业资格证书的人员上岗,上岗作业前必须佩戴个人防护用品(带好系好安全帽、穿软底鞋、系好安全带、作业时高挂低用扣牢)

6.11.2 具体实施

(1) 进场施工人员必须在18～55周岁之间,进场全部做好三级教育、进场教育以及安全交底、实名制登记、个人劳务合同。现场每周召开安全会议,时刻给工人敲响安全警钟(图6-29)。

图6-29 现场安全会议

(2) 施工人员必须穿戴统一的安全帽和反光背心,并配套护目镜、手套、耳塞、口罩。

(3) 各散装垃圾应分袋密封,避免运输中散落而影响环境。

(4) 当清理建筑垃圾或废料时,采用洒水措施。

(5) 前期保留原有新风管道,保证室内空气流通。

(6) 现场照明前期采用原商场拆除LED灯带,施工后期配备移动LED光源作为现场施工照明。

(7) 动火证坚持一天一开的原则,并对动火作业人员持证情况进行核查。动火作业区域消防器材到位,监护人员监护位置合理,现场不设置危险品仓库,氧气乙炔当天进当天出。

(8) 2 m以上的作业面使用带楼梯的盘扣式移动脚手架,作业人员必须戴好安全帽;2 m以下使用木质扶梯。

(9) 拆除阶段需要气割作业时,由项目部集中调配5～10个电焊工在夜间非营业时间施工,氧气乙炔钢瓶使用后全部搬离,现场不设危险品仓库。

(10) 施工现场全面禁烟,发现吸烟者一次罚款500元。

6.12 风险管理

对于商场不停业改造的项目有时会遇到突发情况,这就需要一套完整的应急预案。为了能够及时发现安全问题或消防隐患,第一八佰伴项目成立了应急预案组织机构、建立了应急预案管理体系作为安全保障。

6.12.1 成立应急预案组织机构

(1) 领导小组:由项目管理人员组成。

(2) 工作小组:当预案起动时,工作小组在领导小组的领导下,按各自的分工及时到位开展工作并完成任务。

(3) 联络组:负责及时收集、分析、掌握确切情况,拟订宣传、教育、化解工作方案,提供领导小组决策;协助领导及时协调各方工作。

(4) 后勤调度组:负责沟通与各事发地(单位或项目部)的通讯联络。及时调集交通工具、机械设备、物资、资金、保障抢险救灾、医疗救护、后勤供给、善后工作。

(5) 疏导化解组:负责进行深入细致的调查研究,了解工作对象的思想动态,有针对性地开展宣传、教育、说服、疏导工作、化解矛盾,做好善后工作。

(6) 调查保卫组:以综合治理、保卫为主,负责组织保卫、警卫等及时开展调查取证、搜集情报信息,注意闹事策划者及骨干分子的行踪、动向及事态的发展趋势,控制现场外围秩序。

(7) 事故处理组:组织抢险救灾、事故调查、事故处理、善后工作。

(8) 抢险突击队:负责实施抢险救灾和维持现场秩序。

6.12.2 建立应急预案管理体系

1. 预警系统

(1) 建立联络。项目开工前,项目经理部应召开协调会议,邀请项目所在地的环保、环卫、管线(水、电、煤气)、电信、交警、消防、质监、市容监察、绿化园林、街道、派出所等机构出席会议,通过协调会议的形式,与各政府主管部门建立联络渠道,以便在紧急情况下能够及时向有关部门通报。

(2) 建立项目监控信息中心:通过在工地和生活区设置摄像头,派遣专门管理人员24 h对工地实施全方位监控,一旦发现安全及文明问题或消防隐患,通过网络连接现场的广播通知现场安全员,及时进行改正。

2. 实施系统

(1) 当项目经理部发生突发事故时,应根据事故类型并采取相应的应急措施,如发生人员伤害,及时采取救治措施并迅速送往附近的相关医院,同时上报公司办公室。

(2) 项目部接到上报信息后,须立即向处置突发事件领导小组组长汇报。由组长决定是否启动突发事件(事故)工作预案(组长不再由副组长决定)。

(3) 启动预案,由领导小组组长通过口头或电话发布命令,由专人立即通知预防和处置突发事件领导小组和工作小组成员,并迅速到现场指定地点集合。

(4) 工作小组成员在接到通知后,根据事件(事故)的性质、大小,按分工的职责分头行动,并组成工作网络,形成整体,迅速开展工作,如调集人员、准备相关物资,等等。

(5) 在预案启动实施过程中,做到统一指挥,协调行动。与事发单位、项目保持沟通,动态掌握、了解事发情况和发展趋向、处置和防范措施落实情况,提供信息使领导小组做出正确决策。领导小组根据实际情况，对事态发展趋势做出预测，拟定下一步行动方案，指挥各职能有序开展各项工作。

(6) 突发事件(事故)处置完毕，要开展深入细致的调研，总结经验，吸取教训，举一反三，积极落实防范措施，并写出专题报告报公司主管部门或公安机关。

3. 后处理系统

(1) 针对紧急情况的严重程度及影响采取不同的善后处理和总结。

(2) 总承包部项目经理召开专题会对紧急情况的产生原因性质进行调查分析，为后序施工过程中避免出现类似的情况，积累经验，做好相关的预防措施。

(3) 在明确紧急情况产生的原因及性质后，总承包项目部以书面形式向上级有关部门及业主递交一份关于该事件的情况说明和对造成该紧急情况的相关责任的处理报告。

(4) 若紧急情况造成周边居民生活，总承包项目部将派专职对外协调负责人与该小区居委会联系，对受到影响的小区居民进行上门慰问和相关补贴，尽量做到施工不扰民。

(5) 若紧急情况造成人员伤亡，总承包项目部会按照国家法律法规《建筑法》的规定照章办事，并对伤亡家属做好适当的安抚和抚恤工作，确保今后工程施工的正常进行。

(6) 若紧急情况造成的社会危害较大，事故责任较大，将公开向周边居民和有关单位书面道歉，并作出相应处理，对有关责任人追究刑事责任(图 6-30)。

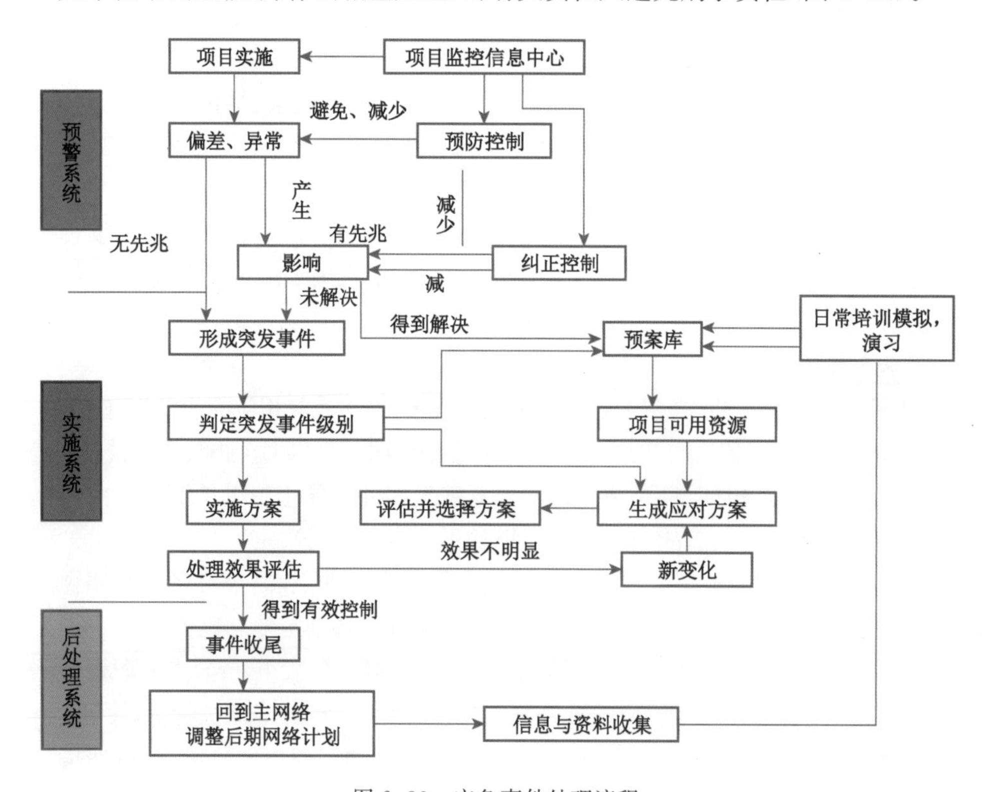

图 6-30 应急事件处理流程

6.12.3 建立信息化管理体系

1. 风险控制系统

为了能更好地让领导层知悉不停业改造施工中的进度及风险情况，并且对项目发布通报及指示，第一八佰伴项目采用了一套风险控制体系来搭建领导层和项目之间的沟通桥梁。

本软件是针对建筑行业量身打造的一套项目动态实时汇报系统，针对项目上的突发状况，风险提示以及项目进度可以第一时间更新发布，以便于各级领导可以在任何地方随时随地获知。

软件采用PC端结合移动端的方式进行开发，工程项目人员可以通过PC端上传发布项目最新动态及重要通报，公司领导层通过手机实时查看各项目最新动态，达到对项目的实时掌控。

2. 改造专用监控设备

对于商场不停业改造的项目有时会遇到突发情况，这就需要一套完整的预警系统。为了能够及时发现安全问题或消防隐患，第一八佰伴项目应用了改造专用的监控设备。

改造专用监控设备利用新型物联网和云计算技术，将建筑施工现场的实际状态，经采集和汇集处理，以可视化的形式在统一的数据共享协作平台上进行实时展现，为项目部、各级承包商及监管部门提供对进度、安全质量、劳务、环境等方面关键信息的即时感知能力、及时决策能力和有效沟通能力，进而帮助工程项目识别安全风险，控制实施成本，保质保量按时交付，实现精益建造、绿色建造和生态建造的“智慧建造”理念。

通过在工地和生活区设置摄像头，把所拍摄到的影像记录到移动式的监控视频指挥中心，派遣专门管理人员24 h对工地实施全方位监控，一旦发现安全及文明问题或消防隐患，通过网络连接现场的广播通知现场安全员，及时进行改正。

6.13 质量管理

6.13.1 管理方法

(1) EPC总承包方总工程师全面负责工程建设质量管理，工程管理部负责具体工作的落实。

(2) 抓好设计管理工作，保证设计进度和质量。

(3) 抓好招标管理工作，选择有资质、有能力、设计及施工方案合理、有类似工程经验的设计及施工承包商参加本工程建设，确保本工程质量。

(4) EPC总承包方委托并督促设计监理、施工监理按建委文件和合同要求履行自己的职责，要求他们对设计和施工质量全面负责。

(5) 委托上海市对口质监站对本工程设计、施工全过程进行监督、检查。

(6) EPC总承包方督促承担工程和设备采购单位建立健全质量保证体系，落实人员，建立制度，明确目标。

（7）对工程中所用设备、材料按合同要求，认真验收，详细核对产品数量、产品质量证书、出厂合格证明书、检测报告等，不合格的材料、设备不得用于工程中。

（8）EPC 总承包方定期组织质量大检查，克服施工中的常见病、通病。

（9）一旦发生事故，EPC 总承包方将及时上报业主，并及时采取补救措施。

（10）制定三检制度及工序报验管理体系：

① 项目部对工程工序施工质量实行班组初检、技术主管复检和专职质检工程师终检的“三检”制度。班组长对工序施工过程进行监督控制，每周收集质量问题并汇总，分析原因并于周例会上讨论解决问题的方法、制定整改方案、规定整改日期。技术主管对工序质量检查合格后，及时填写检验质量验收记录，报专职质检工程师验收。

② 工序施工质量应按图纸、技术交底要求、验收规范、质量要求进行检查。对不符合质量要求的，班组应及时返修或返工。专业质检人员对返修、返工后的工序质量重新检查评定，符合要求后方可报监理验收。

③ 工序交接的班组，上道工序班组应为下道工序施工提供方便、有利的条件，下道工序班组对上道工序施工结果应予以保护。上、下道工序施工有交叉作业或互有影响时，由施工员做好班组作业协调和安排工作。

④ 下道工序将上道工序施工结果隐蔽的，项目部需提前 24 小时通知监理工程师。项目部专职质检工程师对隐蔽工程检查合格后，通知监理请有关单位进行隐蔽工程验收，并填写“隐蔽工程验收记录”。监理工程师检查合格并签认后，方可进行隐蔽工程施工。

⑤ 特殊、关键部位的隐蔽工程检查，项目部技术、施工、质检等部门必须进行联合验收(图 6-31)。

（9）确保工程质量的保证措施。为确保质量目标的实现，针对所有参加工程项目施工人员，尤其是管理人员加强质量意识、质量目标的教育宣传，形成科学的网络化管理模式，并层层分解到各个施工环节及日常工作实务管理中去。

（10）建立质量控制工作小组。成立质量控制工作小组，由项目经理任组长，组员由项目主任工程师、项目副经理、工程技术、质量部门负责人员组成。

工作小组将制订创优良工程的方案预评审制度，针对本工程特点及创优的目标计划，编制单项的创优质工程实施方案，其中包括创优目标、工作计划、组织体系、管理体系和质量程序控制等一整套全过程的措施方案。在施工过程中，落实跟踪措施，检查方案的落实及质量情况及时调整、制订最优、最佳的方案，付诸实施。

制订创优工作责任制，层层分解落实到岗位、落实到人，项目部开展全过程质量监控管理工作，实施全过程的动态质量管理，施工现场各生产施工班组建立、健全质量管理小组，根据本工程的特点和各专业工种在以往创优质工程过程中的难点疑点，设置重要质量管理点，通过计划、实施、检查、总结的工作程序，以达到不断提高工作质量标准的目的，为创优良目标工程提供先决条件。

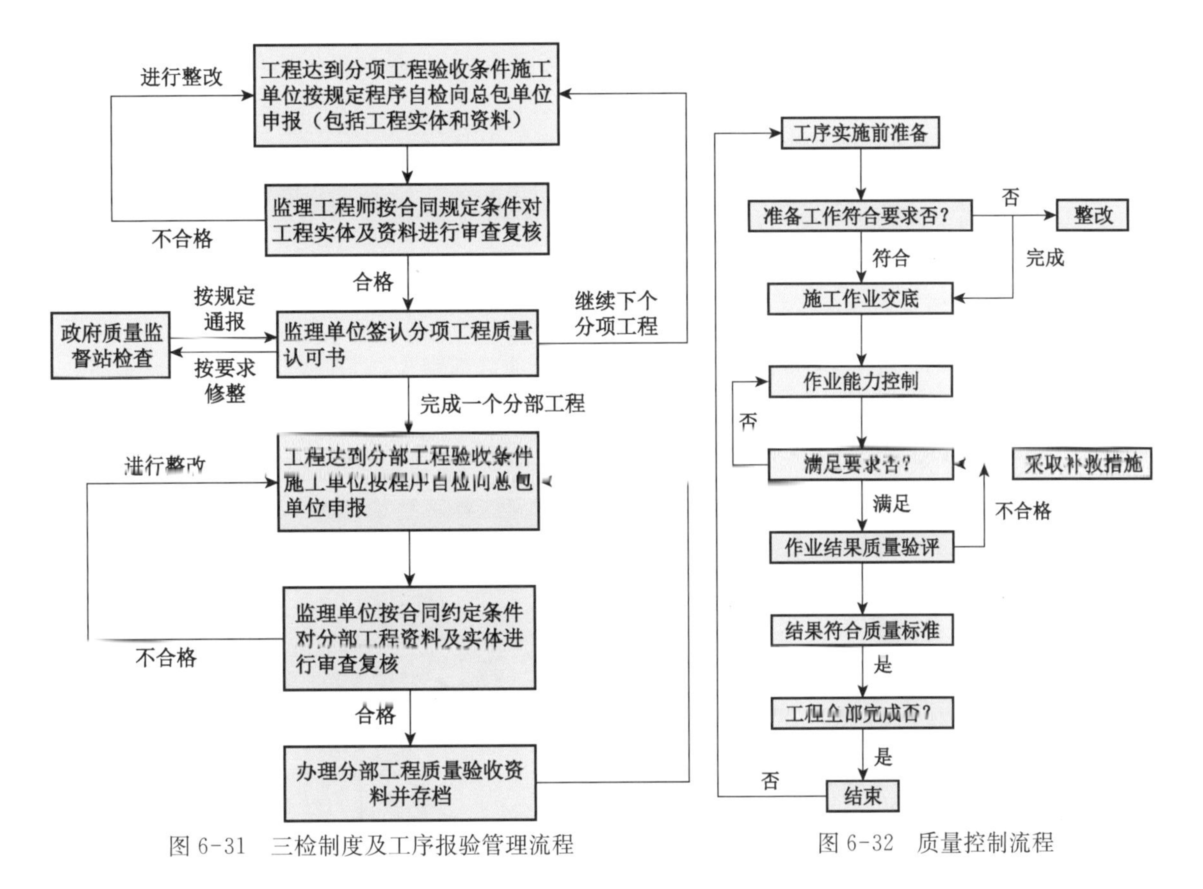

图 6-31　三检制度及工序报验管理流程　　　　图 6-32　质量控制流程

工作小组配合设计参与施工队伍及专业工种队伍的考察选择，择优劣汰，设立竞争机制，竞标进场施工，确保素质过硬、管理到位的专业队伍或班组进场施工。

形成质量例会制度，针对现场施工进度开展工作，每星期至少开一次现场例会，对当前的施工质量进行评议，提出整改和改进的措施意见，以使工程质量，向更高层次、标准努力。

工程质量是百年大计。根据招标文件规定，本工程由 EPC 总承包方负责建设，建成后由 EPC 总承包方负责运营，因此本工程的工程质量不仅关系到参建各方的切身利益，同时影响业主方的营运使用状况。

6.13.2　具体实施

（1）每项工艺的施工质量与工序的合理安排和严格控制密切相关，因此每道工序过程必须依照如下工序网络图进行控制（图 6-32）。

（2）项目管理部每天委派质量管理人员对现场各工序的施工质量进行跟踪检查、验收，如，督促外立面幕墙施工单位对部分锈蚀钢架实施整改（图 6-33）。

（3）对施工监理开出的质量整改通知单，项目管理部均及时督促施工方落实整改。

（4）积极响应业主指示，参与小业主装修隐蔽验收，对小业主装修质量问题当场提出并督促其整改到位。

（5）项目管理部组织设计、施工、监理进行竣工预验收，并下发工作联系单，将验收整改内容提出，督促施工单位逐项落实整改到位，确保施工质量符合设计和规范要求。

(6) 项目管理部积极参与浦东新区质监站的竣工验收，对质监站提出的整改意见，督促施工方逐项落实整改到位。在施工单位的努力下，按业主既定要求，一至五层于 10 月 21 日交付业主正式试营业，六至十层于 12 月 20 日交付业主正式试营业。

(7) 对于地面石材、地砖等，在铺贴完成后对施工区域进行封闭，防止无关人员踩踏造成地面空鼓。

(8) 对已铺贴完成的石材和瓷砖饰面由项目部牵头，带领楼层施工负责人一起进行质量检查，对空鼓超过标准的区域一律进行返工，不因时间紧而影响施工质量(图 6-34)。

图 6-33　质量检查

图 6-34　地面空鼓检查

(9) 每道工序施工前必须进行技术交底，确保施工质量。对于质量不符合要求的地方由项目部开质量整改单，要求施工班组落实(图 6-35)。

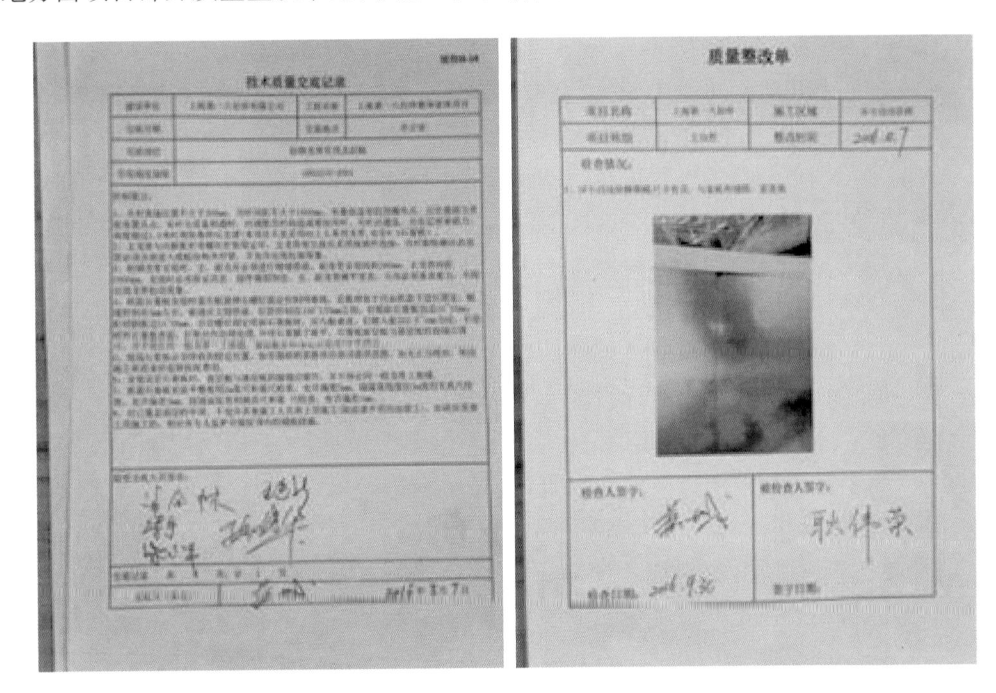

图 6-35　技术交底及质量整改单

(11) 对于与其他单位交接的隐蔽工程，做好隐蔽工程流转单，避免后续由于二次施工造成的破坏，影响整体施工质量。

6.14　成本管理

6.14.1　工作内容

(1) 成本预测：根据成本信息和施工情况，运用一定的方法，对未来的成本及其可能发展趋势做出科学的估计，其实质就是在施工以前对成本进行核算。

(2) 成本计划：对项目施工成本进行计划管理的工具，应包括开工到竣工所必须的施工成本，是目标成本的一种形式。

(3) 成本控制：在项目施工中对影响项目成本的因素加强管理，采取各种有效的措施，将施工中发生的实际成本控制在计划成本范围内，随时揭示并反馈，对差异进行分析消除现象，总结经验。

(4) 成本核算：对项目施工中所发生的各种费用和形成项目成本的核算。其一是，按照成本开支范围对费用进行归集，计算实际发生额；其二是，根据核算对象，计算项目的总成本和单位成本。

(5) 成本分析：在成本形成过程中，对成本进行对比评价和剖析总结工作。

（6）成本考核：在施工项目结束后，将成本的实际指标与计划、定额、预算进行对比和考核。

6.14.2 工作方法

（1）找出投标单价中单价利润较低甚至亏损的项目及单价利润比较高的施工项目，在施工过程中，尽量利用设计变更，增加高利润清单细目的工程数量，减少或取消亏损清单细目的工程数量，从而谋取更大的利润。

（2）在项目实施的各个阶段，技术与经济紧密配合，尤其在确定项目施工方案、设计变更、技术核定时，不仅要考虑方案、设计变更、技术核定的安全性和可操作性，还应从经济方面考虑，看能为项目带来多少利润。

（3）材料费是项目成本管理的重要环节，控制工程成本，材料成本显得尤为重要，如果忽视了材料管理，项目成本管理也就失去了意义。材料管理必须是施工的全方位、全过程管理。因此，必须强化材料的严格控制。

材料的采购量和价格应加强监控，在材料采购前，由预算员配合项目经理进行询价，上报公司同时公开厂家的联系方式，以增大监督力度，提高透明度，保证做到“货比三家”优质低价购料。

同时还要强化材料使用的现场管理，使材料的质量有保证、数量能控制。每次进料均保证至少 2 人同时在场。对工程项目进行成本分解，在签订劳务合同时将主材损耗率确定在劳务合同内，超过损耗处罚措施明确。对铝板、石材、不锈钢等在与材料商签订合同时明确按现场实际成品量计算，以保证此部分材料无损耗，并建立健全材料收货台账及出库台账。

（4）劳务分包费用从正常情况来看当然是越低越好，但过低价格往往达不到好的效果。现在劳务市场竞争十分激烈，劳务队伍水平能力也参差不齐，许多劳务队伍根本就不具备承担亏损的能力。部分劳务队伍一旦亏损，就拖欠民工工资，或与施工单位尽力纠缠，利用一切机会提高要价。在这些措施不能奏效、出现无法承受的亏损的情况下，就会消极怠工，拖延进度，甚至停止施工，逼迫项目部满足自己的要求。

出现这种情况，对项目非常不利。项目进度滞后，无法保证工程进度，对自身形象造成恶劣影响，将承受来自业主的巨大压力。

为避免出现这种情况出现，项目部尽可能采纳比较有竞争力、有信誉的、公司合格分包劳务队参与施工；不要无原则压低劳务分包单价，要对劳务分包的成本做到心里有数，避免吸纳低于成本价的劳务队伍进场施工。

劳务成本的管理：

① 在签订劳务合同时要详细明确界面、项目特征、施工内容等；

② 把过程中容易发生的签证内容尽量放入劳务合同内，如六面体放线、办证费、住宿费、移动脚手架搭拆、落手清、材料搬运等内容；

③ 如果包辅材的需明确每个分项的辅材名称与界面；

④ 对劳务队的签证内容做到周结、月结；

⑤ 对劳务队的结算工作必须做到工完账清，只有这样才可以及时明确成本。

6.15 竣工验收管理

建设项目竣工验收为建设全过程的最后一个程序，它是全面考核项目成果、检验设计和工程质量的重要手段，也是建设项目转入使用的标志。竣工验收对促进建设项目及时投产，尽早发挥投资效益，总结建设经验都有重要的作用。因此 EPC 总承包方从工程建设开始就重视抓好该项工作。

6.15.1 工作内容

（1）在施工过程中，当每个单项工程完工后，即组织相关各方对该项单项工程进行验收。

（2）在整个项目按设计内容全部建成后，并符合竣工验收条件时，组织相关各方按标段对项目实体、设备和竣工资料进行预验收，即自查。

（3）EPC 总承包方组织上海市各主管部门、环保局等有关单位对整个工程进行终验。

（4）组织整改，修补缺陷，直到环保局颁发完工证书，并向环保局移交招标文件规定的竣工资料。

6.15.2 工作方法

（1）EPC 总承包方成立竣工验收领导小组和工作小组，领导小组由政府各主管部门领导、环保局领导以及 EPC 总承包方总经理组成，工作小组由 EPC 总承包方总经理、总工程师、工程管理部、市质监部门及市其他有关部门以及设计院、监理单位、EPC 总承包方和设备采购总代理等单位组成。

（2）根据国家规定的验收标准，结合本工程的工程特点，分别制定主体室内装饰、机电安装、外立面施工等详细的竣工验收内容和验收标准，设计验收表格。

（3）竣工验收工作小组制订竣工验收总体计划、阶段计划、单项工程验收计划、整改时间表以及落实计划的措施，报环保局批准，并及时通知有关单位以便充分准备。

（4）加强工程施工全过程质量管理，抓好单项工程，尤其是隐蔽工程的验收环节，加强对每一道工序的质量控制，督促施工单位严格把关，督促承包商把质量问题消灭在施工阶段。

（5）竣工验收中一个重要内容是档案资料验收，EPC 总承包方在工程开工前就列出应收集的档案资料清单和格式，分发各单位。督促各部门各单位（包括设计、监理，尤其是施工单位）从工程一开始就重视原始资料的收集、整理工作，尤其是设备、材料和隐蔽工程的资料收集保存，使档案资料规范、标准、齐全。做到资料收集与建设进度同步，资料建档和资料收集同步。该项工作由总工程师全面负责，工程管理科和办公室具体落实。

6.16 EPC总承包模式最终效果

通过运用EPC总承包模式对上海第一八佰伴进行不停业改造，提供给业主全生命周期服务商，包括前期策划、设计、施工、运维及物业管理，达到了预期的项目建设目标，主要体现在以下几个方面：

(1) 上海第一八佰伴整体装修项目边营业、边施工期间的销售量及客流量没有明显下降。

(2) 上海第一八佰伴整体装修项目改造完成之后，销售量及客流量有显著的上升。

(3) 竣工交付使用运行期间，商场业务基本正常，系统运行基本正常。

(4) 物业向施工方所提出的维修项目均能及时得以落实。

(5) 厨房餐厅均满足使用要求。

在第一八佰伴EPC总承包项目顺利完成节点目标的背后，离不开上海建工集团和百联集团领导的大力支持，特别要感谢上海建工集团股份有限公司董事长徐征、上海建工集团股份有限公司工会主席叶卫东、上海建工二建集团有限公司董事长沈咏和百联集团的领导莅临现场，指导工作，为上海第一八佰伴EPC不停业改造项目提供了宝贵的经验，对项目的改造成功起到了至关重要的作用(图6-36、图6-37)。

图6-36 莅临检查

图6-37 指导工作

7 成 果 展 示

7.1 施工过程记录

一至五层原商铺吊顶施工		
改造前	施工中	改造后

一至五层地砖施工		
改造前	施工中	改造后

原商厦中庭施工		
改造前	施工中	改造后

一层走道部位		
改造前	施工中	改造后

（续表）

地下一层超市施工		
改造前	施工中	改造后

外立面施工		
改造前	施工中	改造后

大弯壁内部施工		
改造前	施工中	改造后

空调箱的更换		
改造前	施工中	改造后

（续表）

<table>
<tr><th colspan="2">水泵更新</th></tr>
<tr><td>改造前</td><td>改造后</td></tr>
<tr><td></td><td></td></tr>
<tr><th colspan="2">强电间重置</th></tr>
<tr><td>改造前</td><td>改造后</td></tr>
<tr><td></td><td></td></tr>
<tr><th colspan="2">空调冷凝水管</th></tr>
<tr><td>改造前</td><td>改造后</td></tr>
<tr><td>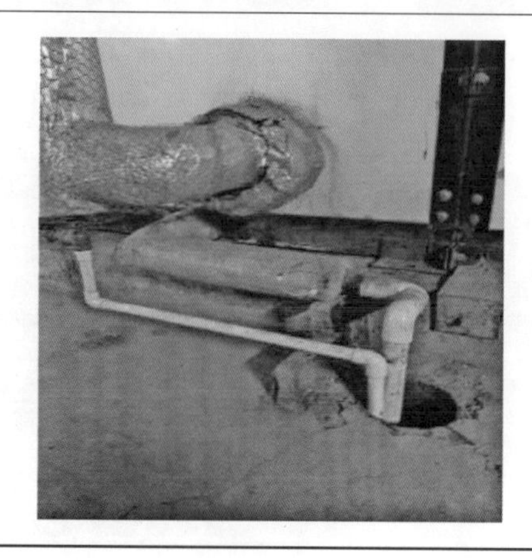</td><td></td></tr>
</table>

（续表）

安防系统	
改造前	改造后

电缆改造	
改造前	改造后

天花机电末端	
改造前	改造后

（续表）

消防监控主机	
改造前	改造后 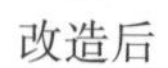

弱电间改造	
改造前	改造后

空调水管仪表	
改造前	改造后

（续表）

管道立管重装	
改造前	改造后

安防摄像头	
改造前	改造后

塔楼红顶改造	
改造前	改造后

（续表）

水景雕塑	
改造前	改造后
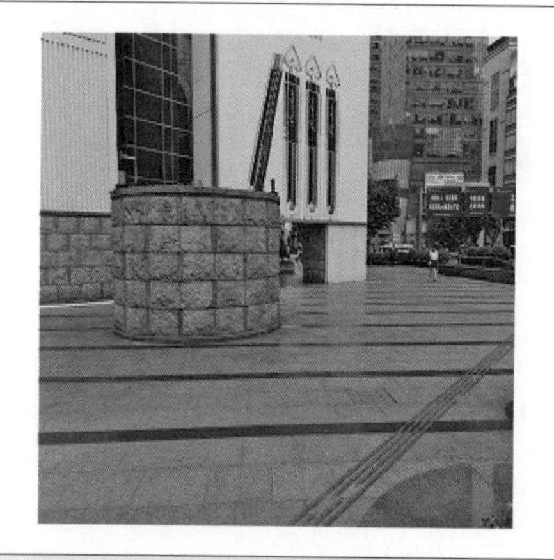	
大弯壁处采光顶棚	
改造前	改造后

广场石材	
改造前	改造后

（续表）

广场花坛	
改造前	改造后

西立面雨篷	
改造前	改造后

南立面雨篷	
改造前	改造后

7.2 施工成果展示

室内精装修		
一层的服务台	中庭	一层的公共走道

公共区域	五层的格栅顶	中庭天花

地下一层超市	五层的公共区域	儿童卫生间

（续表）

机电系统更新		
顾客卫生间	五层的造型顶	自动扶梯

机房空调箱	空调配电箱	空调风管
	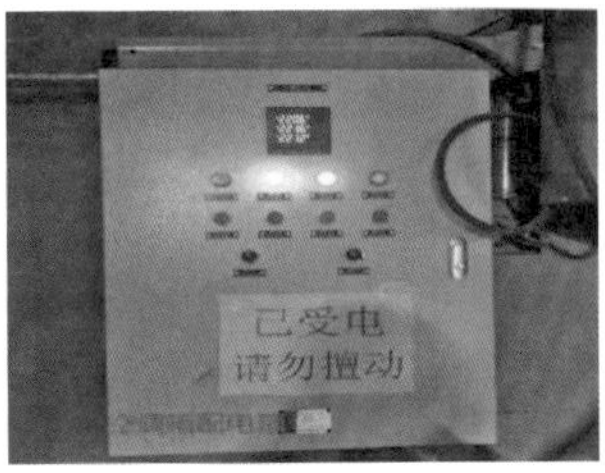	
弱电与消控中心改造		
机柜交换机	监控摄像头	消控中心
		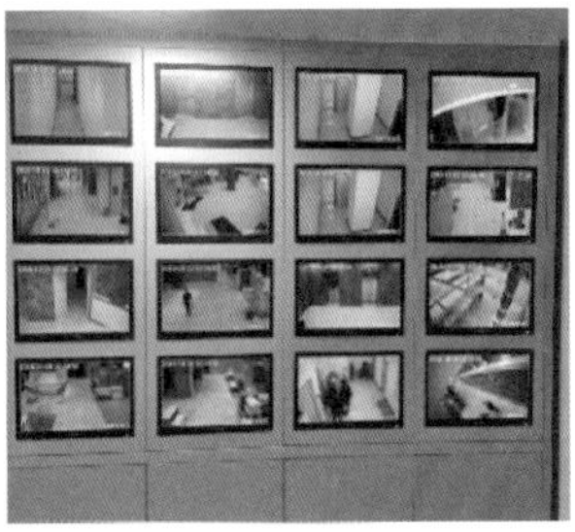

（续表）

消控设施		
广播系统主机	手动报警按钮	红外烟感器
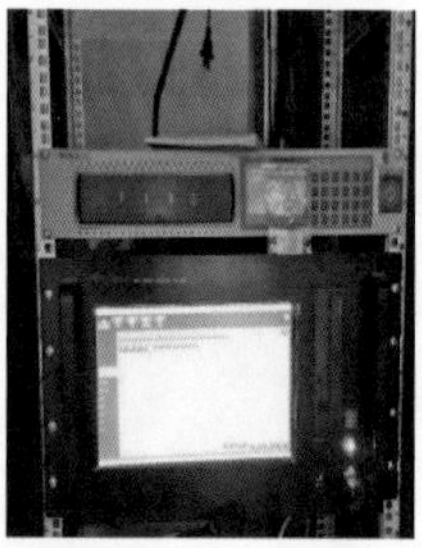		
外立面装饰效果		
改造阶段外立面效果	日晨鸟瞰	夜景鸟瞰

7.3 科研成果展示

	序号	名称	单位
专利	1	一种用于既有建筑改造施工中的现场垃圾运输技术	上海建工二建集团有限公司
	2	一种用于垃圾管道运输中的管道缓冲装置	上海建工二建集团有限公司
	3	一种用于改造工程中的建筑材料原位拆除重利用技术	上海建工二建集团有限公司
	4	移动式自动喷淋系统	上海建工二建集团有限公司
	5	一种小空间内的大型设备挪移技术	上海建工二建集团有限公司
	6	一种用于改造工程中的便携式(移动式)防尘系统	上海建工二建集团有限公司
	7	一种用于人员密集区施工的主动降噪的控制方法	上海建工二建集团有限公司
	8	一种用于项目施工中的人员安全管理系统	上海建工二建集团有限公司
	9	一种用于既有建筑改造中的脚手架内水平运输系统	上海建工二建集团有限公司

(续表)

	序号	名称	单位
专利	10	一种改造工程中冷却塔钢结构减震台座	上海安装工程集团有限公司
	11	一种不破坏屋面防水层的支架	上海安装工程集团有限公司
	12	空心吊杆内穿电线工艺	上海市建筑装饰工程集团有限公司
	13	替代副龙骨用钢结构承载构件	上海市建筑装饰工程集团有限公司
	14	材料垂直运输	上海市建筑装饰工程集团有限公司
	15	外墙面砖修复	上海市建筑装饰工程集团有限公司
课题	1	既有大型商场不停业运营时功能更新改造技术研究	上海建工二建集团有限公司
	2	大型商场不停业施工机电系统局部功能性改造关键技术研究	上海安装工程集团有限公司
工法	1	建筑排水系统不停业改造施工工法	上海安装工程集团有限公司
论文	1	大型商场不停业改造施工技术应用于研究	上海建工二建集团有限公司
	2	商业综合体改造安全控制技术研究	上海建工二建集团有限公司
	3	大型商场改造中盘扣式脚手架的运用	上海建工二建集团有限公司
	4	商业综合体改造 EPC 总承包管理模式与应用	上海建工二建集团有限公司
	待发表	建筑机电系统改造 EPC 模式的探索	上海安装工程集团有限公司

7.4 经济效益

1. EPC 总承包模式成本分析

对于上海第一八佰伴改造工程而言，由于运用到了 EPC 总承包的管理模式，因此，业主只需要进行一次招标，选择一个 EPC 总承包商，不需要对设计和施工分别招标，减少了招标费用与业主方管理和协调的工作量。这不仅使业主对整个工程减少了管理，更方便将责任明确到个人，业主只需要最后验收整个工程，不需要每个环节都亲自监督，项目责任单一，简化了合同组织关系，有利于业主管理。

在 EPC 管理模式下，工程造价得到严格控制，通过对合同的管理，把工程造价的损失值降到了最低。

2. 不停业施工模式成本分析

上海第一八佰伴的改造工程分为两个阶段进行施工，第一阶段为 2016 年 7—10 月，期间一至五层停业封闭施工，同时六至十层及地下一层、地下二层正常营业；第二阶段为 10—12 月，期间六至十层、地下一层、地下二层停业封闭施工，同时一至五层部分店面正常营业。经统计 2016 年全年营业收入 196 834.25 万元，其中，第一阶段施工，即 7—9 月底，预计营业收入 10 385.13 万元，第二阶段施工，即 10—12 月底，预计营业收入62 201.64万元。可以发现，相比于全部停业施工，不停业改造模式获得了更大的利益。

2016 年 12 月 25 日，由百联集团和上海建工集团领导召开了上海第一八佰伴焕新启幕仪式，预示着第一八佰伴的新生。12 月 31 日迎来了第一八佰伴年终活动“岁末惊喜迎新年”，当晚的营业额相较于去年活动有大幅提升，象征着第一八佰伴改造升级的成功(图 7-1、图 7-2)。

图 7-1　上海第一八佰伴焕新启幕仪式

图 7-2　上海第一八佰伴元旦活动顾客排长龙

7.5 社会效益

(1) 行业观摩

运用不停业改造施工技术的上海第一八佰伴项目吸引了众多同行前来观摩和调研，特别是有商场改造意向的业主，包括华润时代广场业主、正大广场业主等前来第一八佰伴学习经验考察情况。通过同行之间的深度交流与相互学习，第一八佰伴改造项目中成功的经验将在接下来的项目中继续沿用，不足之处则会引以为鉴，为上海乃至全国的大型改造项目提供参考(图 7-3、图 7-4)。

图 7-3 现场观摩

图 7-4 学习交流

(2) 媒体报道

“上海第一八佰伴启动有史以来最大规模的不停业改造”“第一八佰伴闭店半年后重开，沪上实体商业掀起升级改造风潮”，等等，这些标题频频出现在各大网站和报纸上，诸如《解放日报》《新民网》等，如图 7-5 所示，通过不断的技术创新和可靠的质量保证，上海第一八佰伴不停业改造工程已经成为沪上商场改造领域的楷模，随着媒体报道的进一步宣传与传播，势必会掀起一轮实体商场的改造风潮，促进城市的不断更新，为公众提供更好的社会服务。

第一八佰伴启动全面改造计划

打造具有购物中心功能的现代名品百货商厦 预计年底全面开放

[illegible]

今天是 2017年04月01日 星期六

首页 头条 突发 新民眼 时政 社会 民生 科教 健康 法谭 财经 文娱圈 运动汇

八佰伴闭店半年后重开，?沪上实体商业掀起升级改造风潮

图说：八佰伴改造后重开，主打"体验感"和"舒适感"。图来源/八佰伴

【新民晚报·新民网】不愿放弃年终大促这块"大蛋糕"，从本周开始，年中启动闭店整修的第一八佰伴、东方商厦等"主力军"即将新装开业。正大广场、新世界城等老牌商场则传出了将在明年升级改造的消息。沪上实体商业正经历新一轮的转型升级，以应对新的消费需求。

图 7-5 媒体报道

8 总结与展望

8.1 项目咨询总结

项目管理咨询服务是向工程施工阶段之前的延伸，作为业主方的有力助手，在尊重业主方的决策权、遵循业主方既定的需求和建设目标为基本原则的基础上，按业主方授权代表业主方进行项目实施总体策划、前期审批手续办理、设计管理、专项管理方案的制定和施工阶段的协调等具体管理工作。通过专业化的管理，在前期阶段就对项目进行切实可行的策划，协调相关管理部门，提前进行技术准备，保障项目的快速顺利推进。

8.2 机电安装总结

机电项目部对50个强电间，80个空调机房，20路管道立管，2 400多个消防报警点位，吊顶内错综复杂的弱电管线进行排摸，进而采取保护措施，保障整个施工过程中商场不停业的正常运营。

机电设计师重新设计了消防系统、电力系统、消防报警系统、安防监控系统、暖通系统等系统，为商场的新业态的布局和调整提供了技术保障，也为业主对商场冷热源分离要求提供了专业的解决方案，更为商场机电系统的运营提供了节能减排的优化设计。

在施工过程中，施工管理者们用超前的意识和严格的流程，保障了不停业施工和不停业运营。通过实地勘察和技术研究，利用施工技术克服了原消防系统（Gent系统）与新消防主机之间通讯协议不通的技术难题；创新施工方法，实现了不停业状态下排水系统的无缝切换；创新施工技术，在不破坏屋面防水条件下，完成大型设备基础安装。

8.3 室内装饰总结

室内装饰部在进行商场不停业施工改造过程中，贯彻了“绿色”的理念，将商场改造的拆除工作“环保化”。同时针对施工中面临的问题，如中庭吊顶造型新颖，施工要求高；地面石材铺贴面积大，跟缝困难；一层造型天花为双曲面异形结构，图纸表示不清等，专门制定了对应的施工方案，并且利用了BIM技术对异形造型顶进行三维建模和现场交底，效果明显。

由于本工程采用的是EPC承包管理项目，室内装饰部从前期就参与到整个项目中，因此也提供了许多增值服务：

（1）鉴于业主方对工程施工不是很熟悉，从专业的角度，在前期给予业主的投资估算提供依据，合理控制成本。

（2）参与工程概算的编制，既能提前了解项目情况，为后续施工做铺垫，又能辅助业主,使概算数据更合理。

(3) 提供业主施工过程中可能发生的问题,进行风险评估,提前拟定处理预案。

(4) 分析设计方案的可行性,给设计提供合理化建议,减少后期图纸变更的数量。

(5) 提供设计方部分材料商选择,一旦选中了提供的材料商,不仅省去了寻找材料小样的时间,也能确保设计要的效果。

(6) 收集商场的原有建筑资料,给设计提供设计依据。

(7) 在设计有需要的位置,对施工现场进行实测排摸,给设计提供现场数据,保证设计方案的可实施性。

8.4 外立面装饰总结

外立面装饰部在上海第一八佰伴不停业改造阶段主要承担三方面的工作,包括脚手架搭设、外立面拆除改造及外总体施工。脚手架采用的是盘扣式脚手架形式、脚手架外挂穿孔铝板网对于既有建筑的改造既能有效防火、防坠落,还可以增加城市景观。外立面拆除工作主要分为三大类:雨篷拆除、石材幕墙拆除以及玻璃幕墙拆除。通过采取夜间拆除和有效防尘降噪措施将对环境的影响降低到最小。对于外总体施工,根据现场施工情况及施工条件,将整个外总体分区域施工,按从南到北依次分为7大块,通过有序的协调与配合满足业主的要求。

针对上海第一八佰伴不停业改造施工中遇到的困难,如石材面板安装时拉结点的处理;三层雨篷埋件打孔难度较大,材料运输难度大,等等,外立面装饰部采取了一系列的技术创新,包括石材安装拉结点同步替换技术;埋件钢筋测探技术原有饰面;材料垂直运输技术。同时项目部运用了常温氟碳喷漆和外墙空鼓检测的新型工艺,使第一八佰伴外立面装饰更加美观。

8.5 核心技术总结

上海第一八佰伴项目部针对商场不停业施工中面临的问题,形成了以下几个核心的技术:

(1) 既有大型商场不停业运营时功能更新改造的整套建造技术。

(2) 不停业运营时既有外幕墙体系原位更换改造技术。

(3) 不停业运营时大型商场机电管道设备更换和扩容改造技术。

(4) 不停业运营时大型商场内部装修更新改造技术。

(5) 不停业运营时大型商场消防安全控制技术。

(6) 既有大型商场不停业运营时功能升级改造风险控制技术。

8.6 EPC总承包管理总结

上海建工作为广受赞赏和尊重的建筑全生命周期服务商，具备前期策划、设计、施工、运维及物业管理的综合能力。针对上海第一八佰伴的特点，为达到预期的项目建设目标，必须改变以往常规的项目建设理念，要从项目前期、设计、施工进行全过程、全方位的统筹策划。为此，拟采用项目管理＋总承包的模式，进行项目实施。

在前期准备阶段，施工管理人员与设计师紧密合作分工明确，设计部负责原始设计资料的收集与整理，施工管理人员通过对原有机电系统现场排摸，室内外现状的调研，掌握改造前机电安装系统、外立面幕墙、室内装饰实际情况，汇总整理后提供给设计师，帮助设计师全面了解现场状态，为设计阶段的开展做好基础准备。

在方案设计阶段，设计师通过与业主的沟通，了解业主的需求，有针对性地进行方案设计。首先考虑功能性需要满足业主需求；其次在选择技术方案时尽量提供高性价比方案，为业主减少项目投资成本，提高了投资效率；通过设备绿色选型设计选择低耗能的设备，减少第一八佰伴项目后期使用过程中能源费用，使建筑达到绿色环保、智能舒适的特点。

进入到施工阶段，设计施工一体化的管理模式在该阶段体现了显著的效果，克服了常规模式中设计和施工的脱节，形成了设计和施工的无缝对接，设计与施工的信息交流畅通无阻，业主的需求能够在设计及施工两方面获得及时回应。设计对业主需求首先响应，把业主的需求反映到设计图中，按照设计图纸施工，使业主的需求成为现实。按施工图通过现场测量、放样等手段对设计进行检验，若图纸不能满足实际现场施工需求，则立即把信息反馈给设计者进行图纸修正。同时，根据项目进度需求，对材料采购进度与设计和施工进度匹配，使得设计—采购—施工有机结合在一起，形成良性互动，这是项目在这么短的工期内取得胜利的关键。

管理方式的创新也是服务模式的创新，EPC模式通过服务业主需求，提供业主高性价比的产品，获得自身的品牌口碑，提升公司管理水平，为打开建筑改造工程市场而打下扎实的基础。

8.7 展望

伴随着既有建筑改造的大量需求和城市更新的飞速发展，商业综合体不停业施工改造作为当下城市更新的重要组成部分，也必将获得广阔的发展空间。然而我国大型商场的改造还处于起步阶段，相关技术体系、实施体制还不够健全完善，设计人员、改造实施人员以及业主等各方面人员对改造实质内容的认识和理解还有待提供，改造建筑的整体设计及实施方案的能力尚需积累。

因此，随着我国城市更新的脚步不断加快，商业综合体不停业施工的技术尚有巨大的改进空间，下面就今后我国大型商场不停业施工的技术做一个展望。

8.7.1 造影检测

面对商场里面交错复杂的管道布置，为了能够既快速又准确地找出受损管道的位置，目前采取的方法显然不能达到预期的效果。然而考虑到商场的管道布置与人体的血管排布有相似性，借鉴于人体血管造影技术，在对既有商场管道进行检测时，在墙体管道中灌入某种具有标记性的流动材料，从而可以通过外部成像技术检测出既有建筑内部管道位置以及损伤状况。

同样的造影检测技术也可以运用在主体结构上，在PC结构的预制构件中，事先掺入造影剂，在后期的结构检测中可通过造影技术的成像来判断PC构件的损伤状况。

8.7.2 管道替换

在进行商场改造的过程中，若建筑内部管道损坏严重，无法开槽维修时，有必要对管道进行替换。如按现有技术进行管道原位的更替，工艺复杂，难度较大，且对周围的管线也产生了一定的影响。此时可以采用在墙面外贴装饰板，在装饰板与墙面之间留出一定空隙，将新管道装在装饰板与墙面空隙夹层中，替换原有损坏的管道。

为了更好地控制项目风险，保证施工安全，项目部还引进了风险控制系统和专用监控设备，能够及时发现安全问题或消防隐患，并且将项目上的突发状况、风险提示在第一时间更新发布。

8.7.3 新型运输

商场不停业改造施工对于灰尘控制要求较高，同时运输垃圾又不太方便，因此在今后类似的项目中可以采用粉碎机将施工垃圾打碎，打碎时加水防扬尘，之后通过管道运输垃圾，管道下端接入垃圾罐，垃圾罐直接放在卡车上，装满即运。

另外，既有建筑内部改造中空间有限，一些大型设备不好挪移，此时可以采用一种充气垫进行辅助挪移设备。将充气垫至于设备下方，气垫下方有密布的小型孔，通过高压充气，气垫通过下方小孔排气，可以使设备悬浮起来，从而可以很方使地人工拖动挪移设备。

由于商场改造的施工环境位于地段繁华的商业区，人流较大，车辆较多，有时不便使用大型起吊设备，此时可以在脚手架内搭设索道，使用小型起吊设备吊起材料，将材料挂在脚手架索道上，可以较方便地通过索道滑移至指定地点。

8.7.4 移动喷淋

在改造工程中，既有建筑内部原有消防系统停止使用，但由于原有建筑中存在大量通电线路，稍不注意极易引起火灾。在今后工程中可以运用一种新型的移动式自动喷淋系统。该系统包含一个灌装小型喷淋设备，安装于一个通过微型电脑控制的小车上，同时车上安装摄像头，通过微型电脑自动监测施工环境中是否有火情发生；一旦险情发生，小车可移动至起火点附近喷淋水雾，起到一定的控制火灾效果，同时系统自动报警，通知相关管理部门负责。

8.7.5 智能手环

在项目施工中，有时施工人员可能会处在一些较为危险的施工区域（如地下室、结构中间采光不好的区域等），此时若能时时监测施工人员的位置及身体情况，可以预防突发的人身危险事故。在今后的大型商场改造项目中，可以为每位施工人员佩戴一个智能手环，手环标记个人信息，时时监测佩戴人位置及身体健康状况，并将监测数据发回中心控制系统，在危险时发出警报，管理人员可以通过控制中心电子设备进行安全管理。

8.7.6 防尘降噪

对于大型商场的改造，尤其是不停业施工改造的项目而言，施工噪音需严格控制，同时对于灰尘的控制有较高的要求。在今后类似工程中可以采用一种主动降噪的降噪装置安装于施工周边出入口等关键区域，从而隔离施工噪音，大大降低对于周边环境的影响。另外通过在施工周边出入口等关键区域布设小型、便携的防尘、喷淋装置，组成一套防尘系统，用来控制扬尘。

结　　语

周虽旧邦，其命维新。破茧需要的是勇气，更是对涅槃的执着与信念。大到一个国家，小到一座城市，一家企业，想要谋求长久的发展，都必须不断变革更新，在保护传统和与时俱进中把握平衡的尺度。城市化进程让许多旧建筑消失殆尽，人们又开始将视线投向了城市更新。这次第一八佰伴商场的不停业升级改造，不仅为市民记忆中的老商场注入了新的活力，也在上海方兴未艾的城市更新进程中留下了浓墨重彩的一笔。这是一个重新认识和发掘的过程，也是一个重新创造与构建的过程。希望上海这座繁华美丽的城市能在我们的努力下，一天比一天更加美好。苟日新，日日新，又日新。

参考文献

[1] 中华人民共和国住房和城乡建设部. 建筑结构加固工程施工质量验收规范:GB 50550—2010 [S]. 北京:中国建筑标准设计研究院, 2010.

[2] 中华人民共和国住房和城乡建设部. 既有住宅建筑功能改造技术规范:JGJ/T 390—2016 [S]. 北京:中国建筑工业出版社, 2016.

[3] 中国建筑标准设计研究院. 既有建筑节能改造:16J908-7 [S]. 北京: 中国计划出版社, 2016.

[4] 中华人民共和国住房和城乡建设部. 既有建筑绿色改造评价标准:GB/T 51141—2015 [S]. 北京:中国建筑工业出版社, 2015.

[5] 李朝旭,王清勤. 既有建筑综合改造工程实例集[M]. 北京:中国建筑工业出版社, 2009.

[6] 吕西林. 建筑结构加固设计[M]. 北京:科学出版社, 2001.

[7] 田炜. 既有工业建筑绿色民用化改造[M]. 北京:中国建筑工业出版社, 2016.

[8] 张靖岩. 既有建筑火灾风险评估与消防改造[M]. 北京:化学工业出版社, 2014.

[9] 杨学林,祝文畏,王擎忠. 既有建筑改造技术创新与实践[M]. 北京:中国建筑工业出版社, 2017.

[10] 王清勤,王俊,程志. 既有建筑绿色改造评价标准实施指南[M]. 北京:中国建筑工业出版社, 2016.